The structure of automotive diesel engine

자동차 디젤엔진의 구조

정구섭 · 정용욱 지음

GS인터비전

머 리 말

독일의 칼 벤츠가 1885년 가솔린엔진을 장착한 자동차를 제작하여 만하임의 거리를 최초로 달린 이 후 130년간 자동차기술은 비약적인 발전을 거듭해 왔다. 현재 자동차는 IT 기술과의 융합을 통하여 공간의 한계를 극복하는 이동수단 이상의 가치를 운전자에게 제공하고 있다.

현재 우리나라의 자동차 등록대수는 약 1800만대를 육박하고 있다. 그 중 가솔린엔진의 차량이 약 50%를 차지하고 있고, 디젤엔진의 차량이 약 38%, 기타 LPG차량 등이 12% 정도 차지한다. 연료의 소비측면에서 보면 자동차용 휘발유는 2012년 약 11,000천 *kl* 정도 소비되었으며, 경유의 소비는 약 21,000천 *kl*정도 소비하고 있다.

디젤엔진은 일반 소비자들이 접근할 수 있는 내연기관 중 가장 우수한 연비와 낮은 온실가스 배출량으로 운전자와 환경에 대해 높은 수준의 가치를 제공할 수 있는 엔진이라 할 수 있다. 즉, 에너지효율이 높아서 같은 양의 연료를 소비하는 경우 가솔린엔진에 비해 지구온난화의 근원물질인 이산화탄소(CO_2)의 배출량이 20%정도 적다.

승용 디젤엔진의 가장 큰 기술적인 과제는 가솔린엔진에 대해 차별화된 연비 경쟁력을 유지하면서 지속적으로 강화되는 배기 규제에 효과적으로 대응하는 것으로, 엔진과 차량조건에 가격대비 효율성이 가장 높은 연소 및 후처리 시스템을 적용함으로써 연비, 성능, 및 가격관점에서 경쟁력이 높은 시스템을 개발하는 것에 있다.

본서는 자동차용 디젤엔진을 중심으로 엔진전반에 대한 이해와 엔진 신기술 등 새로운 기술에 관해서 순서에 맞도록 저자 개인의 대학에서의 강의 내용과 여러 문헌을 참조하여 디젤엔진의 기초와 실제를 이해하기 쉽도록 엮는데 노력하였다. 특히, 요즘 주목을 받고 있는 디젤엔진의 전자제어화, 커먼레일 연료분사장치, 후처리 시스템의 의한 배출가스의 저감, 대체연료 등의 최첨단 엔진기술도 다루었다. 필자는 독자여러분에게 보다 쉽고 알찬 내용으로 엮고자 노력하였으나 부족한 부분이 있을 것으로 염려되며 서슴없는 지도와 편달을 바란다.

끝으로 본서를 엮음에 있어서 많은 인용문헌 저자 제현에게 많은 관용 있으시기를 바라며 또한 애심으로 감사를 드린다. 또한 교재출판에 도움을 주신 도서출판 GS인터비전 송기수사장님과 집필기간 중 조언과 격려를 해주신 여러 산업체 인사께 깊이 감사를 드린다.

2014년 8월

저자 씀

차 례

1
CHAPTER

서론

1.1 디젤기관의 개요

디젤엔진은 실린더 내에 공기만을 흡입하여 압축을 하며, 이때 연소실내의 공기는 압축으로 온도가 300~700℃가 되고, 압축비는 15~22정도로 가솔린엔진의 2배이상으로 압축을 한다. 이러한 고온·고압의 환경 하에 착화온도가 200℃전후의 연료를 입자상으로 분사시키면 연료는 자연 착화되면서 급격한 연소를 일으켜 동력 발생시키는 엔진으로 압축착화엔진이라고 한다.

디젤엔진은 연비가 좋은 반면에 엔진자체의 구조가 무겁고 투박하여 고속화가 어렵고, 이에 따른 진동이나 소음이 크고 비출력이 낮을 뿐만 아니라, 많은 양의 배기스모크를 배출하는 단점이 있다. 하지만, 연료의 경제적인 측면과 대토크, 대출력을 얻을 수 있는 장점 등으로 국내외적으로 중대형 상용차 트럭, 버스, 선박용 엔진에서부터 승합차, RV차 및 승용차에 이르기까지 그 사용분야가 대단히 넓혀지고 있는 현실이다.

디젤엔진은 1892년 독일의 루돌프 디젤(Rudolf Diesel)에 의해 디젤엔진에 대한 이론적 바탕을 마련한 '합리적 열기관의 이론과 구조' (Theory and Design of an Efficient Heat Engine as the Replacement for Steam Engines and Today's Known Combustion Engines) 저서를 발표하였으며, 1893년 특허권 취득 및 1894년 열효율 16%의 최초의 시제품이 만들어진 것이 오늘날 디젤엔진의 시초라고 할 수 있다. 이 엔진은 2m가 넘는 대형 세로형 엔진이었다.

그림 1-1 최초의 디젤엔진(뮌헨대학,1897년)
4사이클 단기통엔진, 20PS,열효율20%

루돌프 디젤(Diesel R.)은 1890년대 당시 독일에서 다량을 얻어지는 분탄을 압축공기에 의해 실린더에 밀어 넣고 연소시키고자 하는 것이 시초였다가 수많은 시도 끝에 분탄을 석유로 바꾸어 연료를 공기분사식으로 엔진을 운전하는데 성공하였다. 이러한 방식으로 디젤엔진은 초기에는 박용엔진이나 산업용엔진에 사용되다가 1920년대에 독일 벤츠사에 의해서 무기분사식의 연료분사장치를 가진 상업용 디젤엔진이 완성되었다. 그 후 1936년에 승용차용 엔진으로 벤츠사에 의해 4기통 2600CC엔진을 개발, 제작하여 생산하기 시작하였다. 하지만 이러한 디젤엔진은 무겁고, 기동성이 부족하여 승용차로서의 경쾌성이 부족하다가 1976년 가솔린엔진을 베이스로 개발한 폭스바겐사의 골프디젤의 출현으로 이와 같은 현상이 불식되었다.

1.2 자동차용 디젤엔진

루돌프디젤도 디젤엔진을 자동차용으로 사용하려고 여러 가지 시도하였으나 오늘날의 자동차용으로서는 여러 가지 어려운 점이 있어 실용화되지는 못하였다. 그러다가 디젤엔진 발달의 결정적인 계기는 공기분사식에 비해 작고, 간단하면서도 제어정밀도가 높은 무기분사식(airless injection system)분사장치가 개발되면서부터 이다. 영국의 비커스(Vickers)회사에서 1910년도에 종래의 공기분사를 대신하는 무기분사식의 개발로 인하여 고속 디젤엔진으로 기능을 발휘하게 되었다. 그 후 발전을 거듭하여 독일 보쉬(Bosch)사가 1927년 표준기구가 갖추어진 무시분사식 분사펌프를 양산하기 시작하여 최근까지 사용하기에 이르렀다. 디젤엔진의 연료분사장치는 비커스에 의해 무기분사식이 개발된 이후 독일의 로버트 보쉬(Robert Bosch)에 의해 차량용 디젤엔진의 실용화가 가능해졌다. Bosch는 1922년에 연료분사펌프와 노즐의 개발에 착수하여 디젤엔진의 노상실험, 연료분사펌프를 제조하여 계속적인 성능개선을 도모하였다. 이 새로운 분사펌프로 미량의 연료를 정확히 분사할 수 있게 되었고 엔진제어에 관한 문제도 상당히 해소하여 차량용 엔진으로서 실용화가 가능하게 된 것이다. 이로써 차량엔진으로 디젤엔진이 경제적으로 우수성이 입증되어 단기간에 확대 전개될 수 있었다.

독일의 MAN사는 1915년 실린더헤드의 중앙에 스프링을 사용한 연료밸브를 두고 연소실도 피스톤의 상부에 구상 홈을 두는 구조로 연료를 연소실에 직접 분사하는 연구를 시작하였다. 1912년 덴마크의 B&W사는 최초의 대륙횡단용 디젤엔진을 제작하기도 하였다.

독일의 다임러 벤츠, 프랑스 푸조사에서도 고속 디젤엔진을 연구해 왔는데, 다임러벤츠는 1924년 최초의 디젤자동차를 발표하였다. 이 엔진은 50PS/1000rpm으로 예연소식을 개선하여 농경용 트랙터에 탑재하여 시판하였다.

한편, 미국에서도 1930년대 디젤엔진의 고성능과 내구성에 착안하여 농업용 트랙터, 불도저, 대형트럭 등의 제조회사인 커민스, GMC, 컨티넨탈 등의 회사에서 고성능 디젤자동차를 대량으로 생산하였다.

디젤승용차용 엔진을 탑재될 고속, 소형 디젤엔진의 출현은 1976년 폭스바겐사의 가솔린엔진을 베이스로 한 골프디젤을 개발하여 오늘날과 같은 가솔린자동차에 가까운 경쾌한 주행을 가능하게 하였다.

연료분사펌프를 기준으로 변천사를 살펴보면 연료분사펌프의 구동이 캠에 의해 조절되는 기계식 디젤엔진이 1950년대부터 모든 트럭, 버스, 선박 등의 다양한 분야에서 적용되어 엔진의 성능을 발휘하였다. 1980년대 들어 연료분사량과 분사시기를 전자식으로 제어하는 기술이 개발되어 기계식과 전자식의 혼합의 채택되었다. 1997년도에는 벤츠와 보쉬가 공동으로 개발한 커먼레일 디젤엔진이 발표되었다. 전자적 제어를 통해 일정한 고압의 연료를 실린더에 직접 분사하는 방식으로서 차량의 소형화뿐만 아니라 연료효율 증가, 배출가스나 소음 면에서도 획기적인 발전을 이루고 있다. 이 방식은 1000기압이 넘는 고압의 연료를 각 실린더에 달린 전자식 분사밸브로 보내 일정압으로 조절하는 분사방식이다. 기존의 방식에 비해 분사량과 분사시기 이외에 분사압과 분사율을 독립적으로 제어가 가능하여 이로 인해 기존엔진과 비교해 출력이 30%, 토크는 100%향상되기도 하였다. 근래 국내에서도 디젤승용차가 많아지고 있으며 우수한 연비와 뛰어난 내구성 등으로 인해 선호도가 더욱 커질 것으로 예상되며, 직접분사식의 채용과 연료의 고압분사화와 더불어 커먼레일 분사방식의 채용이 폭넓게 이루어 질 전망이다.

❖ 참고 : 디젤엔진의 이력

1893	루돌프 디젤, 디젤엔진 특허등록
	루돌프디젤, 스위스 Wartsila Brothers(Wartsila사)와 기술Licences계약
1893	루돌프 디젤, 독일 MAN사와 기술 Licences 계약체결
1894	디젤기관 시제품 탄생(열효율 16%)
1897	스위스 Wartsila사, 최초의 Official Acceptance Trial수행 (18bhp 154rpm, 238g/bhp, efficiency 26.2)
1898	루돌프 디젤, 덴마크 B&W사와 기술Licences 계약체결
1903	최초의 4행정 기관 제작
1904	B&W사, 최초의 대형 디젤발전소 제작

1905 최초의 2행정 기관제작(열효율 25%)
1912 B&W사, 최초의 대륙횡단용 디젤엔진 제작
1932 일본 Mitsubishi사, 독자엔진모델인 'UE'엔진 개발
1934 과급기(Turbo Charger)개발
1950 2차대전 전후 경제 부흥과 더불어 선박수요가 급격히 확대되면서 발달
1952 대형 2행정 디젤엔진의 배기가스에 의한 과급장치(Turbo Charger)개발 (출력/열효율 향상)
1980 MAN B&W설립(독일 MAN사와 덴마크 B&W사가 합병) 양대 기술사인 MAN B&W 및 Wartsila사의 경쟁적인 기술개발로 현재 열효율이 가장 높은 동력기관(50%내외)으로 발달
1990 스위스Wartsila사, 핀란드Wartsila사로 흡수
1990 커먼레일 분사시스템 개발

❖ 참고

루돌프디셀(Rudolph Diesel : 1858~1913)

루돌프디젤은 독일의 기계 기술자이자 디젤엔진의 발명자로서 1858년 프랑스 파리에서 모직물 공장을 경영하는 독일인 부모 테오도어와 엘리제 디젤의 아들로 태어났다. 보불전쟁이 일어나자, 그의 가족은 파리를 떠나야 했다. 독일로 돌아와 아우크스부르크에 정착하였으며, 뮌헨 공과대학교에 입학하여 냉장 기관을 발명한 카를 폰 린데(Karl von Linde)교수의 문하생으로 들어가 카르노사이클(Carnot cycle)에 대하여 배웠고, 또 열효율을 높게 하려면 작동온도가 높아야 한다는 사실을 냉동기를 통해 경험하였다.

졸업 후 파리의 린데 냉동기 제조회사에 입사하여 냉동기 제작에 종사하는 한편 열기관을 연구하여 《합리적 열기관의 이론과 구조 Theorie und Konstruktion eines rationellen Wärmemotors》(1893)라는 저서를 발표했다. 이 이론은 크루프와 아우크스부르크 기계회사에 의해 인정을 받아, 그 원조로 1897년 석유나 중유를 연료로 하는 디젤 기관을 최초로 발명하였다. 이것은 기능이 대단히 좋고 또 연료비가 매우 싸므로, 지금도 배·기차·버스 등 교통기관에 널리 이용된다. 그 후 세계 각국의 기관 제조회사들은 디젤기관의 고능률에 주목, 다투어 특허권을 양도받았다. 1913년 영국 해군성 초청으로 런던으로 항해 중, 영국해협에서 떨어져 사망했다.

1.3. 4행정 디젤엔진과 가솔린엔진의 작동원리 비교

1.3.1 4사이클 엔진의 행정

디젤엔진은 자기착화엔진으로 공기만을 흡입하여 이를 고압축비로 압축한다. 실린더내의 공기는 압축되어 수백도의 고온으로 된다. 압축행정종료 가까이에 경유를 수백 기압인 고압으로 분사하면 고온의 공기에 의해 연료가 자기착화 연소한다. 반면, 가솔린엔진은 불꽃점화엔진으로 혼합기를 흡입하여 압축한 다음 압축말기에 점화플러그를 이용하여 점화한다. 결과적으로 디젤엔진은 공기만을 압축하므로 혼합기를 압축하는 가솔린엔진에 비해 높은 압축비로 압축할 수 있다.

자동차용 디젤엔진은 4행정의 가솔린엔진과 마찬가지로 흡입, 압축, 폭발, 배기의 4행정을 크랭크축이 2회전하는 동안에 완성한다.

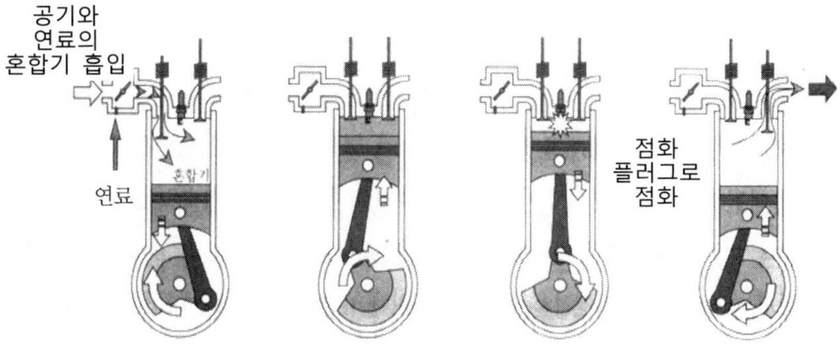

그림 1-2 4사이클엔진의 행정(가솔린)

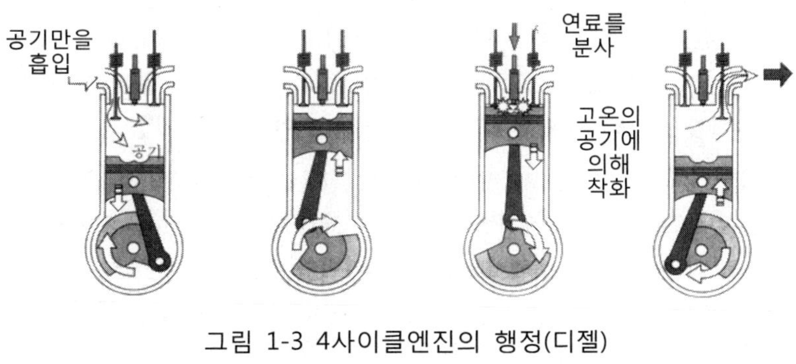

그림 1-3 4사이클엔진의 행정(디젤)

1) 흡입행정

흡기밸브는 상사점 전(BTDC) 45°~10°에서 열리기 시작하고 하사점 후(ABDC) 40°부근에서 닫힌다. 배기밸브는 닫혀있고 피스톤은 상사점에서 하사점으로 하강한다.

피스톤이 상사점으로부터 하사점으로 이동함에 따라 연소실체적이 증가하면서 흡기밸브를 통해 여과된 공기를 흡입한다. 가솔린엔진은 흡입행정을 할 때에는 실린더 내부로 유입되는 동작유체가 연료와 공기인 혼합기인 반면에 디젤엔진은 공기만이 유입되는 것이 가솔린엔진과의 차이라 볼 수 있다. 즉, 가솔린엔진은 흡입행정에서 연료가 실린더내부로 들어오지만 디젤엔진은 연료 공급시기가 압축 말에서 폭발행정 과정 중에 연료가 분사되면서 착화가 이루어지게 된다.

무과급 디젤엔진 경우 흡기압력이 대기압보다 낮지만 과급기관에서는 흡기압력이 대기압보다 높다. 디젤엔진은 공기가 흡입되면서 밸브, 피스톤 그리고 실린더 벽으로부터 열을 흡수한다. 디젤엔진은 항상 공기과잉상태로 운전한다. 따라서 짧은 분사기간에 공기와 연료가 충분히 혼합되지 않아도 완전연소가 가능하게 된다.

2) 압축행정

흡기, 배기밸브의 위치는 닫혀 있는 상태에서 피스톤은 하사점에서 상사점으로 이동함에 따라 연소실체적이 감소되면서 흡입된 공기는 압축하게 된다. 이때 압축비는 약 16~24:1, 압축압력은 30~45 kgf/cm^2, 압축온도는 약 500~900℃ 정도에 이른다. 이에 반해 가솔린엔진에서는 압축비는 7~13:1(혼합기), 압축압력은 5~10 kgf/cm^2 부근으로 공기만을 압축하는 디젤엔진이 압축비와 압축압력이 훨씬 높다.

연료 분사개시는 압축행정 종료 직전, 대략 BTDC 30°~15°에서 분사노즐을 통해 실린더 내의 압축된 고온, 고압의 공기 중에 고압으로 분사된다. 그런데 연료로 사용되고 있는 경유나 중유의 자기 발화온도는 200~300℃ 정도이므로 이러한 고온, 고압의 공기 중에 연료를 고압으로 분사하면 연료입자는 안개모양으로 무화되면서 공기와 혼합, 혼합기가 형성되고 이어서 자기착화에 이르게 된다.

한편, 압축행정 중에 실린더 내의 공기는 압축압력의 증가와 함께 온도가 상승하지만 그 열의 일부는 실린더 벽, 연소실 벽 등을 거쳐 실린더블록으로 전도가 된다. 즉, 압축행정의 초기에는 흡입되는 공기의 온도가 실린더 벽의 온도보다 낮으므로 실린더 쪽에서 흡수한다. 하지만 말기에서는 압축되면서 공기의 온도가 실린더 벽보다 높아지게 되므로 고온 공기로부터 실린더블록으로의 열전도가 일어나게 된다.

3) 폭발행정

피스톤은 일을 하게 되는 행정으로 동력행정이라고도 하며, 이때의 일은 크랭크축을 통해 회전일로 변환된다. 일반 상용차용 엔진의 경우 플런저펌프에 의해 100~400 kgf/cm^2 정도로 가압된 연료를 고압으로 분사노즐을 통해 연소실내에 분사한다. 이때 분사된 연료의 평균입경은 10~100 μm이고 이것이 분무의 형태로 분무된다. 분무된 연료는 실린더 내의 고온에 의해 기화되면서 고온공기와 혼합하고 곧바로 자기착화, 연소된다. 연소시 최대 폭발압력은 65~80 kgf/cm^2이다. 폭발행정 기간 동안 흡,배기 밸브의 위치는 닫혀 있고 피스톤은 폭발압력에 의해 상사점을 지나 하사점으로 밀려 내려간다.

분사종료시기는 ATDC 2~10° 정도가 된다. 연료가 폭발적으로 연소됨에 따라 연소실내의 가스압력은 급격히 상승하고, 이 가스압력에 의해 피스톤은 하향 구동된다. 연소는 대략 ATDC 60° 정도에서 종료된다.

4) 배기행정

배기행정은 흡기밸브가 닫혀 있고 배기밸브가 열린 상태에서 피스톤이 하사점에서 상사점으로 이동하며 연소가스를 배출하는 행정이다.

디젤엔진에서 배기밸브는 하사점전(BBDC) 20~80°에서 열리면서 폭발행정에서 일을 한 연소가스를 연소실 밖으로 내보내면서 상사점 후(ATDC) 10~45°에서 닫힌다. 배기행정 말기에서 흡기행정초기 사이에 흡, 배기밸브가 동시에 열려있는 시간이 존재하는데 이를 밸브 오브랩(Valve overlap)이라고 한다. 밸브 오브랩을 두는 목적은 상사점 부근에서 피스톤의 운동 속도는 느린 반면에 배기가스의 유출속도는 상당히 크기 때문에 연소실내에 일시적으로 부분 진공이 생기게 된다. 이때에 흡입밸브를 열어주면 새로운 혼합기가 유입되면서 배기가스를 밀어내는 효과를 얻을 수 있어서 체적효율을 증대시키게 된다. 이것이 밸브 오버랩을 두는 이유이다. 전부하 운전시 배기가스의 온도는 약 600~700℃이고 평균압력은 약 1.1~1.2 bar정도인데 배기가스 중에는 기체상태의 유해물질인 다량의 NO_x와 입자상 유해물질인 PM등이 포함되어 있다.

이것으로 4행정 디젤엔진은 피스톤이 흡입, 압축, 폭발 및 배기의 4행정을 완료하고 크랭크축은 2회전(720°)하는 동안에 1사이클 완성하고, 다시 흡기 행정을 반복하게 된다.

1.3.2 4행정 디젤엔진의 밸브개폐시기(valve timing)

밸브는 행정 중 정확히 상사점이나 하사점에서 개폐하지 않고 상사점 전후 또는 하사점 전후에서 개폐한다. 이것은 질량이 있는 혼합기가 운동할 때 관성이 생기기 때문에 이 관성을 유용하게 이용하기 위해서 이다. 흡·배기밸브의 개폐시기를 사점(dead center)을 중심으로 하여 크랭크축의 회전각도 표시한 선도를 밸브 개폐시기 선도(valve timing diagram)라고 한다. 그림 1-4는 어떤 엔진의 밸브 개폐시기 선도를 보여주고 있다. 이 엔진의 흡입밸브는 상사점 전(BTDC) 10°에서 열리고, 하사점 후(ABDC) 40° 부근에서 닫힌다. 또한 배기밸브는 하사점전(BBDC) 45°에서 열리면서 상사점 후(ATDC) 15°에서 닫힌다. 따라서 상사점 부근에서 흡입밸브와 배기밸브가 동시에 열리는데 이 현상을 밸브 오브랩(Valve overlap)이라고 한다. 밸브 오버랩은 가스의 흐름과 맥동을 이용하여 흡기와 배기를 효과적으로 수행하기 위한 방법 중의 하나이다.

흡입밸브가 하사점 후 40°에서 닫히게 한 것은 흡입 혼합기의 유입 관성력이 피스톤의 상승에 의하여 생기는 압력보다 클 때는 흡입밸브를 열어둠으로써 체적효율을 더 높일 수 있게 된다. 이것을 관성과급 효과라고 한다.

배기밸브를 하사점전 45°에서 열어주면 3 kgf 정도의 압력손실은 생기지만 배기행정에서 피스톤이 잔류압력이 있는 배기가스를 밀어낼 때 생기는 부의 일을 줄일 수 있기

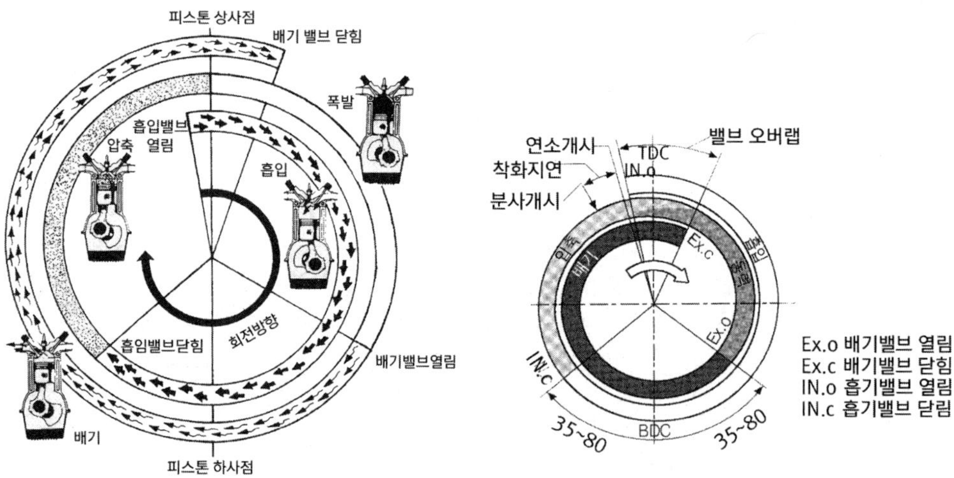

a) 4행정 가솔린엔진 밸브개폐시기 선도 b) 4행정 디젤엔진 밸브개폐시기 선도

그림 1-4 4행정 엔진 밸브개폐시기 선도

표 1-1 고속디젤엔진과 가솔린엔진의 비교

항목	고속디젤엔진	가솔린엔진(오토기관)
발명자	Rudolph Diesel(1853~1913)	Nikolaus Otto(1832~1891)
연료	비등점이 높은 연료: 경유(180~370℃),중유 인화점이 높다	비등점이 낮은 연료:가솔린(25~215℃), LPG 인화점이 낮다
연료성상척도	세탄가(자기착화성이 높은 것) 세탄가(CN)-CN 45이상	옥탄가(자기착화성이 낮을 것) 옥탄가(ON)-RON90이상
연소방식	압축열에 의한 자기착화	점화장치에 의한 불꽃점화
연소사이클	정적사이틀(저속디젤) 사바테사이클(고속디젤)	오토사이클
압축비	16~24(공기)	7~13(혼합기)
열효율	32~38%	25~32%
엔진회전속도	1000~4000 rpm	1200~6500 rpm
압축압력	$30 \sim 45\ kgf/cm^2$	$5 \sim 10\ kgf/cm^2$
최대폭발압력	$65 \sim 80\ kgf/cm^2$	$30 \sim 40\ kgf/cm^2$
연소실형상	복잡	간단
연료공급방식	분사펌프, 노즐 고압 80~28 MPa(고압분사예외) $(80 \sim 280\ kgf/cm^2)$	기화기 또는 인젝터 저압 0.1~0.5 MPa $(1 \sim 5\ kgf/cm^2)$
혼합기생성	공기만을 압축 후, 압축행정 종료시점에 실린더 내에 연료를 안개모양으로 분사-불균질혼합기	먼저 혼합기를 형성하여 흡입 후 압축말기에 점화플러그로 점화-균질혼합기 (GDI엔진 예외)
출력제어방식	연료분사량의 증감을 통해 제어	스로틀밸브 개도를 제어하여 공기량을 제어한다.(GDI엔진 예외)
회전토크	광범위한 속도영역에 걸쳐 비교적 일정, 가솔린 엔진에 비해 회전 토크가 크다	저속과 고속영역에서는 디젤엔진보다 작다.
연료소비율	150~240 g/PS-h	230~300 g/PS-h
시동성	나쁘다(보조 장치가 필요)	양호
응답성	나쁘다(각부가 무겁다)	양호
작동중 진동소음	크다	작다
유해배출가스	PM, NO_x, CO, HC중에서 특히 PM, NO_x가 문제	CO, HC, NO_x
용도	버스,트럭,승용차	승용차

때문에 오히려 출력손실이 적고 연소가스가 실린더에 전달하는 열부하를 줄일 수 있어 엔진의 과열방지 효과도 얻을 수 있다. 하지만, 밸브의 개폐시기에 있어서 흡입밸브를 지나치게 조기에 열면 역화가 생길 수 있고 또한, 새로운 혼합기가 배기가스와 함께 배출되어 연료의 소비량과 미연탄화수소 배출물도 증가하게 된다. 따라서 최근에는 엔진의 회전속도 변화에 따라 밸브 개폐시기도 함께 변화시키는 연구가 활발히 진행되어 실용화 단계에 있다.

1.3.3 디젤엔진 장·단점

1) 자동차용 고속디젤엔진의 장점

(1) 열효율이 높고 연비가 좋다.

디젤엔진은 고압축비로 작동시킬 수 있으므로 이에 상응하는 만큼의 열효율을 증가시킬 수 있고, 동일한 출력을 얻기 위해 소비되는 연료의 양이 가솔린엔진보다 적다. 자동차 가솔린엔진은 약 270~345 g/kWh , 디젤엔진은 약 190~285 g/kWh의 제동연료소비율을 나타내고 있고, 제동열효율은 가솔린엔진은 약 25~32%, 디젤엔진은 약 30~453%이다.

(2) 저속운전에서 회전토크가 크다.

디젤엔진은 흡기를 스로틀링 하지 않기 때문에 흡기 충전효율이 높고, 실린더의 압축압력이 저하되지 않으며, 연료의 분사량을 제어하며 부하에 순응하기 때문에 저속영역에서도 큰 회전력을 발생한다.

(3) CO, HC 배기가스가 작다

공기과잉의 상태에서 연소가 진행되므로 CO, HC 배출물이 작다.

(4) 대형엔진의 제작이 가능하다

가솔린엔진의 실린더 내경은 노킹현상 때문에 최대 160 mm 정도로 제한하지만, 디젤엔진은 실린더내경에 제한이 없다.

(5) 배기가스의 온도가 낮다

가솔린 엔진과 비교할 때 최고연소온도가 같아도 팽창비가 크기 때문에 배기가스온도는 낮아진다.

(6) 연료의 가격이 경제적이고, 수명이 길다

디젤엔진은 세탄가가 낮은 중질유 사용이 가능하기 때문에 연료의 경제성이 높은 연료를 사용 가능하고, 전기점화장치와 같은 고장빈도가 높은 장치가 없고 피스톤평균속도가 낮기 때문에 내구성이 상대적으로 우수하다.

(7) 화재의 위험이 적다

인화점이 높은 경유 등의 연료를 사용하기 때문에 취급이나 위험이 적다.

2) 디젤엔진의 단점

(1) 중량이 무겁고 소음과 진동이 크다.

디젤엔진은 가솔린엔진에 비하여 압축비가 높고, 실린더 최대압력이 높기 때문에 엔진 각 부위를 단단하고 견고하게 만들어야 한다. 결과적으로 엔진 각 부위가 무거우며 운전 중 소음과 진동이 커진다.

(2) 가솔린엔진 보다 최고 압력은 높으나 평균유효압력이 낮다.

따라서 동일 체적의 실린더로서는 가솔린엔진 보다 출력이 감소된다.

(3) 제작비가 비싸다

디젤엔진은 단단한 구조와 고압연료분사장치 등으로 제작비가 비싸다.

(4) 시동에 요구되는 동력이 크다

압축비가 높기 때문에 소요되는 동력이 커야 하므로 기동전동기(스타터)의 출력이 커야 한다. 즉, 동일 배기량의 가솔린엔진보다 2~3배의 동력이 필요하므로 비교적 큰 용량의 기동전동기가 필요하다.

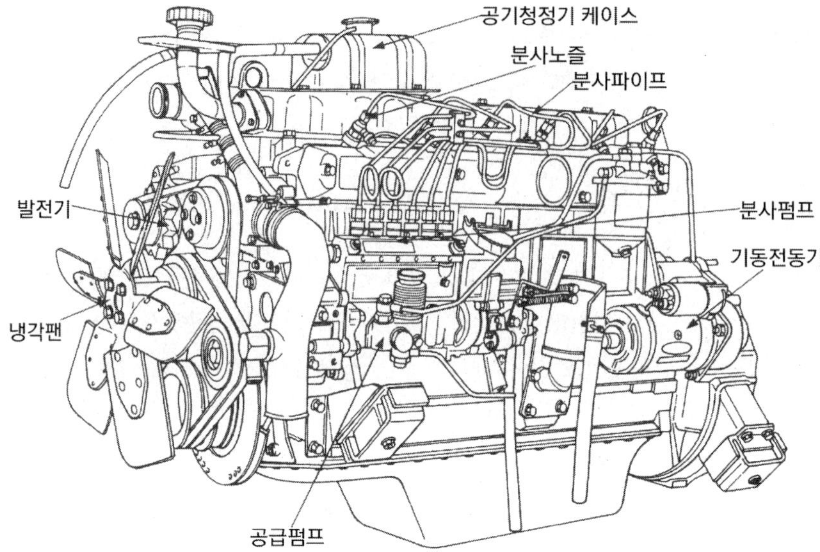

그림 1-5 디젤엔진의 외형도

(5) 동일한 출력시 배기량이 크다.

고속회전에 제약을 받는 일과 연소상의 문제로 인하여 최대분사량이 제한되기 때문에 동일한 출력을 요구할 경우에는 배기량이 커진다.

(6) 회전속도범위가 좁고 리터 출력이 낮다.

승용차용 가솔린엔진은 최대 8000 rpm, 디젤엔진은 최대 6000 rpm이다.

(7) HC 및 NOx에 의한 광화학 스모그의 발생비율이 높다.

1.4 2사이클 엔진

2행정 사이클 디젤엔진은 1881년 영국의 클라크에 의해 발명된 것으로 2행정 가솔린엔진과 마찬가지로 흡입, 압축 팽창, 배기의 각 행정이 피스톤의 상승과 하강의 2행정 즉, 크랭크축의 1회전으로 완료하게 되며, 따라서 흡입과 압축, 팽창과 배기의 작용이 각각 피스톤의 1왕복으로 완료되도록 되어 있다.

2행정 사이클 엔진은 소기작용(scavenging)이 있는데 새로운 공기(신기)로 연소가스를 배출하고 동시에 신기가 실린더내로 충전된다. 따라서 이러한 소기작용에 의해 엔진의 성능이 크게 좌우된다.

1) 상승행정

피스톤이 상승하면서 블로어(blower)로부터 공급된 공기가 실린더 내로 밀려들어온다(흡기행정). 이어 피스톤의 상승으로 배기밸브 및 소기구가 닫히고, 공기는 상사점까지 압축된다(압축행정).

2) 하강행정

압축행정 말기에 분사밸브로부터 연료가 연소실 내로 분사되고 자연착화가 일어나면 연소가스가 팽창하여 피스톤을 밀어 내린다(팽창행정). 팽창행정이 끝날 무렵 배기밸브가 열리고 배기가스는 배출된다(배기행정). 2행정 엔진의 행정과정을 자세히 설명하면 다음과 같다

(1) 소기(Scavenging)

소기구멍이 열리면 크랭크 케이스 내부의 예압축된 공기가 이 구멍을 통해 연소실 안으로 흘러 들어간다. 이때 연소실에 남아 있는 연소가스를 배기구멍으로 배출시킨다.

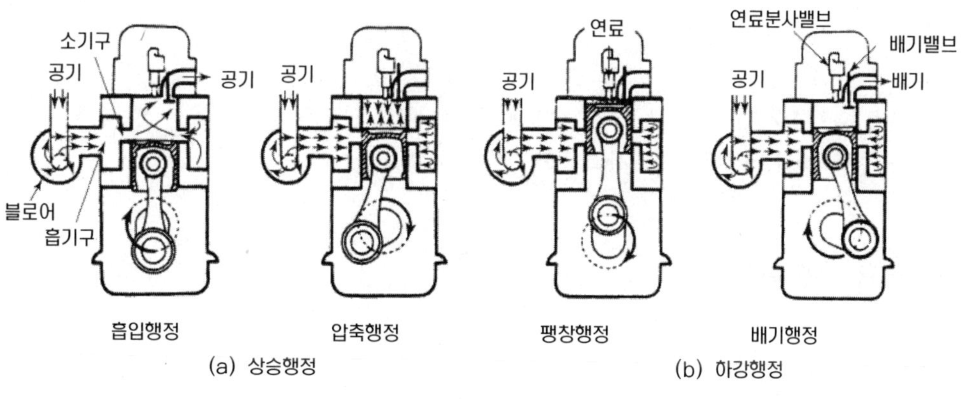

그림 1-6 2사이클 디젤엔진의 작동순서

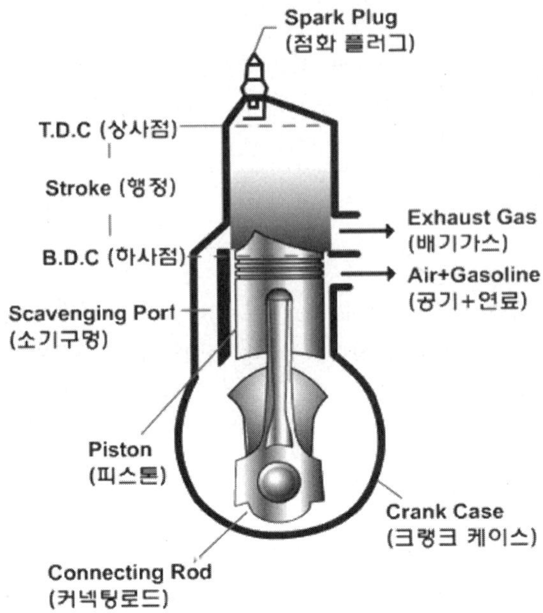

그림 1-7 크랭크케이스 소기식 2행정엔진의 작동원리

(2) 압축(Compression)

피스톤이 하사점(BDC)에서 상사점(TDC)으로 상승하면서 소기구멍(Scavenging Port)과 배기구멍(Exhaust Port)을 차례로 닫아 실린더 내의 공기는 압축상태가 된다. 이때 크랭크케이스 내부의 압력은 내려가고 그 부압에 의하여 공기는 크랭크케이스 내부로 들어간다. 이때 크랭크케이스에는 압력이 0.7 bar 정도의 부압이 발생한다. 피스톤이 계속해서 상향운동을 하면 흡기공이 열리게 되어 공기는 크랭크케이스로 흡입되기 시작한다.

피스톤이 상사점 근방에 이르면 분사노즐로부터 연소실내에 연료가 분사되면서 연료는 공기의 압축열에 의해 자기착화 한다.

(3) 폭발(Power)

피스톤이 상사점에 도달하기 직전에 분사된 연료에 의해 자기착화된 연소가스는 피스톤을 하사점으로 밀어 내리면서 일을 하게 된다. 그리고 피스톤이 하사점으로 하강함에 따라 크랭크케이스 내부의 압력이 높아져 공기는 예압축된다. 이때 크랭크케이스에서는 피스톤이 하향운동에 의해 흡기공이 닫히고 이어서 소기공이 열릴 때까지 압력은 1.2~1.5bar정도이고 예압축된다.

(4) 배기(Exhaust)

폭발로 인하여 피스톤이 상사점에서 하사점으로 내려가게 되면 먼저 배기구멍이 열려 연소가스가 배출된다. 다시 가스교환작용은 반복하게 되어 상승행정과 하강행정의 2행정의 종료와 동시에 1사이클을 완료하게 되며, 크랭크축은 1회전하는 동안에 1사이클을 수행한다.

1.5 4사이클과 2사이클 디젤엔진의 비교

4사이클 엔진은 2사이클 엔진에 비해 흡기와 배기의 행정이 독립적으로 구분되어 있어서 신기의 흡입이 충분하고 배기량 당에 대한 일량이 크고 연비도 좋다. 하지만 4행정기간 동안 1회의 동력행정을 행하기 때문에 토크의 변동이 큰 단점이 있다. 이에 반해 2행정 사이클 디젤엔진은 4행정 사이클 디젤엔진에 비해 배기량 당 출력이 크고 출력 당 중량이 가벼운 장점이 있다. 이것은 2사이클 엔진은 2행정당 1회의 폭발행정을 행하는 반면 4사이클 엔진은 4행정엔진 동안 1회의 폭발행정을 행하기 때문에 4행정 사이클 엔진에 비해 출력이 크다. 그러나 소기장치를 비롯한 실린더헤드, 실린더라이너, 피스톤 등의 엔진각부에 열적부하가 크며 이로 인한 변형, 소결, 긁힘 등의 열적변형을 큰 단점도 가지고 있다. 또한, 행정 간의 구분이 모호하고 유효행정 기간이 짧아 흡입효율이 저하되는 단점도 있다.

1.5.1 4행정 사이클 엔진의 장단점

★ 장점

1. 각 행정이 완전히 구분되어 있어 불확실한 곳이 없다.
2. 흡입행정 기간이 길어 냉각 효과가 양호하여 열적부하가 적다.

3. 저속에서 고속까지 회전속도 범위가 넓다.
4. 흡입행정 기간이 길어 체적효율이 좋다.
5. 기동이 쉽고 실화가 일어나지 않는다.

★ 단점

1. 밸브기구가 복잡하며 충격이나 기계적 소음이 크다.
2. 실린더 수가 적을 경우 사용이 곤란하며 1마력당 중량이 무겁다.

1.5.2 2행정 사이클 엔진의 장단점

★ 장점

1. 2행정 중에 1회 폭발행정으로 출력향상이 용이하고, 크랭크축이 매 회전할 때마다 폭발행정을 하므로 토크 변동이 작다.
2. 연소횟수가 4사이클엔진의 2배이므로 배기량당 출력이 크다. 4사이클 엔진에 비해 1.6~1.7배의 출력이 있다.
3. 회전력의 변동이 적으며 실린더 수가 적어도 회전이 원활하다.
4. 밸브장치가 간단하여 소음이 적으며 마력 당 중량이 가볍다.

★ 단점

1. 흡·배기가 불안정하여 연비가 좋지 않고, 열 손실이 크며 HC의 배출이 많다.
2. 폭발횟수가 4사이클에 비해 2배이므로 각부의 열부하가 커지고, 따라서 비교적 냉각이 어렵다.
3. 유효행정이 짧아 흡입효율이 저하되고, 배기행정이 4사이클 엔진에 비해 1/2 밖에 되지 않기 때문에 배기가 불안정하다.
4. 소기 및 배기공이 열려있는 시간이 길어 평균유효압력 및 효율이 저하된다.
5. 실린더 벽에 구멍이 있기 때문에 피스톤 링의 소손 및 마멸이 쉽다.

2
CHAPTER

디젤엔진의 사이클과 성능

2.1 열기관의 이론사이클

내연기관의 사이클을 열역학적으로 분류하면 가솔린엔진에 적용되는 오토사이클, 저속디젤엔진에 적용되는 디젤사이클, 고속 디젤엔진에 적용되는 복합사이클을 들 수 있다. 이 사이클들은 실제 기관의 기본이 되는 사이클이며, 열역학적으로 도달 가능한 온도, 압력 및 열효율을 부여한다. 공기사이클(air standard cycle)의 주된 가정은 다음과 같다.

1. 작동유체는 이상기체이고, 그 물성치는 표준 상태의 공기의 값과 같다.
2. 밀폐계로 하고 작동유체의 유입 및 유출은 없다.
3. 압축과정과 폭발과정은 단열과정이다.
4. 연소에 의한 발열 및 연소가스의 배출에 의한 방열은 작동유체의 가열 및 냉각으로 치환된다.
5. 모든 과정은 내부적으로 가역적이다.

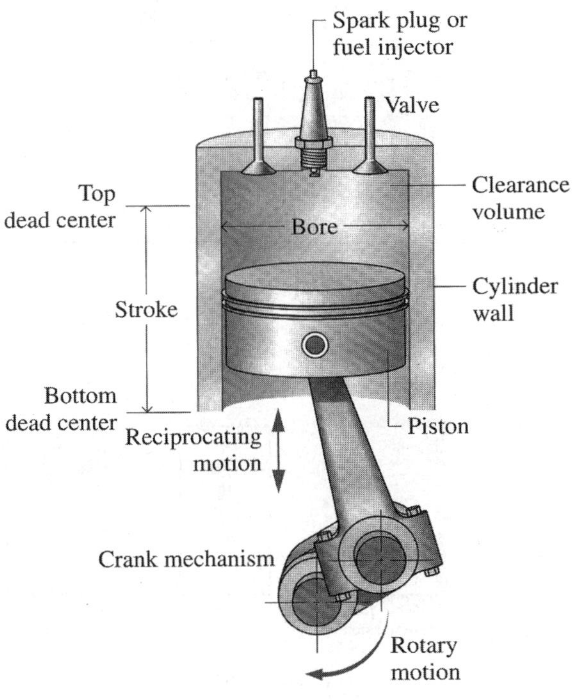

그림 2-1 왕복형 피스톤-실린더 엔진에 대한 개요도

2.1.1 오토사이클(정적사이클)-전기점화기관의 이상 사이클

오토사이클(otto cycle)은 전기점화식 왕복기관의 이상 사이클이다. 이는 독일의 Nikolaus A. Otto의 이름을 딴 것인데 이 사이클을 이용하여 1876년 4행정기관을 성공적으로 제작하였다. 대부분의 전기점화기관에서는 피스톤이 실린더 내부에서 흡입, 압축, 폭발 및 배기의 4개의 행정을 실행하고, 각각의 열역학적 사이클마다 크랭크축은 2번 회전을 하게 된다. 이러한 기관을 4행정 내연기관이라 한다. 실제 4행정 전기점화기관에 대한 P-v 선도는 그림 2-3과 같다.

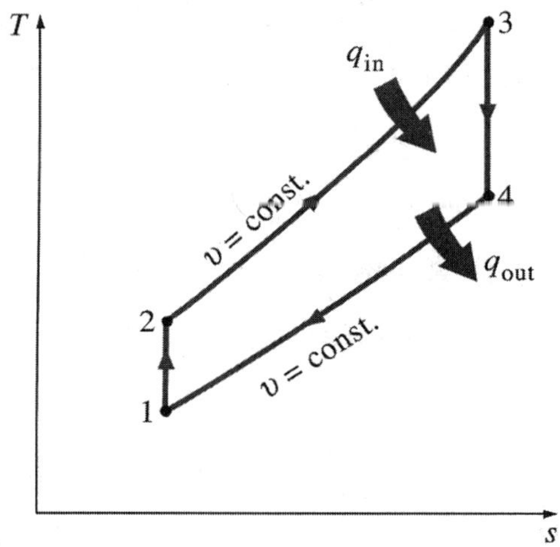

(a) T-S선도

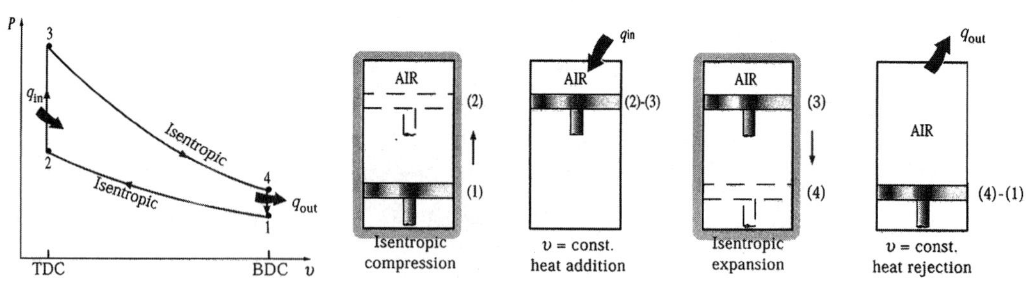

(b) P-v선도

그림 2-2 전기점화기관의 이상적 사이클 P-v선도, T-S선도

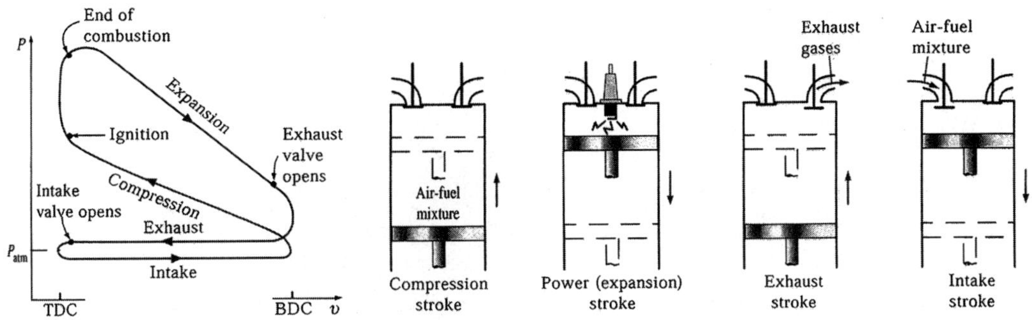

그림 2-3 전기점화기관의 실제 P-v선도

1) 사이클 과정의 상태변화

4행정 사이클을 열역학적으로 해석하기란 쉬운 일은 아니다. 하지만 공기-표준 가정을 이용하게 되면 이러한 해석은 매우 간단하게 할 수 있다. 실제 작동조건과 매우 유사하며 단순화된 결과적 사이클이 바로 이상적 오토사이클이다. 이는 4개의 내부 가역과정으로 구성된다.

1 → 2 등 엔트로피 압축

2 → 3 등적가열 - 정적연소

3 → 4 등 엔트로피 팽창

4 → 1 등적 방열

2) 오토사이클의 이론열효율(η th,otto)

$$\eta_{th,otto} = 1 - \frac{T_1}{T_2} = 1 - \frac{T_4}{T_3} = 1 - (\frac{V_2}{V_1})^{k-1} = 1 - (\frac{1}{\epsilon})^{k-1} \tag{2.1}$$

여기서, ε : 압축비

k : 비열비 = $\frac{C_P}{C_V}$

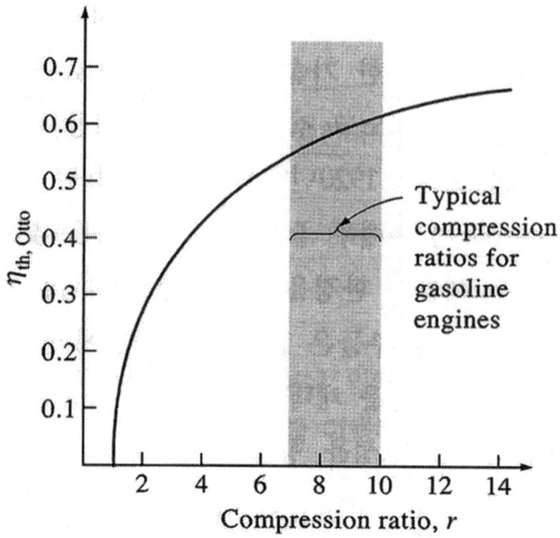

그림 2-4 압축비에 따른 오토사이클의 열효율 변화(k-1.4)

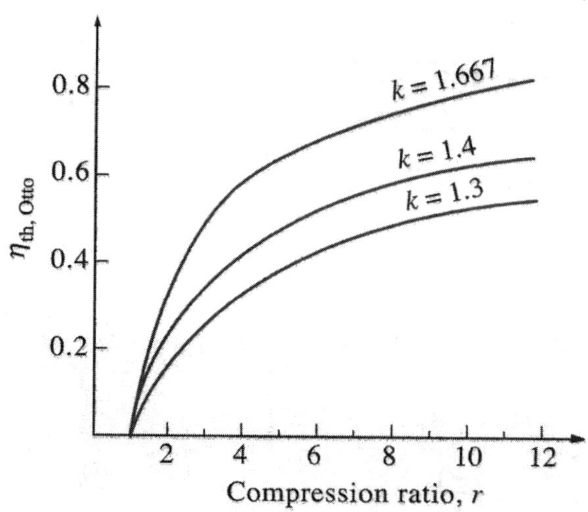

그림 2-5 오토사이클의 이론열효율과 압축비의 관계

식 (2.1)과 그림 2-4, 그림 2-5에서 보듯이 압축비와 비열비가 증가함에 따라 이상적 오토사이클의 열효율은 증가한다. 이러한 결과는 실제 전기점화식 내연기관에도 적용된다. 하나의 주어진 압축비에 대해서, 실제 전기점화기관의 열효율은 이상적 오토사이클의 열효율보다 다소 낮은데, 이는 마찰과 같은 비가역성이나 또는 불완전연소와 같은 기타 요인에 의한 것이다.

그림 2-4에서 주목할 점은 낮은 압축비 구간에서의 열효율 곡선은 상당히 가파른 반면에, 압축비가 대략 8정도부터 평탄해져 감을 볼 수 있다. 이는 고압축비가 사용될 때, 압축과정에서 공기-연료 혼합물의 온도가 연료의 자동 착화온도 이상으로 상승하게 되는데 이는 화염전파면의 전방 두세 지점 또는 다수의 지점에서 조기점화를 야기 시키고, 소음이 발생하게 엔진노크(knock)현상을 유발할 수 있다. 전기점화기관에서는 노킹이 일어나서는 안 될 현상으로 이는 엔진의 성능을 저해하며 손상을 초래한다. 노킹, 즉 자동 착화가 발생되지 않은 조건은 전기점화 내연기관에 사용될 수 있는 압축비의 상한가를 제한하게 된다. 이 때문에 압축비의 제한이 있어 너무 크게 할 수 없다.

만일 노킹(자동착화) 문제에 제한되지 않고 보다 높은 압축비를 사용할 수 있다면 가솔린엔진의 열효율을 보다 더 향상시킬 수 있다. 이는 반노크성제인 테트라에칠-납(tetraethyl lead)과 같은 물질을 가솔린에 첨가하여 사용함으로써 열효율 향상이 가능하였다. 테트라에칠-납은 안티노크성의 척도인 옥탄가를 올리는 가장 저렴한 방법으로 1920년대부터 가솔린에 첨가되어져 왔다. 하지만 유연가솔린(leaded gasoline)은 연소과정에서 인체에 매우 해롭고 환경을 오염시키는 화합물을 형성하게 된다. 따라서 각 정부에서는 대기오염을 줄이려는 노력으로 1970년대 중반부터 유연가솔린을 점진적으로 사라지게 한다는 정책을 채택하였다. 따라서 1975년 이후에 생산된 대부분의 자동차는 무연가솔린(unleaded gasoline)을 사용하도록 설계되었고 엔진노크를 피하기 위해 압축비가 낮추어졌다. 압축비의 저감으로 자동차엔진의 열효율은 다소 감소되었으나, 차체 총중량의 감소, 개선된 공기역학적 설계 등에서의 기술개발을 통해 오늘날의 자동차는 보다 좋은 연료경제성을 갖고 있으며, 이에 따른 연비(km/l)가 향상되었다.

오토사이클의 열효율에 영향을 주는 두 번째 인자로서는 비열비(k)를 들 수 있다. 하나의 주어진 압축비에서 아르곤이나 헬륨과 같은 단원자 기체($k = 1.667$)를 작동유체로 사용하는 이상 오토사이클이 최고의 열효율을 갖게 된다. 작동유체의 분자가 커짐에 따라 비열비(k)와 오토사이클의 열효율은 감소한다(그림 2-5). 실온에서 공기의 비열비는 1.4이고 이산화탄소 1.3, 그리고 에탄은 1.2이다. 실제 엔진의 작동유체는 이산화탄소와 같이 큰분자를 포함하고 있고, 그 비열비는 온도의 증가에 따라 감소하게 되는데, 이것이 실제 사이클이 이상 오토사이클보다 낮은 열효율을 갖게 되는 이유 중의 하나이다. 실제 전기점화 내연기관의 압축비 ε는 5~10이고, 열효율은 25~30% 정도이다.

2.1.2 디젤사이클(정압사이클) - 압축착화기관의 이상 사이클

디젤사이클은 공기분사식 저속디젤기관의 이상 사이클이다. 1890년대 Rudolph Diesel에 의해 제안된 디젤엔진 (CI엔진, Compression Injection)은 동작유체(공기)를 실린더 내에 밀폐하여 단열압축시키면 공기가 연료의 자동 착화온도 이상까지 압축되어 고온, 고압의 상태가 된다. 이때 연료를 분사하면 다른 에너지를 이용하여 점화하지 않아도 자연 착화된다. 그리고 피스톤의 하강으로 인해 체적이 증가 되면서 일정 압력하에 연소가 된다.

가솔린 엔진에서는 공기와 연료 혼합물은 압축행정 동안 압축되며, 압축비는 자동착화 또는 엔진노크에 의해 제한되지만, 디젤엔진에서는 공기만을 압축함으로 자동착화의 가능성은 무시된다. 따라서 디젤엔진은 통상 12~24 사이의 훨씬 더 높은 압축비에서 작동하도록 설계되어 있다. 따라서 이러한 점 때문에 디젤엔진은 가솔린 엔진에 비하여 열효율이 높게 나타난다.

1) 사이클 과정의 상태변화

사이클 과정의 상태변화는 다음과 같다.

1 → 2 등 엔트로피 압축

2 → 3 정압 상태에서 열 공급 - 정압연소

3 → 4 등 엔트로피 팽창

4 → 1 등적 방열

1 → 0 배기과정으로 구성

2) 디젤사이클의 이론열효율($\eta_{th,Diesel}$)

$$\eta_{th,Diesel} = 1 - \frac{1}{\epsilon^{k-1}}\left[\frac{\gamma_c{}^k - 1}{k(\gamma_c - 1)}\right] \qquad (2\text{-}2)$$

여기서, ε : 압축비

k : 비열비(Cp/Cv)

γ_c : 차단비(cutoff ratio, 단절비, 체절비) = $\frac{V_3}{V_2}$

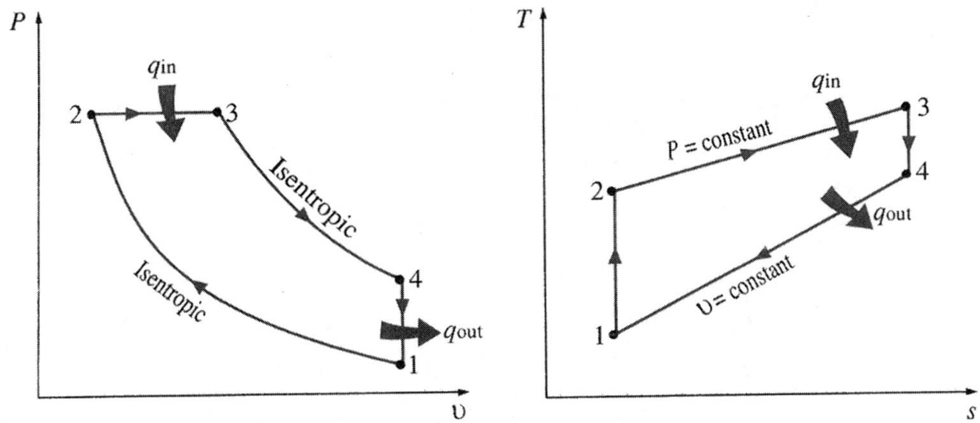

(a) $P-v$ 선도 (b) $T-s$ 선도

그림 2-6 디젤사이클의 P-v 선도 및 T-S 선도

차단비 γ_c는 연소과정 전,후의 실린더 체적비를 말한다. 식 (2-2)에서와 같이 디젤사이클의 이론 열효율은 동작유체의 비열비 k, 압축비 ε, 차단비 γ_c의 영향을 받는다.

식(2-2)에서 공기-표준 가정 하에서 디젤 사이클의 효율은 오토사이클의 효율에 각괄호 [ ] 안에 있는 값을 곱한 만큼 상이함을 알 수 있다. 이 각괄호 안의 값은 항상 1보다 크다.

따라서

$$\eta_{th,오토} > \eta_{th,디젤} \qquad (2\text{-}3)$$

또한, 디젤엔진이 가솔린엔진에 비해 훨씬 높은 압축비에서 작동하기 때문에 일반적으로 전기점화엔진보다 더 열효율이 높다고 할 수 있다. 또한 디젤엔진은 전기점화기관보다 낮은 rpm에서 작동하기 때문에 연료를 보다 완전히 태운다. 대형 디젤엔진의 열효율은 약 35~40% 범위에 높은 이유도 이러한 이유 중의 하나로 볼 수 있다.

차단비 γ_c가 감소함에 따라 디젤사이클의 효율은 증가함을 그림 2-7에서 볼 수 있다.

디젤사이클에서 동작유체의 비열비가 일정할 때 디젤사이클의 이론 열효율을 높이기 위해서는 압축비ε는 높이고 차단비 γ_c는 낮추어야 한다. 실제 디젤엔진의 압축비는 12~24이고, 정미 열효율은 25~40%이다.

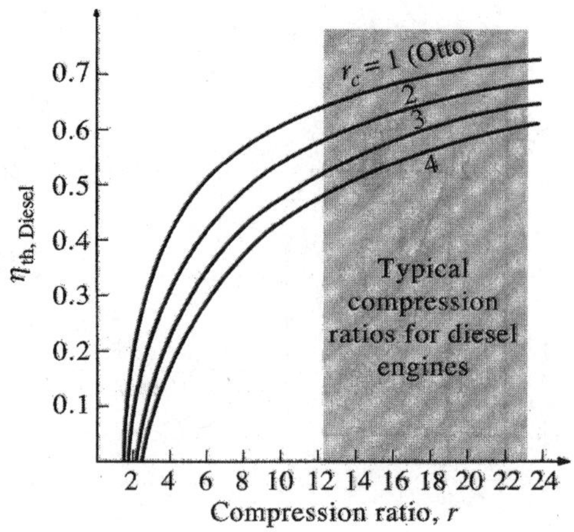

그림 2-7 압축비 및 차단비에 따른 이상 디젤엔진의 열효율 (K=1.4)

2.1.3 복합 사이클(사바테사아클, 정적·정압사이클)

내연기관에 있어 연소과정을 정적 또는 정압하의 가열과정으로 가정하는 것은 지나치게 간단하고 사실상 실제적이지 못하다. 아마도 더 나은 접근은 가솔린엔진과 디젤엔진 두 가지 모두 연소과정을 정적 하에서 일어나는 것과 정압 하에서 일어나는 두 가지 열전달 과정의 조합으로 설계하는 것이다. 이러한 개념의 근거의 이상 사이클을 복합사이클이라고 한다.

현재의 고속디젤엔진에서는 그림 2-8과 같은 정적연소와 정압연소를 조합한 복합사이클로 일어난다. 오늘날 사용되고 있는 왕복피스톤형 고속 내연기관의 사이클은 모두 이 사이클에 속한다. 이 사이클에서 연료의 일부는 처음 급격히 연소(정적연소)되고, 나머지는 정압 하에서 연소(정압연소)된다.

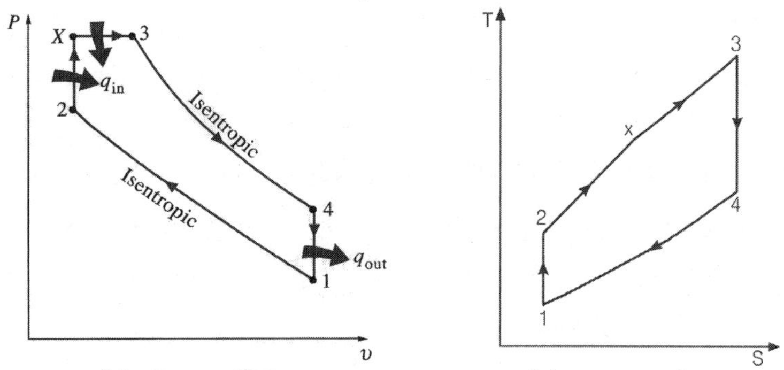

(a) $P-v$ 선도 (b) $T-s$ 선도

그림 2-8 공기표준 복합사이클의 P-v 선도 및 T-S 선도

1) 사이클 과정의 상태변화

사이클 과정의 상태변화는 다음과 같다.

1 → 2 등 엔트로피 압축
2 → X 정적 상태에서 열 공급-정적연소
X → 3 정압 상태에서 열 공급-정압연소
3 → 4 등 엔트로피 팽창
4 → 1 정적 상태에서 열 방출

2) 복합사이클의 이론 열효율(η ths)

$$\eta_{the} = 1 - \frac{1}{\epsilon^{k-1}}[\frac{\alpha\gamma_c{}^k - 1}{(\alpha-1)+k\alpha(\gamma_c-1)}] \quad (2\text{-}4)$$

여기서 α는 폭발비 또는 압력상승비로서

$$\alpha = \frac{P_x}{P_2} = \frac{T_x}{T_2} \text{ (정적과정)}$$

2.1.4 이론사이클의 열효율의 비교

이론 사이클은 어느 것이나 압축비를 크게 함으로써 정적, 정압, 복합사이클의 이론열효율은 모두 증가한다. 오토(정적)사이클은 공급 열량에는 관계없이 압축비의 증가만으로 $\eta_{th,otto}$는 높아진다.

$$\eta_{th,otto} = 1-(\frac{1}{\epsilon})^{k-1}$$

$$\eta_{th,Diesel} = 1 - \frac{1}{\epsilon^{k-1}}[\frac{\gamma_c{}^k - 1}{k(\gamma_c-1)}]$$

$$\eta_{the} = 1 - \frac{1}{\epsilon^{k-1}}[\frac{\alpha\gamma_c{}^k - 1}{(\alpha-1)+k\alpha(\gamma_c-1)}]$$

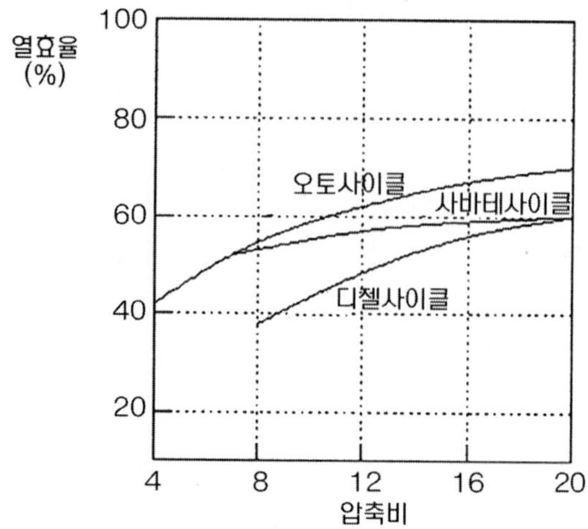

그림 2-9 압축비에 따른 사이클의 열효율 비교

디젤사이클은 압축비 증가와 더불어 $\eta_{th,Diesel}$l은 높아지지만 차단비(γ_c)의 증가와 더불어 $\eta_{th,Diesel}$은 감소하므로 공급열량에 관계된다.

복합사이클은 압축비와 압력비(α)의 증가와 더불어 η_{the}은 높아지고 또한 차단비(γ_c)의 증가와 더불어 η_{the}가 감소하므로 역시 디젤사이클과 마찬가지로 공급열량에 관계된다.

1) 압축비가 같을 경우

이론적으로 압축비를 높일수록 열효율은 증대하지만 그중에서도 공급열량과 무관한 오토사이클의 열효율이 최대임을 알 수 있다. 이론열효율은 "정적 사이클 〉 복합 사이클 〉 정압 사이클"의 순서가 된다. 그 이유는 식(2-4)의 제2항 중 다음의 값이 1보다 크기 때문이다.

$$\frac{\alpha {\gamma_c}^k - 1}{(\alpha - 1) + k\alpha(\gamma_c - 1)} > 1$$

조건 : $P_1 = 1kg_f/cm^2$, $T = 27℃$, $Q = 710\ kcal/kg_f$

압축비가 증가하면 효율이 증가하지만, 압축비를 무한정 높게 할 수는 없다. 실제의 경우에는 오토사이클에 있어서 압축비를 높인다는 것은 최고압력을 높이게 되는 것이고, 그에 따른 기관 각부의 구조를 튼튼하게 하여야 하므로 중량이 증가하고, 또 제작비도 비싸지게 된다. 또한 각 구조부분의 강도, 윤활 및 냉각문제 등에도 제약을 받게 되고 가솔린기관에서는 노킹현상을 발생할 수 있게 되기 때문에 디젤기관과 같은 정도의 압축비를 높이지 못한다.

일반적으로 실제 자동차기관에 적용되는 압축비는 다음과 같다.

오토기관 $\epsilon = 7 \sim 13$

디젤기관(Diesel engine) $\epsilon = 16 \sim 24$

즉, 디젤기관은 오토기관에 비해 상대적으로 압축비를 높게 할 수 있다. 따라서 실제로는 디젤기관의 열효율이 오토기관의 열효율보다 높다.

2) 최대압력 또는 최고온도가 같을 경우

최고온도 또는 최대압력 즉, 피크(peak) 압력이 같을 경우, 이론열효율은 "정압 사이클〉복합 사이클〉정적 사이클" 의 순서가 된다.

3) 실제사이클의 경우

실제 사이클의 경우 "복합사이클 〉 정압사이클 〉정적사이클" 이라 할 수 있다.

디젤기관은 오토사이클의 압축비보다는 훨씬 높은 것을 취할 수 있으나 역시 차단비(γ_c)를 작게 하여 그 비율을 1에 접근시키면 연소기간이 짧아지고 압력비가 높아지지 않으므로 결국 디젤 사이클 특유의 정압부분이 단축되므로 급격한 연소인 폭발에 가까운 정적사이클에 접근하므로 연소속도의 제어도 곤란하게 된다. 또한 최고압력 및 압력상승률도 과대하게 되므로 기계적 응력도 증가하게 된다. 그러므로 이론적으로나 실제적으로 정적연소와 정압연소를 나누어서 하는 복합사이클의 열효율이 좋아지게 된다.

그리고 실제상의 문제에 있어서도 열량의 공급, 기관의 수명 및 강도에 관계되는 최고압력을 억제하여 비교하더라도 "복합사이클 〉 정압사이클 〉 정적사이클"로 된다.

$\eta_{th,otto}$ = 20 ~ 25%, $\eta_{th,Diesel}$ = 28~32%, η_{the} = 29~37%, 정도로 된다.

2.1.5 열역학적 사이클과 실제기관의 사이클

내연기관은 실제로 열역학적 사이클이 아니라 기계적 사이클(실제 사이클)로 작동한다. 사이클을 이루는 않는 실제 엔진의 성능을 가상적 사이클의 열효율과 비교하는 것이 아주 편리하다. 그림 2-10은 실제 내연기관의 사이클 선도로 흡입행정과 배기행정 사이의 압력차를 명확하게 하기 위해 약간 과장되게 그린 고속 4행정 엔진의 양식화한 도시선도이다. 이러한 선도는 전기점화기관과 압축착화기관 모두 정압상태나 정적상태에서 연소가 되지 않기 때문에 두 엔진 모두 해당될 수 있다. 간단하게 하기 위하여 이 선도는 그림 2-11과 같이 정적상태의 연소로 이상화될 수 있다.

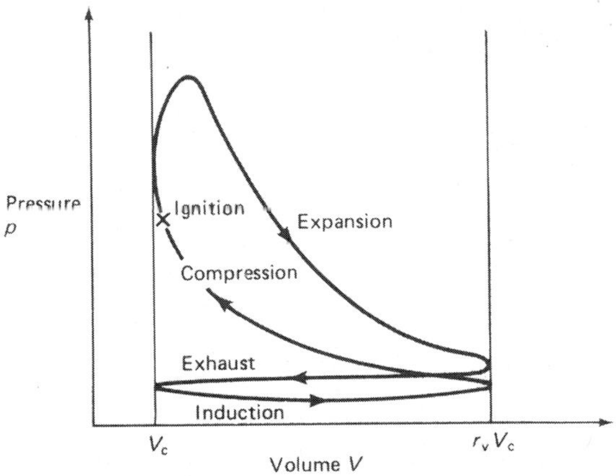

그림 2-10
4행정엔진의 양식화된
지압선도(실제사이클)

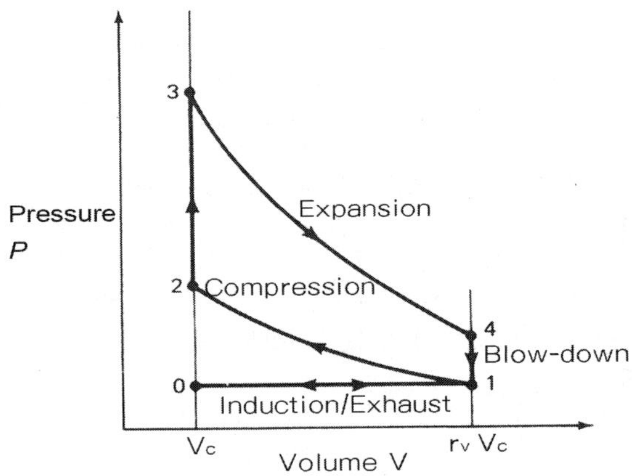

그림 2-11
4행정엔진의 이상
도시선도
(정적사이클 선도)

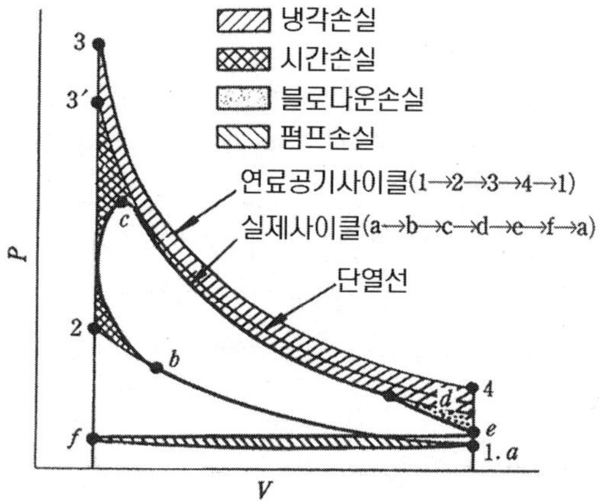

그림 2-12
실제기관의 PV 선도와
제손실의 발생

실제기관의 열효율은 이론 사이클의 값보다 더 저하된다. 그림 2-12는 실제 전기점화 기관의 연소실 내 압력 선도와 연료공기 사이클을 나타낸 것인데 연료공기 사이클(1-2-3-4-1)과 실제 사이클(a-b-c-d-e-f-a)의 pV선도를 비교한 것이다.

그림에서와 같이 실제기관의 사이클에서 얻어지는 일은 연료 공기 사이클의 비하여 작은 것을 볼 수 있다. 그것은 다음과 같은 이유에서 발생된다.

① 연소는 실제로는 반드시 정적이나 정압 하에서 이루어지지 않는다.

② 실린더에는 신기로만 충전(充塡)되는 것이 아니라, 선행 사이클의 잔류가스도 들어 있다.

③ 연료는 완전 연소되지 않는다.

④ 연소가스의 열의 일부가 연소실벽을 통하여 냉각매질로 방열된다.

⑤ 사이클 선도의 각점에서는 둥글게 되고 그만큼 일량이 감소된다.

⑥ 매 사이클마다 이루어지는 연소가스와 신기와의 가스교환은 반드시 유동손실이 동반된다.

1) 냉각손실

엔진은 냉각계로 적당량의 열이 방열되지 않으면 각 운동부분에서 고온에 의한 융착 현상이 일어나고 또한 노킹 등의 이상연소가 일으키므로 냉각손실은 피할 수 없다. 실린더내의 가스온도가 높지 않은 흡기행정이나 압축행정 때에도 연소실이나 실린더 내에 저장되어 있던 열이 대부분 냉각계로 방열되고 이것도 모두 냉각손실로서 표시된다.

2) 시간손실

그림 2-12에서 보면 연료 공기 사이클에 비해 실제 공기 사이클은 연소시간이 빠름을 볼 수 있다. 이론적인 연료 공기 사이클에서는 상사점(TDC)에서 연료 전부가 연소하여 발열하는 것으로 되어 있다. 그러나 실제 전기점화기관의 연소실에서는 상사점보다 조금 앞의 a에서 점화하여, 상사점 후 적당한 시기 c에 연소가 종료되도록 설정하고 있다. 이 때문에 최고 압력은 연료 공기 사이클보다 저하되고 팽창행정 중에도 발열이 있다. 이와 같은 손실은 그림의 면적 b-2-3'-c-b에 상당한다.

3) 블로다운(blow down) 손실

배기밸브가 열려도 순간적으로 실린더내의 가스압력은 낮아지지 않는다. 그러므로 하사점(BDC)보다 앞서 d에서 배기밸브를 열기 때문에 일로 변환될 수 있는 높은 압력의 가스를 외부로 배출하게 되며 이것이 블로다운 손실이다.

4) 펌프손실

신기를 흡입하고 흡기계보다 압력이 높은 배기계로 배기가스를 밀어내는 펌프손실이 있고, 그 밖에 불완전연소나 열해리가 있으므로 연료가 지닌 에너지를 완전히 유용하게 이용할 수 없다. 연소실 벽 근방에서는 냉각효과에 의해 생기는 소염영역이 언제나 존재한다. 실화(misfire)나 소염(quenching) 등에 의한 불완전소가 생긴다.

2.2 엔진의 제 특성

2.2.1 디젤 엔진의 제원

1) 배기량(실린더체적, displacement)

엔진의 배기량은 피스톤이 실린더 내에서 1행정 했을 때 흡입한(또는 배출한) 공기 또는 혼합기의 체적을 뜻하는데, 배기량은 피스톤이 상사점에서 하사점까지 이동하는 동안의 행정체적을 말한다.

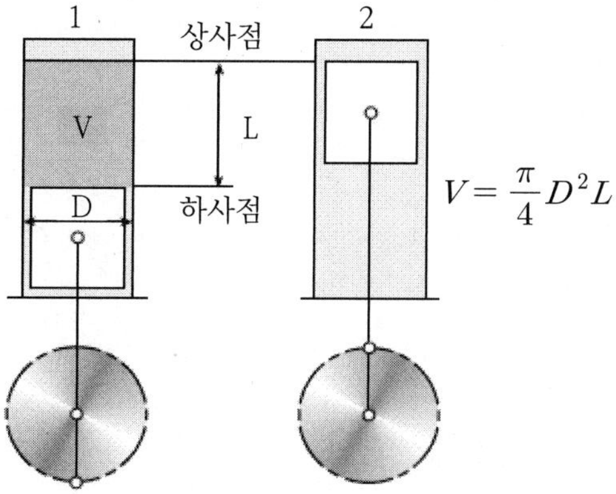

그림 2-13 배기량

실린더 안지름을 D(cm), 피스톤의 상사점에서 하사점까지 운동하는 행정(stroke)을 L(cm), 실린더수를 N라 하면 , 총배기량 Vs는 다음과 같다.

$$V_s = \frac{\pi}{4}D^2LN(cc) \tag{2-5}$$

여기서, V_S : 배기량, 실린더체적 (cc)

D : 실린더 안지름(cm)

L : 행정(cm)

N : 실린더 갯수(EA)

총배기량은 실린더단면적 × 행정 × 실린더수를 곱한 것과 같으므로 실린더는 원통모양이므로 계산상에는 정확하게 끝자리가 떨어지지 않지만 일반적으로 1800 cc 자동차라면 자동차등록증을 보면 1798 cc로 되어 있고 2000 cc 자동차라면 1998 cc로 되어 있다.

예제 1

어떤 기관의 실린더 치수가 82 mm × 80 mm 이고 4기통엔진이다. 총배기량을 구하여라.

【 답 】 $V_S = \frac{\pi}{4}D^2LN = \frac{1}{4}\pi \times (8.2)^2 \times 8 \times 4 = 1689.9\ cm^3 = 1689.9\ cc$

2) 압축비

압축비란 엔진의 압축행정에서 연소실의 압축 전 최대용적과 압축후의 최소 용적비를 말한다.

압축비는 피스톤의 상사점과 하사점사이의 체적인 행정체적(V_h)과 피스톤이 상사점에 있을 때 연소실의 체적인 (V_c)과의 비를 말한다.

$$\epsilon = \frac{V_c + V_h}{V_c} \tag{2-6}$$

여기서, ϵ : 압축비

V_c : 연소실체적(cm^3)

V_h : 행정체적(cm^3)

압축비를 높게 하면 열효율의 향상으로 당연히 연료소비율은 낮아진다. 또한 출력도 높아진다. 압축비를 높이면 출력이 상승되는 이유는 고압축을 위하여 큰 힘을 필요로 하지만 폭발 시에 얻어지는 팽창력은 그 이상으로 크기 때문이다. 자동차엔진에서 압축비를 높이는 방법은 주로 연소실 체적을 작게 만들거나(Vc값을 작게), 실린더헤드와 블록사이에 가스켓의 두께를 얇은 것으로 교환하거나 피스톤의 형상을 볼록하게 만들기도 한다. 그러나 압축비를 너무 높게 하면 가솔린엔진에서는 노킹이 발생하며 디젤엔진에서는 기계적 손실이 커진다. 현재 가솔린엔진의 압축비는 (7~13) : 1 정도이고 디젤엔진의 압축비는 (16~24) : 1 정도이다. 디젤엔진이 가솔린엔진보다 연비가 좋은 이유도 압축비가 크기 때문이다.

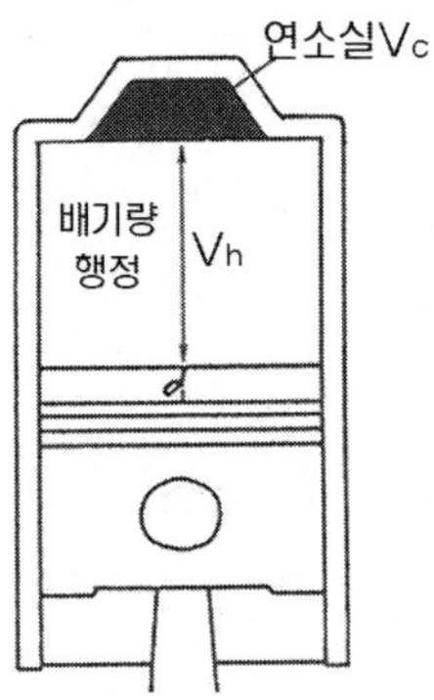

그림 2-14 압축비

3) 출력(power)

출력은 엔진의 단위시간당의 일을 의미하는데, 일반적으로 엔진의 크랭크축에서 얻을 수 있는 힘을 말한다. 단위로는 마력을 사용하는데 1마력(1 PS)은 말 한마리가 75 kg의 무게를 1초 동안 1m 옮기는데 필요한 일의 양이며 1PS = 75 kgm/sec 이고 735.5 w이다. 예를 들어 어떤 자동차의 출력이 153 ps / 6000 rpm이라고 할 때 엔진이 매분마다 6000번 회전할 때 11.4톤(153×75 kgm/sec)의 무게를 1m 높이로 끌어올리는 힘이라 할 수 있다. 마력은 엔진이 단위시간당 할 수 있는 일의 양을 말한다.

출력은 엔진의 회전속도(rpm)×토크(Torque)로 나타낼 수 있는데 동일한 배기량을 가진 가솔린엔진과 디젤엔진을 탑재한 차를 비교해보면 일반적으로 최고출력은 가솔린차가 크고, 최대토크는 디젤차가 크다.

엔진의 출력은 사용하는 목적에 따라서 여러 가지 명칭이 정해져 있으며 그 주요한 것은 다음과 같다.

(1) 도시출력(indicated power), (IPS)

도시출력(도시마력 혹은 지시마력)이란 연소실 내의 동작가스로부터 단위시간 당 피스톤에 전달된 일(도시일 또는 지시일)을 의미한다. 다시 말해 실린더 내부에서 실제로 발생한 동력을 말하며, 실린더내의 지압계(indicator)를 설치하여 내부의 압력을 측정하여 구한다. 방법은 계측하여 나온 지압선도를 가지고 도시평균유효압력을 산출하고, 이를 이용하여 도시출력을 계산한다.

$$IPS = \frac{P_{mi} \times A \times S \times N \times Z}{75 \times 60 \times 2} = \frac{P_{mi} \times A \times S \times N \times Z}{9000} \qquad \text{(4행정 엔진)}$$

$$IPS = \frac{P_{mi} \times A \times S \times N \times Z}{75 \times 60 \times 2} = \frac{P_{mi} \times A \times S \times N \times Z}{4500} \qquad \text{(2행정 엔진)}$$

여기서, P_{mi} : 도시 평균 유효압력(kg/cm^2)

A : 피스톤 단면적$= \frac{\pi}{4} D^2$ (cm^2)

S : 피스톤 행정(m)

Z : 기통수

N : 크랭크축 매분 회전수(rpm)

(N : 2사이클, N/S : 4사이클)

(2) 제동출력(brake power) (BPS)

제동출력(제동마력)을 축출력 또는 정미마력(正味馬力)이라고도 한다. 제동마력(brake power)이란 실린더 내에서 발생한 도시마력에서 기계적 손실을 뺀 것이다. 연소과정에서 발생한 힘은 피스톤에 직접적으로 전달되지만 이것이 모두 유효하게 동력으로 이용되는 것은 아니다. 엔진을 운전시키는데 필요한 부속장치인 연료펌프, 물펌프, 발전기 등을 구동시키는데 소요되기도 하고, 다른 구동부에서의 마찰력으로 손실되기도 한다. 제동출력은 실제로 유효하게 이용되는 동력을 말하며 기관의 크랭크축에서 측정한 출력이다. 따라서 축 출력이라고도 한다. 즉, 도시출력에서 마찰출력을 빼면 제동출력이 된다. 참고로 기관의 공전상태에서의 제동출력은 "0"이다.

마찰출력에는 다음과 같은 요소들이 포함된다.

① 피스톤, 피스톤 링, 베어링, 그리고 다른 구동부에서의 마찰력

② 엔진을 운전시키는데 필요한 부속장치 예를 들어, 연료펌프, 물펌프, 오일펌프, 냉각팬, 분사펌프, 발전기 등을 구동시키는 데 소요되는 동력

$$BPS = \frac{P_{me} \times A \times S \times N \times Z}{75 \times 60 \times 2} = \frac{P_{me} \times A \times S \times N \times Z}{9000} \quad \text{(4행정 엔진)}$$

$$BPS = \frac{P_{me} \times A \times S \times N \times Z}{75 \times 60 \times 2} = \frac{P_{me} \times A \times S \times N \times Z}{4500} \quad \text{(2행정 엔진)}$$

여기서, P_{me} : 제동평균유효압력(kg/cm^2)

$BPS = IPS - FPS$

FPS : 마찰마력

N : 회전수(rpm) (N : 2사이클, $N/2$: 4사이클)

기계효율은 도시출력에 대한 제동출력의 비로 나타낼 수 있다.,

$$\eta_m = \frac{BPS}{IPS} \tag{2-7}$$

여기서, η_{m} : 기계효율

BPS : 제동출력

FPS : 도시출력

(3) 리터 출력(liter power) (N_L)

리터출력(N_L)이란 단위 행정체적 당 출력(kW/l)을 말한다. 리터출력은 기관부하와 체적(배기량)의 특성값이다. 소형기관에서 리터출력이 크다는 것은 기관에 걸리는 부하가 크다는 것을 의미한다. 기관의 수명 연장을 위해서는 리터출력이 작아야 한다.

$$N_L = \frac{BPS}{V_H} \tag{2-8}$$

여기서, N_L : 리터출력 [kW/l]

BPS : 제동출력[kW]

V_H : 총배기량[l]

- **리터 출력 비교**
  - ① 승용자동차용 디젤기관의 리터출력
    - (무과급-NA): 20~30 kW/l
    - (과급-터보) : 30~40 kW/l
  - ② 승용자동차용 가솔린기관의 리터출력
    - (무과급-NA) : 35~65 kW/l
    - (과급-터보) : 50~100 kW/l

4) 토크(Torque)

토크는 엔진의 회전력 즉, 크랭크축 회전력이다. 쉽게 말해 바퀴를 돌리는 힘이다. 사람이 역기를 들어올리기 위해서는 순간적으로 에너지를 모아 끌어 쓴다. 자동차도 마찬가지로 순간적으로 낼 수 있는 최대 힘이 바로 토크이다. 토크 값이 높을수록 힘이 좋다는 애기이다. 예를 들면 엔진의 최대 토크값이 12 $kg_f \cdot m/5000\ rpm$이라면 이것은 엔진이 분당 5000회 회전할 때 12 kg의 힘을 낸다는 뜻이다.

토크의 단위는 1 $kg_f \cdot m$ 또는 $N{\cdot}m$(1 $kg_f \cdot m$ = 9.8 $N{\cdot}m$)로 나타낸다. 엔진이 바퀴로 연결되는 크랭크축을 회전시키는 힘이라 할 수 있다. 이 토크가 크면 오르막 등판능력이 좋아지고 가속능력이 향상된다.

그리고 회전력(T)은 크랭크암의 직각방향의 힘 F와 길이 r과의 곱이다. P_0는 피스톤에 가해지는 연소압력을 나타낸다.

$$T = Fr \tag{2-9}$$

여기서, T : 회전력 ($kg_f \cdot m$)

F : 크랭크 암과 직각방향의 힘 (kg_f)

r : 크랭크암의 길이 (m)

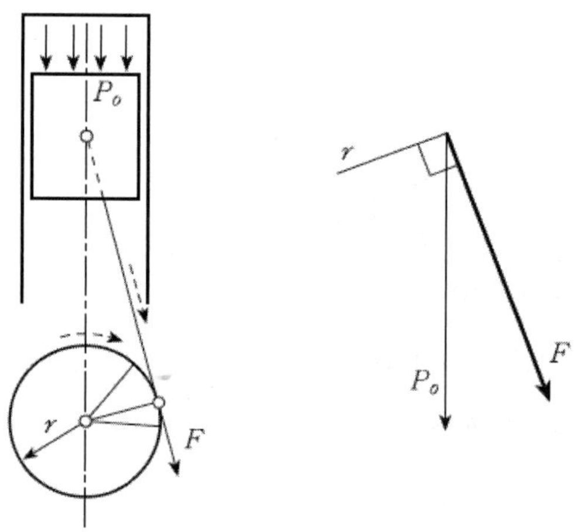

그림 2-15 회전력

5) 마력과 회전력의 관계

토크에 시간 개념인 분당 회전수를 적용한 것이 마력이며, 고속회전에 높은 토크값을 발생시키는 엔진일수록 마력은 높아진다. 예전에 트럭과 같은 차가 없을 때는 말이 짐마차를 끌며 일은했는데, '이 말이 1분 동안 얼마만큼의 일을 할 수 있나' 를 수치화해 표현했던 것이 1마력(horse power)이다. 지금은 말을 더 이상 이용하지 않게 되면서 요즘에는 자동차에 이 용어를 사용하고 있다.

하지만 토크가 높다고 해서 마력이 항상 높은 것은 아니다. 마력은 토크에 회전수를 곱한 값이기 때문에 토크가 낮더라도 회전수가 많으면 더 큰 마력을 얻을 수 있다. 현대 소나타엔진은 최대 172마력, 산타페는 200마력정도이고 람보르기니 같은 수퍼카는 600~700마력까지 올라간다.

토크는 엔진을 돌리는 힘(가속도)이고, 마력은 물체를 움직이는 힘(속도)인데, 그 관계는 토크에 회전수를 곱한 것이 마력(출력)이 된다. 즉, 고회전에 토크가 클수록 엔진의 마력(출력)은 커진다. 토크와 마력의 관계를 또 다른 관점에서 보면, 토크는 '힘(力)'이고 마력은 '일'이라고 말할 수 있으며 이 힘이 휠과 타이어에 크게 전달되면 자동차는 가속력이 좋아져 앞으로 달려 나가게 된다.

자동차는 출발할 때와 급가속 시에 가장 큰 힘을 필요로 하기 때문에 회전수를 높이 올려야 발휘되는 최고 마력보다는 토크가 더 중요하다 할 수 있을 것이다.

제동마력(축출력)은 크랭크축의 회전력에 의해 단위시간에 한 일이므로 제동마력과 회전력 사이에는 다음 관계식이 성립한다.

$$BPS = \frac{2\pi TN}{75 \times 60} = \frac{TN}{716.2} \qquad (2\text{-}10)$$

여기서, T : 회전력($kg_f \cdot m$)

N : 크랭크축 매분 회전수(rpm)

2.2.2 엔진의 제 특성

1) 평균 피스톤 속도

평균 피스톤 속도는 피스톤이 시간당 행정을 왕복 이동한 거리로서 보통 엔진의 경우 12~13 m/sec이다. 최대 평균속도는 보통의 기관에서 20 m/sec. 경주용 기관은 25 m/sec이며, 피스톤 평균속도는 피스톤의 행정에 비례하므로 동일한 기관의 회전수에서는 행정이 짧을수록 피스톤의 평균속도는 늦어진다.

엔진이 회전하고 있을 때 피스톤의 속도는 상사점 및 하사점에서 0이 되며 중간 부근에서 최대가 된다. 따라서 피스톤의 속도를 평균한 것을 피스톤 속도라 한다. 평균 피스톤 속도를 S 라고하면, 다음과 같은 식이 성립한다.

$$V = \frac{2 \times S \times N}{60} = \frac{S \times N}{30} \tag{2-11}$$

여기서, V : 평균 피스톤속도(m/s)

S : 행정(m)

N : 엔진 회전속도(rpm)

2) 연료소비율

연료소비율이란 내연기관의 연료 소비 성능을 나타내는 것으로 엔진이 일정한 일을 했을 때 어느 정도의 연료를 소비하는가를 표시한 것이다. 단위는 1마력이 1시간당 소비한 연료량을 g으로 표시($g/PS{\cdot}h$)하거나, 축 출력 1 kW(또는 PS)당 1시간에 소비하는 연료의 양($G/kW \cdot h$)으로 나타낸다. 연료소비율은 열효율과 반비례하므로, 이 값이 작을수록 열효율은 높아져 경제력이 좋고 성능이 좋은 엔진이라고 할 수 있다.

연료소비율은 축 출력 1kW(또는 PS)당 1시간에 소비하는 연료의 양으로 나타낸다.

$$f_e = \frac{B \times 10^3 \times 3600}{N_e} \tag{2-12}$$

f_e : 연료소비율

Ne : 축 출력 (kW 또는 PS)

B : 연료의 소비량(kg/s)

단위 : $G/kW \cdot h$ 또는 $g/PS \cdot h$

3) 열효율

열효율이란 기관에 공급한 총열량에 대한 일로 전환된 열량과의 비를 말한다. 일에 따라 열효율은 이론열효율, 도시열효율, 제동열효율의 세 가지로 나눌 수 있다.

$$\text{열효율} = \frac{\text{일로 전환된 열량}}{\text{기관에 공급된 총열량(저위발열량)}} \tag{2-13}$$

(1) 이론열효율

사이클 중 열손실이 없는 것으로 가정하여, 이론적 사이클에 의해 일로 변하여 얻은 열량과 그 사이클에 공급된 열량과의 비를 이론열효율(η_{th})이라 한다. 열역학 제1법칙에서 일로 변환된 열량은 그 사이클에 공급된 열량 Q_1과 배출열량 Q_2와의 차이를 말한다.

$$\eta_{th} = \frac{W_{th}}{Q_1} = \frac{Q_1 - Q_2}{Q_1} = 1 - \frac{Q_2}{Q_1} \tag{2-14}$$

여기서, W_{th} : 1사이클 중 이론적 일($kg \cdot m$)

(2) 도시열효율

실린더 내에 동작유체가 피스톤에 한 일(열량)과 공급열량과의 비를 도시열효율(η_i)이라 하며, 작동가스가 피스톤에 한 일을 도시일(Wi)이라 한다. 이때 동력을 도시마력 또는 지시마력이라 한다. 즉, 연소실 내의 압력(지압선도)에서 구해진 열효율로 엔진에 공급된 열량과 연소실 내의 압력에 따라 피스톤이 한 일의 차이를 공급된 열량으로 나눈 것이다. 여기서 지압선도란 지압계를 이용하여 실제 기관의 운전 상태로부터 얻은 압력(P)-체적(V)선도를 말한다. 또한 실린더 내의 가스 상태 변화를 압력, 체적 즉 압력과 피스톤 행정과의 관계로 표시한 것을 말한다.

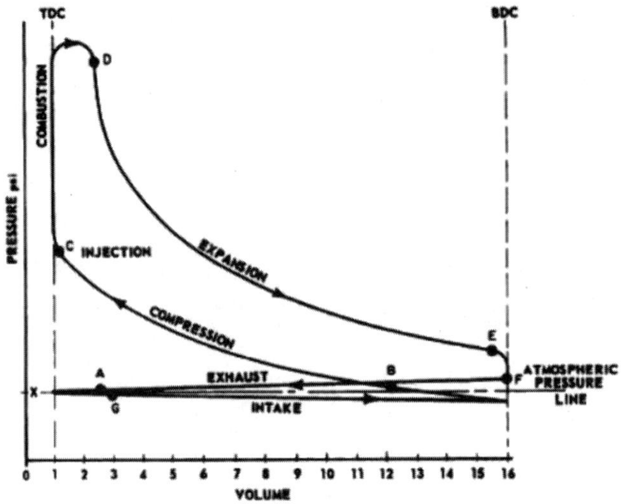

그림 2-16 4행정 디젤기관의 지압선도

도시열효율은 냉각손실, 흡·배기에 필요한 일, 펌핑손실 등 때문에 이론적 열량보다 작다. 이 때문에 도시열효율(η_i)은 이론적 열효율(η_{th})보다 항상 작다. 도시열효율은 다음과 같이 표시한다.

$$\eta_i = \frac{\text{도시일}}{\text{총공급열량}} = \frac{W_i}{Q_1} \tag{2-15}$$

(3) 제동(정미正味)열효율

엔진 크랭크축이 하는 일, 즉 제동일(W_b)로 변환된 열량과 총공급된 열량의 비를 제동열효율(η_b)이라 한다.

$$\eta_b = \frac{\text{제동일}}{\text{총공급열량}} = \frac{W_b}{Q_1} \tag{2-16}$$

제동열효율(η_b)은 엔진 축 출력에서 계산된 열효율로서, 출력축에서 얻어지는 일(정미 일)을 엔진에 공급된 열량으로 나눈 것으로, 정미 일은 도시(圖示) 일보다 엔진 운동 부분의 마찰에 의해 잃어버리는 일과 보조 기계류(밸브, 냉각팬, 동력계, 물 펌프)를 구동하는 데 필요한 일(마찰 일)을 뺀 것을 말한다.

엔진에 공급된 총 열량은 실린더 내에서 연료의 연소에 의하여 발생되는 것이므로 연료의 저위발열량을 $H_L(kcal/kg)$, 연료의 소비량을 $B(kg/h)$로 하면 1시간에 열공급은 H_L × $B(kcal)$가 된다. 여기에 따라 발생하는 제동마력을 BPS라고 하고, 1마력이 1시간 동안에 한 일을 열량의 단위로 환산하면 632.5 BPS$(kcal/h)$가 된다. 따라서 제동열효율은 다음과 같이 나타낼 수 있다.

$$\eta_b = \frac{632.5BPS}{H_L \times B} \tag{2-17}$$

(4) 기계효율

도시마력이 제동마력을 변환된 양으로 나타낸 것이다.

$$\eta_b = \frac{\text{제동마력}}{\text{도시마력}} = \frac{\eta_b}{\eta_i}$$

$$\therefore \eta_b = \eta_m \times \eta_i \tag{2-18}$$

한편, 제동일은 도시일보다 작게 된다. 즉 η_m 〈 1 로 되는 이유로서는

- 피스톤과 실린더 사이의 마찰손실
- 크랭크기구에 있어서의 각 저널수의 마찰손실
- 점화장치, 오일펌프, 워터펌프 및 연료공급장치 등의 보조기구의 구동 손실

그리고 도시마력에서 제동마력을 뺀 것을 마찰손실마력이라 하고, 엔진의 내부마찰 및 보조장치의 구동에 소비된 것을 말한다. 디젤기관의 기계효율은 이들 요소의 손실비율을 알 수 있는 값으로 대략 80%~90%정도이다

마찰손실마력 = 도시마력 - 제동마력

4) 평균 유효압력(P_{me})

평균유효압력(P_{me})은 1사이클의 일량을 그 기관의 행정체적으로 나눈 값이며, 배기량과 회전속도가 서로 다른 기관의 성능 비교시에 사용한다. 일반적으로 엔진의 배기량을 증가시키면 공급 가능한 연료량이 증가하여 출력이 증가하기 때문에 출력만으로 엔진의 능력을 나타내는 지표로서는 충분하지 않다. 이 때문에 배기량에 관계없이 엔진 성능을 나타낸 것으로서 평균유효압력(Pme)을 사용한다.

평균유효압력은 모두 4가지로 분류한다.

- **이론평균유효압력(P_{mth})**

이론사이클에서 항상 일정한 압력으로 작동하여 일을 했을 시의 평균유효압력 (P_{mth})

$$P_{mth} = \frac{W_{th}}{V_s}$$ 여기서, V_s는 행성체석(배기량)

- **도시평균유효압력(P_{mi})**

실제 엔진에서 측정한 압력으로부터 얻어진 압력으로 구하는데, 지압선도에서 이론평균유효압력과 동일한 방법으로 결정한다.

$$P_{mi} = \frac{W_i}{V_s}$$

- **제동평균유효압력(P_{mb})**

도시일에서 마찰일을 뺀 나머지 일(제동일)이 크랭크축의 유효일로 작용할때의 유효압력을 말한다.

$$P_{mb} = \frac{W_b}{V_s}$$

- **마찰평균유효압력(P_{mf})**

도시일과 제동일의 차이로 없어진 마찰일의 압력을 말한다.

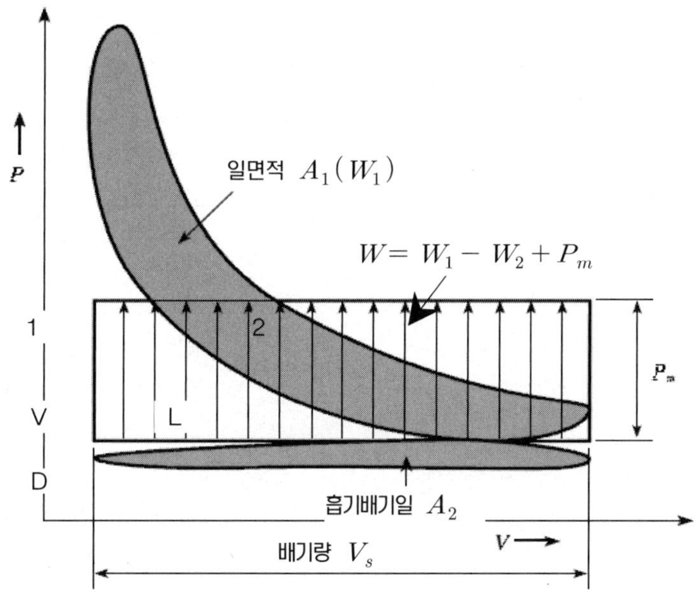

그림 2-17 평균유효압력

또한 이들 사이에는 다음 관계가 성립된다.

도시평균유효압력(P_{mi}) = 이론적 평균유효압력(P_{mth}) × 선도계수(η_d)

제동평균유효압력(P_{mb}) = 도시평균유효압력(P_{mi}) × 기계효율(η_m)

마찰평균유효압력(P_{mf}) = 도시평균유효압력(P_{mi}) - 제동평균유효압력(P_{mb})

앞에서 설명한 바와 같이 $P-V$ 선도에 나타낸 사이클의 내부면적은 일을 나타내며, 이 면적이 크면 클수록 일이 큰 것을 의미한다. 그림 3-1에서 일면적 A_1으로부터 흡배기의 펌프손실(pumping loss) A_2를 뺀 면적이 유효일 면적 $A(A_1 - A_2)$로 된다. 이 유효일을 배기량 V_s로 나눈 값, 즉 A와 동일한 면적에서 행정체적은 같게 하여 직사각형을 만들 때 그의 높이가 P_m으로 평균유효압력이라고 한다.

따라서, 한 사이클의 일은 평균유효압력과 행정체적의 곱으로 나타냄으로써, 평균유효압력에 따라 행정체적이 다른 기관과도 기관의 성능을 비교할 수 있다.

표 2-1 내연기관의 열정산(%)

	유효일	배기손실	냉각손실	기계손실	복사손실
가솔린기관	28~33	32~35	23~30	9~10	1~5
고속디젤기관	30~47	34~40	11~25	4~11	1~5

5) 열정산(heat balance)

내연기관 등에서 공급된 열량 중 얼마만큼이 유효하게 작업에 이용되고, 또 각종 손실의 비율이 어떻게 되는가의 열소비 내역을 열정산(熱精算), 열분배(熱分配), 또는 열평형(熱平衡)이라고 한다. 기관에 공급된 연료는 모두 크랭크축에서 유효한 일로 변환되는 것은 아니고 냉각손실, 배기손실, 기계손실 등의 각종 손실이 발생한다. 기관의 종류나 회전수, 부하상태 등에 따라 다르지만 전부하시의 최적상태에서의 가솔린기관 및 디젤기관의 일반적인 값은 아래와 같다. 대략 열효율 30%, 배기손실 30%, 냉각손실 30%, 기타손실 10% 정도이다.

6) 선도개수(線圖係數)

이론일에 대한 도시일의 비율을 선도계수(diagram factor, η_d)라고 한다.

여기서, 선도계수

$$\eta_d = \frac{\text{도시일의 양}}{\text{이론적 일의 양}} = \frac{W_i}{W_{th}} = \frac{\eta_i}{\eta_{th}} \tag{2-19}$$

도시일은 피스톤운동에 의한 실린더의 체적변화와 이에 따른 압력변화를 측정하는 지압계(indicator)에 의하여 측정되며, 이것으로 작성된 지압선도(indicated diagram), 즉 $P-V$선도에 그려진 사이클의 면적을 구함으로써 산출된다. 즉, 도시일은 실린더 내에서 가스가 실제로 한 일이다.

도시일은 여러 가지 손실 때문에 이론적 일보다 항상 작다. 즉, $\eta_d < 1$로 되는 이유는 도시일은 여러 가지 손실 때문에 이론적 일보다 항상 작다. 도시일은 이론일보다 작다.

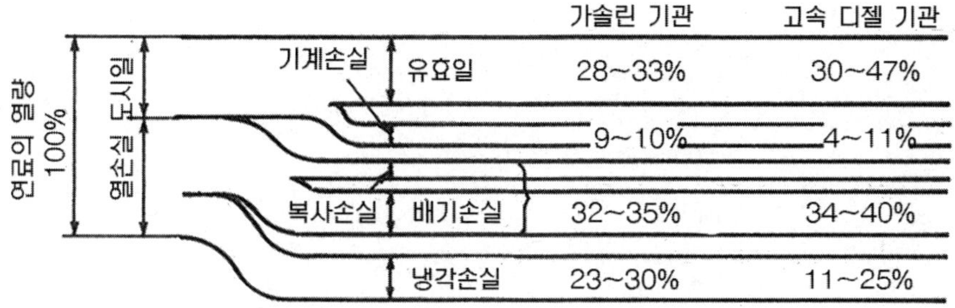

그림 2-18 자동차용 기관의 열정산 선도

즉 η_d 〈 1로 되는 이유는

- 연소열의 실린더 벽에의 열 방출
- 동작가스의 누출
- 연료와 공기의 불완전 혼합에 의한 불완전연소
- 흡·배기의 가스교환에는 부(-)의 일이 필요
- 연소는 피스톤속도에 의하여 정확한 정적, 정압연소가 이루어지지 않는다.

선도계수는 위의 상황과 같이 기술적으로 개량의 요소를 가지고 있으므로 성능향상의 가능성을 나타내는 값이라고 말할 수 있으며, 대략 70~80% 정도이다.

3
CHAPTER

디젤엔진의 연소

3.1 디젤엔진의 연소와 분사

디젤기관은 가솔린기관과 비교할 때 가장 큰 차이점은 연료의 공급방법과 연소형태라 할 수 있다. 고속디젤기관에서의 연소는 압축행정의 말기에 실린더 내 압력은 30~50 kg_f/cm^2, 온도는 500~700℃가 된다. 이 고압의 공기 중에 분사된 안개 모양의 연료가 기화하여 공기와 혼합, 적당한 혼합기로 된 부분에서부터 착화되어 연소가 시작된다. 분사에서 연료는 안개 모양의 미립자 상태로 공기 중에 산포되며, 국부적인 혼합비는 0에서부터 매우 농후한 상태까지 넓은 범위에 걸쳐 있다. 착화는 그 중에서 가장 자발화하기 쉬운 혼합비의 부분으로부터 시작된다. 따라서 가솔린기관에서와 같이 혼합비를 항상 이론공연비 부근으로 제어할 필요가 없어 공기 흡입구에 스로틀밸브를 둘 필요가 없다. 이것이 부분부하에서의 경제성이 가솔린기관에 비하여 양호해 지는 이유이다.

또한, 디젤기관의 출력 조절은 연료 분사량의 제어에 의하여 연료분사시간을 조절하여 출력을 제어한다. 반면, 가솔린기관은 스로틀밸브의 개도를 변화시켜 연료의 공급량을 조절하고 적절한 점화시기에 강제 점화시켜 엔진의 출력을 얻는다.

디젤기관에서의 연료분무는 최상의 연소상태를 얻기 위해서 다음과 같은 구비조건을 만족시켜야 한다.

1. 액체 상태인 연료가 연소되기 위해서는 분사와 동시에 많은 양이 연료증기로 되어야 하고 이를 위해서는 연료입자의 미립화로 그 표면적이 커져서 주위와의 열 및 물질 교환이 활발하게 이루어져야 한다.
2. 연료증기가 산화제인 공기와 잘 혼합되어 효율적인 연소가 이루어지기 위해서는 연료증기의 입자가 연소실 내의 구석진 곳까지 도달되고, 또한 고루 분포됨으로써 공기의 이용률이 높아져야 한다.

따라서 위에서 언급한 연료분무의 조건을 3가지로 나누어서 설명하면 아래와 같다.

3.2 연료분사의 3대 조건

혼합기가 이상적으로 형성되기 위해서는 연료가 분사될 때 몇 가지 조건이 만족될 수 있는 상태라야 한다. 연료분사 후 연소가 완료될 때까지 소요되는 크랭크의 회전각은 약 60° 정도이다. 또한 일반 상용차용 엔진의 경우는 플런저펌프에 의해 100~400 kg_f/cm^2정도로 가압된 연료를 고압으로 분사노즐을 통해 연소실 내에 분사하면, 이때 연료의 평균입경은 10~100 μm이고 분사의 개시에서 자기발화에 의해 연소가 시작할 때까지는 1~6 ms의 시간이 걸린다. 이것이 착화지연이고 연소의 준비기간이다. 이처럼 혼합기가 형성되어 연소가 시작될 때까지의 허용시간은 대단히 짧으며, 이 시간 동안에 이상적인 혼합기가 형성되어 완전연소에 가깝게 되기 위해서는 다음과 같은 조건이 필요하다.

3.2.1 무화(atomization)

연소실 내에 분사된 연료가 미립화되어 안개모양의 무상으로 되는 과정을 무화라고 한다. 액체연료를 효과적으로 연소시키기 위해서는 공기와의 접촉면적을 가능한 크게 하여 반응을 촉진시켜야 한다. 이를 위해 연료를 액적(Droplet)으로 분산하여 공기와의 혼합을 촉진하여 혼합기를 형성한다. 이러한 과정을 액체 연료의 무화 또는 미립화(atomization)라 하며 분무연소의 기본이라 할 수 있다. 예를 들면 1 cm^3의 액적을 직경 1 μm의 입자로 전부 만들었을 때, 이 갯수는 1.91*109개가 되고, 표면적은 1 cm^3 액적의 103배가 된다.

액체연료를 미립화하는 데에 필요한 힘을 총괄하면 연료의 운동량, 연료와 주위의 기체와의 마찰력 및 액체와 기체간의 표면장력을 들 수 있다. 즉 분공으로 부터 분출한 액체연료는 기체 중에 있는 형상의 자유 표면을 가진 흐름을 형성하지만 그 형상은 먼저 연료의 운동량에 의해 지배되고, 그 운동량의 방향은 분공의 기하학적 형상에 의해 규제된다. 다음에 연료와 기체의 밀도, 속도, 가속도 및 상호간의 표면적에 의해 발생하는 저항력과 연료 및 기체의 밀도, 속도구배, 점성 및 확산계수에 의한 마찰력 그리고 표면적에 비례하는 액체와 기체간의 표면장력에 의해 결정 된다

일반적으로 노즐에서 연료를 고압(80~250kg/cm^2)으로 하여 작은 분공으로 분사하면 이것이 공기 마찰과 표면장력 때문에 미립화가 발생하여 2~100 μ정도의 연료입자가 되어 연소실에 비산한다. 동일 분사량의 경우 미립화가 좋을수록 연료입자의 표면적은 증가하여 공기와의 접촉이 많아진다. 따라서 기화 및 공기와의 혼합과 연소성은 좋아지게 된다. 무화는 분사개시 압력이 높을수록 또한 배압이 높을수록 좋게 된다.

그림 3-1은 액체상태의 연료가 노즐로부터 분공을 통하여 분출될 때에는 연료의 점성과 압력에 의해 원추형 분류가 되는 것을 보여준다. 이 때 연료의 분무군은 분공으로부터 어느 정도의 거리를 나가는 사이에 더욱 미립화가 잘된다.

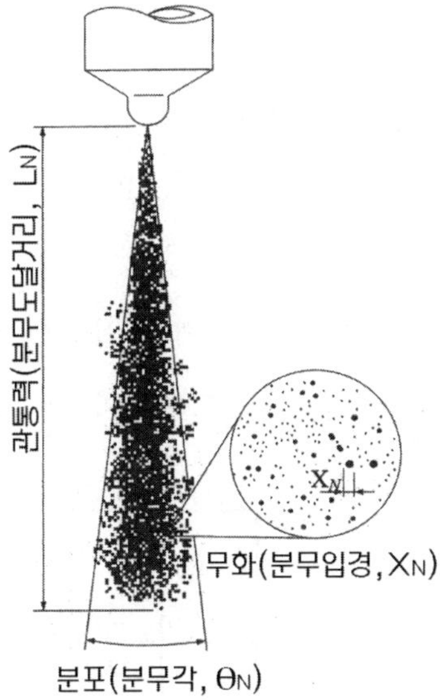

그림 3-1
연료분무의 특성

연료가 미립화되는 과정은 연료의 입자는 공기와 충돌할 때 전단력에 의해서 잘게 부수어지고, 잘게 부서어진 연료의 입자는 표면장력보다 큰 전단력을 가지는 속도를 유지하는 동안 분열이 반복되어 보다 미세한 입자로 변화하게 된다. 따라서 압력 무화방식에서 좋은 무화를 얻기 위해서는 고압으로 연료를 분사하거나 노즐내부에서의 연료흐름저항이 작을수록 무화가 잘된다고 볼 수 있다.

무화의 정도를 나타내는 방법은 실제로는 분무 중 연료의 입자는 그 크기가 균일하지 않고 다양한 크기의 연료입자들이 입자군을 이루고 있다. 따라서 무화의 정도는 분무 중 연료입자의 크기를 평균적으로 나타내는 평균분무입자의 직경과 각각의 크기에 해당하는 연료입자가 몇 개씩 포함되어 있는지를 분무입자의 직경분포로 나타낸다.

연소상태를 좌우하는 가장 큰 변수는 연료입자의 크기이다. 분사조건에 대한 입도의 경향을 고찰하면 대략 다음과 같은 항목을 들 수 있다.

1. 분사노즐의 구멍이 작을수록 분류의 단위체적당 표면적이 크기 때문에 공기마찰이 크고 입도는 작아진다(그림 3-2).
2. 분사압력이 높을수록 분출속도가 크고, 공기마찰 및 난류가 증가되어 입도는 작아진다(그림 3-3).
3. 배압, 즉 실린더 내부의 압력이 높을수록 공기마찰이 크므로 입도가 작아진다(그림 3-4).

4. 공기온도가 높을수록 공기의 점성은 증가하고, 이로 인해 연료의 표면장력이 감소하므로 입도가 작아진다.
5. 실린더 내부의 공기유동이 클수록 분류와 공기의 상대속도가 크고, 입도는 작아진다.
6. 노즐의 모양에 대해서는 노즐 내에서 난류를 증가시키고 출구속도를 크게 설계하면 입도는 작아진다.

노즐형상에 관해서는 노즐의 길이와 직경비($\frac{l}{d} \fallingdotseq 4$)에서 입도가 최소로 되는 것으로 보고되고 있다. 그림 3-5는 분류가 확산됨에 따라 입도가 작아지는 것을 볼 수 있다.

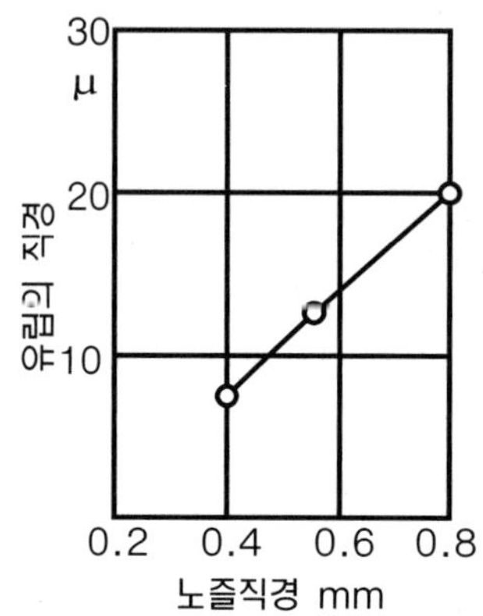

그림 3-2 노즐 직경에 따른 분사 연료입자의 크기

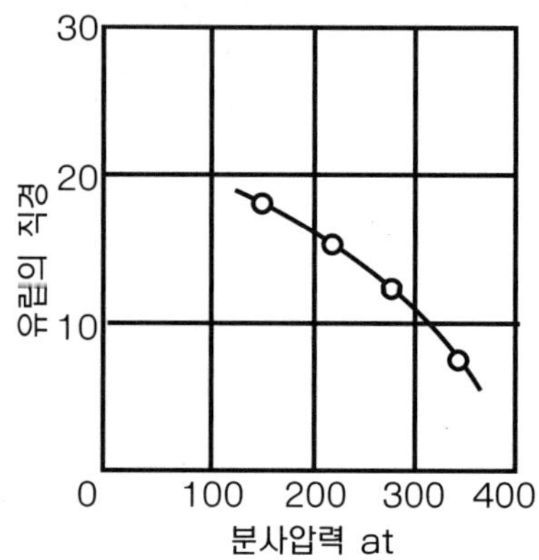

그림 3-3 분사압력과 입도

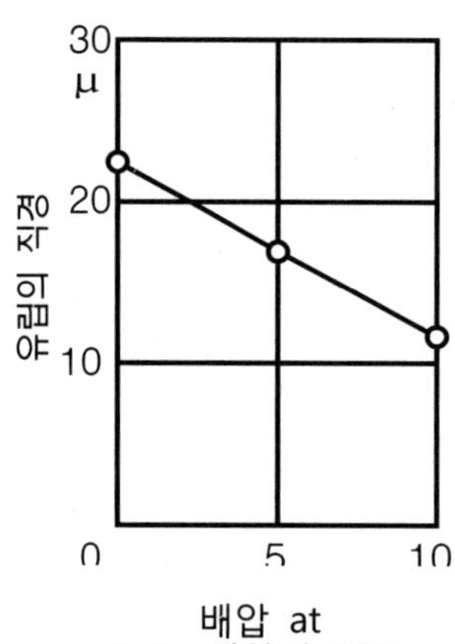

3-4 배압과 입도

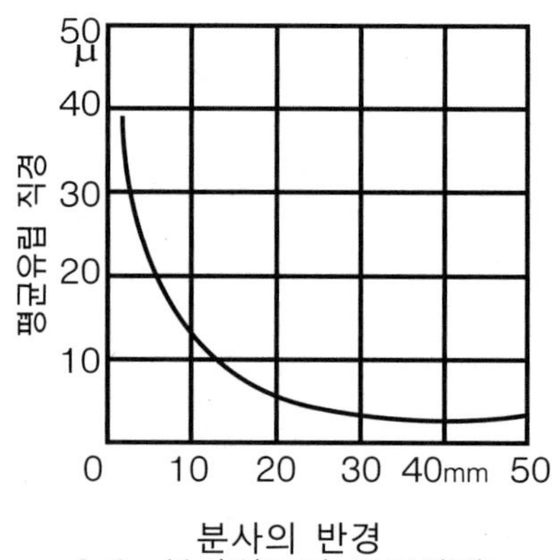

3-5 분사연료의 분포상태

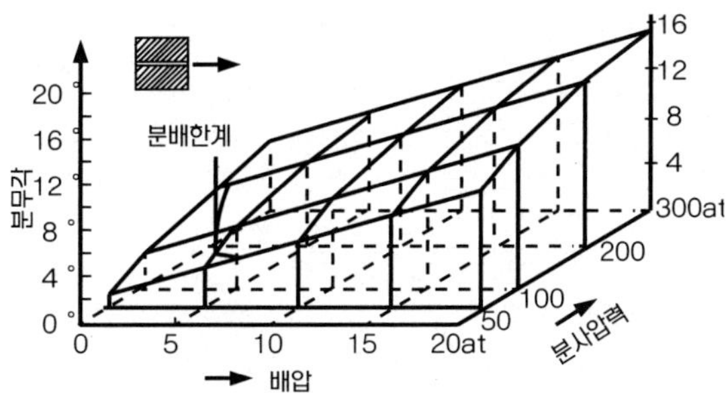

그림 3-6 분사류의 확산각

3.2.2 분포(distribution)

분사 연료입자들이 연소실 공간에 균일하게 분포되지 않고 노즐 끝이나 다른 특정부분에 밀집하게 되면 산소부족 등으로 불완전연소가 일어난다. 또한 산소가 있어도 연료가 없어 연소가 이루어지지 않는 부분으로 연소실 공간은 구분된다. 이를 방지하기 위해서는 노즐에서 분사되는 연료입자들이 연소공간에 균일하게 확산되어야 한다. 따라서, 분무의 유입은 연소실 내에서 균일하게 분포(distribution) 되어야 하며 그 분포는 주로 분무각에 의해 결정된다.

연료의 분포는 확산각(분무각)을 크게 해줄수록 좋아진다. 분류의 퍼짐도 분사압력, 실린더 내부의 공기밀도, 노즐형상 등에 좌우되지만 분산을 균일하게 시키기 위해서는 관통력은 다소 희생시켜야 한다. 그림 3-6은 배압과 분사압력이 확산에 미치는 경향을 나타낸다.

3.2.3 관통력(penetration)

관통력(penetration)은 분사된 연료가 연소가 종료될 때까지 이동을 계속할 수 있는 힘을 말한다. 연료입자가 정지해 있다면 표면층이 연소하고 난 이후에는 주위의 연소가스에 의해 산소와의 접촉이 차단되고 더 이상 내부의 연료는 연소되지 않는다. 따라서 연료입자는 연소가 완료될 때까지 공기 중으로 날아갈 수 있는 충분한 운동량을 가져야만 한다. 운동량은 질량에 비례하므로 관통력이 커지려면 연료입자가 큰 것이 유리하다. 하지만 미립화 상태와는 상반된다. 연료입자가 기화하거나 연소가 진행되면 입자의 질량이 감소하기 때문에 운동량이 급격히 감소하므로 이에 대한 대책이 필요하다. 이를 위하여 분사압력을 높여주거나 압축공기의 스월이나 스퀴시 등의 난류유동을 이용하기도 한다.

한편, 이 관통력이 지나치게 클 경우 분사가 연소실의 벽면에 부착, 다시 응축되면서 불완전연소를 일으킬 수 있다. 그러므로 이 관통력은 연소실의 형상이나 압축공기의 스월, 스퀴시 등의 강도에 알맞은 크기의 것이어야 하며 관통력을 측정하는 척도로서는 분무도달거리가 사용된다.

분류의 관통력은 분사연료입자의 운동에너지와 공기저항이 평형되는 곳에서 연료입자가 정지되기 때문에 분사에너지가 클수록 또한 공기저항이 적을수록 연료입자는 멀리까지 운동하며 관통력은 크다고 볼 수 있다. 분사연료의 입자들이 공간을 향해 진행할 때, 입자 한개가 독립되어서 운동한다고 보면 운동속도의 제곱에 비례하는 공기저항을 부의 가속도로 받게 되지만 실제에는 많은 입자 무리의 진행이므로 추측하는 것만큼 저항이 크지 않다.

그러나 분사압력을 증가시킨다고 해도 노즐 출구의 속도는 무한대로 증가되지 않으며, 또한 입도는 분사압력에 반비례하기 때문에 분류의 도달거리는 일정한 한계로 제한된다.

3.3 디젤엔진의 제손실

3.3.1 열손실(Thermal loss)

내연기관은 열에너지를 기계적 에너지로 변환하는 장치이다. 하지만 연소로 생성된 열에너지를 모두 기계적 에너지로 변환하는 것은 불가능하다. 변환되지 못한 열에너지는 외부로 잃고 손실된다. 이와 같이 손실된 에너지는 연료로 공급된 전체에너지의 60~70% 정도이다. 일반적으로 배기가스와 함께 손실되는 열 손실과 냉각수 및 엔진오일 등의 엔진냉각에 의해 손실되는 열손실을 들 수 있다. 대략, 배기가스에 의한 열 손실은 30~35%이고, 냉각수에 의한 열 손실이 30~35%정도이다.

열손실은 엔진의 압축비가 높을수록, 혼합기의 비열비가 클수록 줄어드는 경향이 있다. 또한 가솔린엔진에 비해 디젤엔진은 압축비가 높으며 희박운전에 의해 혼합기의 비열비가 크므로 가솔린엔진에 비해 열손실이 적다. 따라서 이것이 디젤엔진의 열효율이 가솔린엔진보다 높게 나타나는 이유이기도 하다.

3.3.2 연소손실(Combustion loss)

연소란 연료의 화학에너지를 열에너지로 변환하는 과정이다. 연소손실이란 불완전연소 혹은 실화 등이 발생하여 공급된 연료의 화학에너지가 열에너지로 모두 변환되지 못하는 경우의 손실을 말한다. 자동차엔진에서 저온시의 시동초기, 급가속과 같은 과도구간, 전부하구간 등과 같은 운전조건에서 연소가 불안정할 때나 과연료공급(over-fueling)으로 인해 연소손실이 급증한다. 이와 같은 손실된 에너지는 연료로 공급된 전체에너지의 약 3%내외 이다.

3.3.3 펌핑손실(Pumping loss)

펌핑손실은 엔진이 대기 중의 공기를 실린더내로 흡입(pumping)할 때와 배기가스를 실린더 밖으로 밀어낼 때의 발생되는 손실을 말한다. 이때 일어나는 흡기 때의 저항이나, 배기저항 및 엔진 내부에서의 통로저항 등 가스의 유동저항은 그대로 엔진의 손실이 된다.

스로틀이 완전히 열려 있다면 엔진이 외부의 공기를 펌핑하는데 별다른 손실이 없다. 하지만 이같이 최대출력으로 차량이 운전되는 경우는 없으며 일반 주행시에 스로틀은 보통 0~25% 가량 열려있을 뿐이다. 이 경우는 마치 바늘구멍을 손으로 막고 주사기를 당기는 경우와 유사하다. 가솔린엔진의 경우는 운전영역에서 대부분을 차지하는 부분부하영역에서는 흡기량에 의해 출력이 제어되므로 스로틀밸브의 닫혀져 있는 빈도가 많다. 이때에는 GDI형 엔진이 아닌 일반 가솔린엔진은 흡기의 스로틀링에 따른 흡기저항이 커지면서 펌프손실이 커진다.

이에 대해 디젤엔진은 흡기의 스로틀링이 없으므로 이에 따른 손실이 거의 없다. 디젤엔진 또한 EGR 조절 및 기타용도를 위해 스로틀이 장착되어 있지만 가솔린과 같이 토크제어를 위한 흡기량 조절에는 사용하지 않는다.

디젤엔진이 가솔린엔진에 비해 효율이 높은 이유 중의 하나가 바로 흡입공기의 스로틀링(throttling)이 없이 펌핑손실이 낮기 때문이다. 현대의 거의 모든 디젤엔진은 가솔린엔진에 비해 낮은 성능을 보안하기 위해 터보장치를 적용한다. 이로 인해 공기흡입시 오히려 더 많은 에너지를 얻는 경우도 있다.

반면 가솔린엔진의 경우 터보장치를 장착하였다고 하더라도 스로틀링으로 인하여 연소실내 압력은 여전히 대기압보다 낮으며 펌핑손실은 다소 줄일 수는 있겠지만 여전히 존재한다. 따라서 터보차저는 가솔린엔진보다 디젤엔진에 더 적합하다고 볼 수 있다.

펌프손실은 연료로 공급된 전체에너지의 약 5%정도이다.

3.3.4 냉각손실(Cooling loss)

자동차엔진에서 냉각수, 냉각 공기 등에 의해 외부로 빼앗기는 열 손실을 말한다. 수랭식 엔진의 경우 대부분이 냉각수로 방열되는데, 그 열량은 전체 에너지의 30~35% 정도이다.

이 방출되는 열은 실린더 내 온도를 저하시켜 팽창일로 전환되는 율이 그 만큼 작아지게 된다. 즉, 유효일로 변환되어야 할 열의 일부가 냉각손실로 인하여 열에너지의 유효이용인 차원에서 볼 때 손실이 된다. 하지만, 실린더 내나 연소실 등 엔진내부의 온도가 한계이상으로 높아지는 경우는 열부하가 지나치게 커져서 엔진의 운전이 불가능하게 된다 따라서 냉각손실은 필요 불가결한 손실인 셈이다.

3.3.5 마찰손실(Friction loss)

엔진은 다양한 부품들의 상대 운동으로 인해 마찰로 손실되는 에너지를 마찰손실이라고 한다. 엔진 중에서 피스톤과 실린더 벽면에서 일어나는 마찰은 마찰손실 중 가장 큰 부분을 차지한다. 또한, 베어링 마찰, 밸브작동기구의 마찰, 냉각수펌프나 오일펌프, 연료펌프 등 이들 보조기기의 구동동력에 의한 마찰 손실을 들 수 있는데 디젤엔진에 가솔린엔진에 비해 마찰손실이 크다. 왜냐하면 디젤엔진은 흡기량이 많고 압축비가 크기 때문에 실린더 내 압력이 높고 이를 견디기 위해서는 부품의 강성도 크고 투박하기 때문이다.

이 마찰손실은 엔진의 회전속도가 높아질수록 증가되며, 디젤엔진의 경우는 이러한 이유로 인한 엔진의 회전속도를 상승시키는데 어려움이 있어서 같은 크기의 가솔린엔진에 비해 고속에서의 출력이 낮게 되는 결점이 있다. 이 마찰손실은 연료로 공급된 전체에너지의 약 3%내외이다.

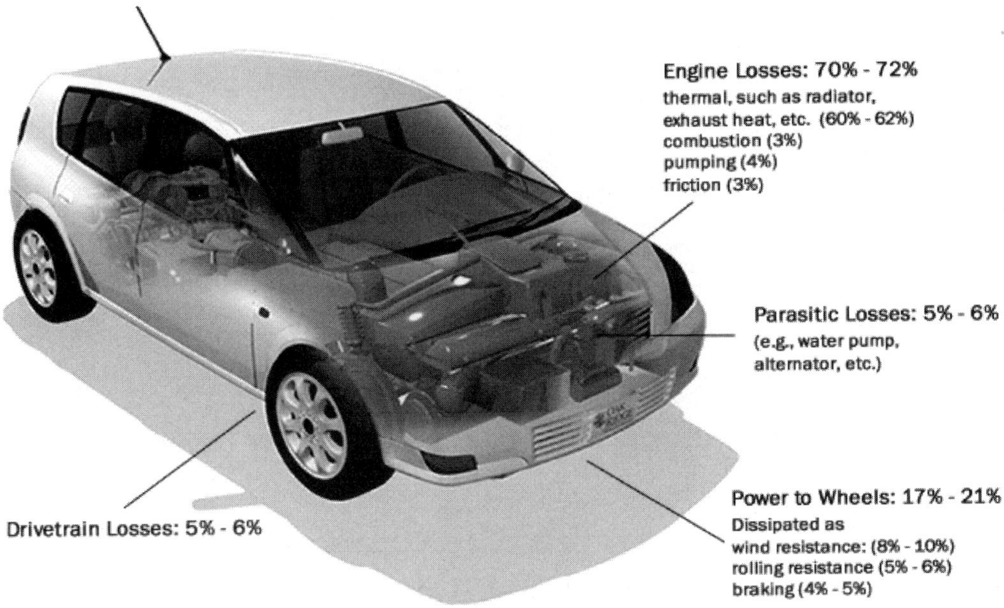

그림 3-7 자동차 엔진과 관련 부품들의 제 손실

3.4 디젤엔진의 연소과정

디젤엔진은 압축행정의 종료부분에서 고온·고압상태의 실린더내의 공기 중에 연료를 고압으로 분사하면 연료입자는 안개모양으로 무화되면서 증발, 공기와 혼합되어 가연성의 혼합기가 만들어 지고 이어서 자연착화에 이르게 됨으로써 연소가 이루어지게 된다. 디젤엔진은 세부적으로 다음과 같은 4단계의 연소과정을 거치면서 연소가 완료된다.

제1단계 착화지연기관(연소준비기간)
제2단계 급격연소기간(정적연소기간)
제3단계 제어연소시간(정압연소기간)
제4단계 후연소기간

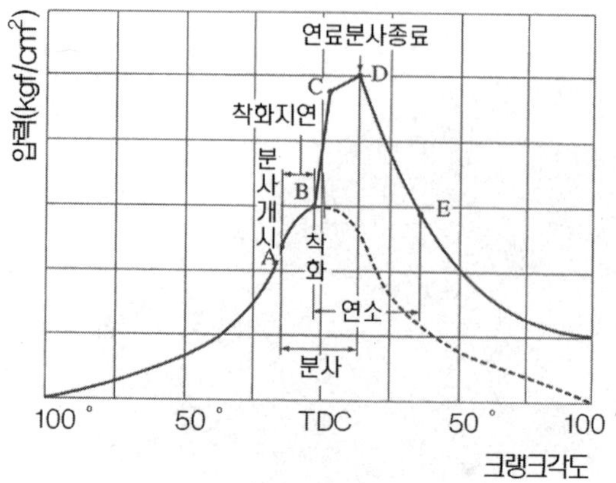

A-B　착화지연기관
B-C　급격연소기간
C-D　제어연소기간
D-E　후기연소기간
.....　착화되지않은 경우의 압력변화

그림 3-8 디젤엔진의 연소과정

3.4.1 착화지연기관(연소준비기간)

디젤엔진은 연료의 분사와 동시에 착화가 이루어지는 것이 아니고 연료액적의 표면으로부터 증발된 연료증기가 공기와 혼합하여 혼합기를 형성되면서 착화할 때까지의 시간적인 지연이 생기게 된다. 이 기간을 착화지연기간(ignition delay period)이라고 한다.

그림3-8에서의 A-B구간은 착화지연기간으로 A점에서 연료가 분사되어 B점에 이르러 착화, 연소가 실현된다. 이 기간은 연료가 분사되면서 주변으로부터 흡열, 기화에 의해 증기를 발생하고 공기와 혼합되어 고온의 가연혼합기가 형성되는 기간이다. 이 기간은 통상 0.3~1 ms 정도이고, 이 기간이 길고 짧은 것은 연료의 착화성과 밀접한 관계가 있다. 이 기간이 길어지면 착화되기 전에 연료량이 많아져 폭발적인 연소가 이루어지므로 디젤노크를 발생하게 된다.

3.4.2 급격연소기간(화염전파기간, 정적연소기간, 예혼합연소기간)

이 기간은 착화된 뒤 폭발적으로 연소가 이루어져 압력이 급상승하는 기간(B-C구간)으로 급격연소기간(rapid combustion period)이라고 하며, 이때는 착화지연기간 중에 분사된 연료의 양이 많을수록 압력상승률이 커지고 또한 압력이 급상승된다.

이 기간은 미리 연료증기와 공기가 혼합되어 있어서 예혼합연소에 가까운 상황의 연소가 실시된다. 그림의 점선으로 표시되는 부분은 착화되지 않은 경우의 압력변화를 나타내고 있다.

3.4.3 제어연소기간(정압연소기간, 확산연소기간)

이 기간은 분사된 연료가 화염전파기간에서 발생한 화염으로 분사와 거의 동시에 연소하는 기간이며, 이 구간은 C-D사이로 연소기간의 연소압력이 가장 크고, 분사량으로 어느 정도의 연소압력 조정이 가능하므로 제어연소기간(controlled combustion period) 이라고 한다. 또한 공기와의 확산에 의해 혼합되므로 확산연소라고 말할 수 있다. 이 기간은 이미 피스톤이 하강을 시작하고 있어서 체적은 변화되나 압력의 상승이 없고 연료는 분사와 동시에 연소를 계속하게 된다. 이것이 가솔린엔진과 크게 다른 점으로 디젤엔진에서만 실현되는 특이한 연소기간으로서 정압연소를 한다.

이 기간 사이에서 분사되는 연료의 분사량에 의해 엔진의 출력이 제어된다. 가솔린엔진의 경우는 예혼합연소인 단 1회만의 연소에 의해서 화염핵이 한 개에의해서 이루어지지만, 디젤엔진은 예혼합연소에 의해 발생된 화염속에 연료의 계속적인 분사로 연소가 지속적으로 진행되고 화염핵도 다수가 된다.

3.4.4 후연소기간(후연기간)

D점에서 연료분사가 종료되었으나 실린더 내에 남은 연료가 이미 발생된 연소의 흐름에 의해 연소되는 것으로 후연소기간(after combustion peroid)이라고 한다. 이 기간 동안에는 실린더 내에 연소생성물이 다량으로 존재하지만 산소농도가 낮기 때문에 남은 연료는 산소와 충분히 혼합되지 않는 상태이므로 그을음이 되어 배출되는 수가 많다. 이 후기연소기간에 연소되는 양이 많아지면 연료소비율면에서 좋지 않으며 배출가스의 온도도 높아지고 열효율도 저하되므로 후연소기간을 짧게 하는 것이 엔진의 성능을 향상시키는데 도움이 된다.

이것을 방지하기 위하여 연료의 미립화, 연소실 내의 와류 등을 이용한 공기와의 혼합을 촉진 등으로 이 기간을 단축시키기도 한다.

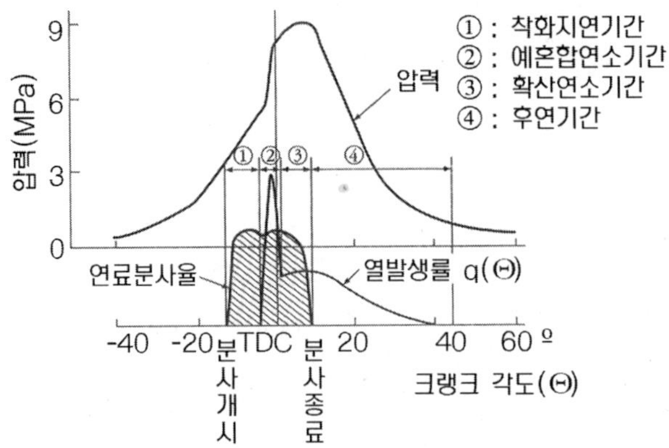

그림 3-9 디젤엔진의 연소형태 및 열 발생률

3.5 디젤엔진의 연소형태

디젤엔진은 앞서 연소과정에서 기술한 바와 같이 예혼합연소와 확산연소로 구분할 수 있다. 그림 3-9은 디젤엔진의 연소형태와 열 발생률을 보여주고 있는데, ① 단계는 착화지연기간으로 연소가 분사되어 증발 및 공기와 혼합하여 가연혼합기를 생성하면서 연소가 지체되는 기간이다. 다음 ② 단계는 예혼합연소기간으로 공기와 연료가 미리 섞인 가연혼합기의 여러 곳에서 거의 동시에 자기착화가 이루어지면서 급격하게 연소를 하게 된다. ③ 단계에서는 확산연소기간으로 연소하는 가스 중에 연료가 분사되므로 연료는 분사와 동시에 착화, 연소가 계속적으로 이어지게 된다. ④ 단계에서는 후연기간으로 연료의 분사가 종료되어도 그때까지 연소가 완료되지 못한 연료가 남아있어서 열의 발생은 잠시동안 지속되지만, 열의 유용성은 거의 없고 연료는 허실될 뿐이다.

3.6 디젤노크

3.6.1 디젤노크의 발생 원인

디젤노크는 디젤엔진에서의 착화지연기간 중에 분사된 다량의 연료가 급격연소기간중에 일시적으로 연소하여 실린더내의 압력이 급격히 상승하는데 원인하여 실린더벽이나 피스톤 등에 충격을 가하여 둔탁한 금속음 등의 소음을 내는 현상이다.

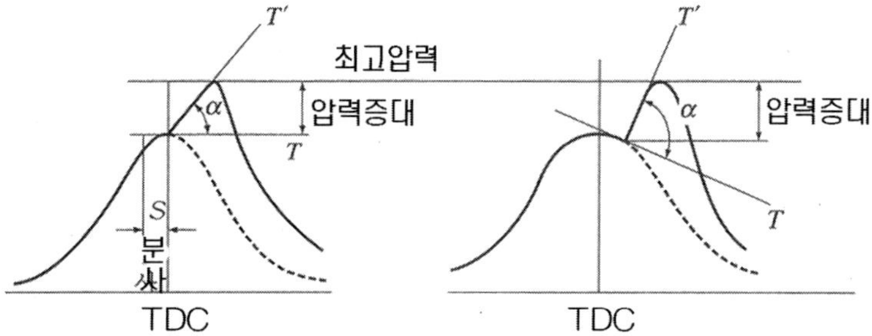

(a) 노크소 (b) 노크대

그림 3-10 연소압력과 디젤노크

즉, 디젤노크의 원인은 착화지연기간이 길어지는 가운데 이 기간 중에 분사된 연료의 양이 많은 상태에서 급격연소를 통한 압력상승률이 높은 것이 주원인이라 할 수 있다. 디젤노크로 인해 차량의 출력이 저하되고 운전이 정숙하지 못하는 현상이 발생한다.

디젤엔진의 노크는 연소에 의한 최대 압력의 크기보다는 압력상승도에 의해 좌우된다. 노크현상을 완화시키려면 압력의 상승도를 가능한 한 낮게 하여야 한다,

그림 3-10은 연소압력과 디젤노크의 크기를 지압선도를 이용, 비교한 것이다. 그림(a)는 피스톤이 상사점에 도달하면서 급격연소기간이 시작하는데 반하여, 그림(b)는 상사점이 상당히 지난 시점에서 급격연소에 의한 압력증대가 이루어지고 있는 것을 볼 수 있다. 이것은 (a)보다는 (b)의 경우가 착화지연기간이 더 길어졌음을 의미하며, 최고의 연소압력이 동일하다고 하면 (b)의 압력이 (a)의 압력보다 압력의 상승도가 크고, 급격한 변화가 이루어지기 때문에 (b)의 상태에서 노크가 더 크게 나타난다고 볼 수 있다.

그림 3-10에서 볼 수 있듯이 압력의 점선 T-T'가 만드는 각 α의 각이 클수록 노크의 발생이 크다. 이것은 착화지연기간이 그만큼 길어진다는 것을 의미한다.

그러므로 디젤노크현상을 줄이기 위해서는 착화지연기간을 짧아지도록 해야 하고, 이를 위하여 디젤노크 방지법에 관련되는 항목들을 완화시키는 방법으로 개선해야 한다.

3.6.2 디젤노크의 방지법

디젤노크는 착화지연기간 중에 분사된 많은 양의 연료가 급격연소기간 중에 일시적으로 연소하여 실린더내의 압력이 급상승하여 발생하는 것으로, 가능한 초기 가연혼합비를 적게 하고 착화지연기간을 짧게 하는 것이 필요하다. 디젤노크를 방지하는 방법은 다음과 같다.

1. 세탄가가 높고 착화성이 좋은 연료를 사용한다.
2. 압축비를 높여 압축말의 온도와 압력을 높게 한다.
3. 연소의 초기 분사량을 적게 하여 착화지연기간중의 압력의 급격한 상승을 피한다.
4. 실린더벽의 온도를 높인다.
5. 흡입공기의 온도를 높인다.
6. 연료의 분사시기를 알맞게 조정한다. 연료의 분사시기가 지나치게 빠를 경우에는 연소실내에 공기의 온도가 충분히 상승하지 않은 상태에서 연료가 분사되면 착화지연기간이 길어져 디젤노크를 일으키기 쉬워진다.
7. 엔진의 온도와 회전속도를 높인다.

3.6.3 디젤엔진과 가솔린엔진의 노크 비교

가솔린엔진의 정상적인 연소는 점화플러그에서 점화된 화염핵에 의해서 화염면(炎面)이 순차적으로 팽창하여 화염이 전파되면서 종료한다. 이에 반해 이상연소인 가솔린 노킹 현상은 화염의 전파가 실린더 벽에 가까워지는 시점에서 혼합기가 가장 늦게연소하게 되는 곳인 엔드가스존(end gas zone)에서 미연가스가 순간적으로 연소하는 자발화(自發火)현상으로 충격파를 동반하여 급격한 압력상승으로 노크를 유발한다. 이러한 충격파는 연소실 내를 왕복하면서 금속성의 노크음을 내는 것 이외에 피스톤이나 연소실의 표면 덮고 있는 경계층을 파열, 그로 인하여 직접 2000℃정도의 연소가스가 피스톤이나

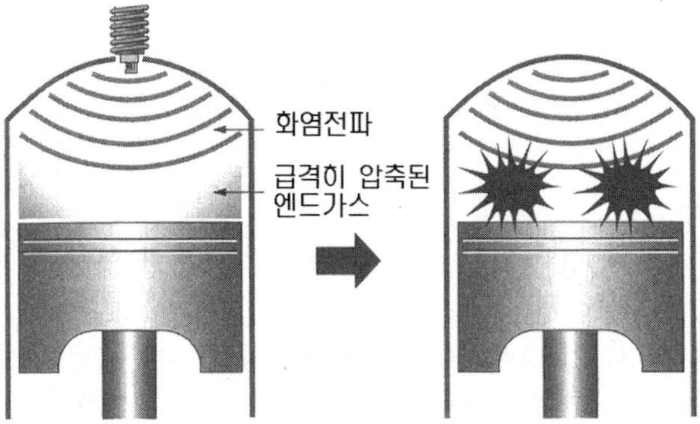

그림 3-11 가솔린엔진의 노크 발생

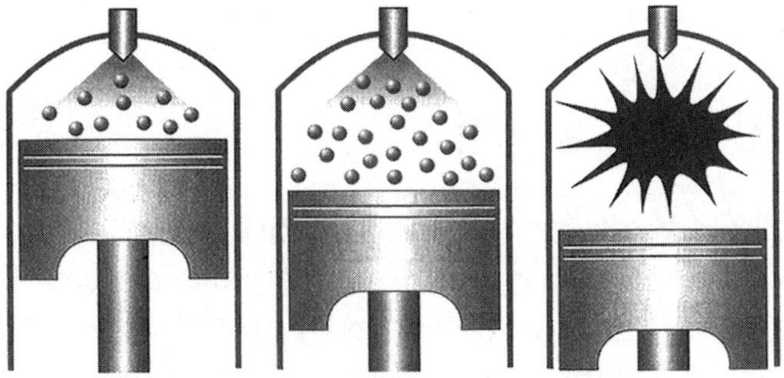

그림 3-12 디젤엔진의 노크 발생

실린더 헤드에 직접 닿게 되면서 용융되어 버린다. 따라서 이러한 노킹현상으로 가솔린 엔진의 출력저하, 냉각손실 증대 및 엔진본체의 구조에도 좋지 못한 영향을 미치게 된다.

표 3-1은 디젤엔진의 노크와 가솔린엔진의 노크를 비교한 것으로 노크의 현상의 유사하기만 발생원인은 반대인 경우가 많아 그 방지법도 다름을 알 수 있다.

표 3-1 디젤엔진과 가솔린엔진의 노크 발생 원인과 비교

조 건	디젤엔진	가솔린엔진
발생원인	자기착화가 일어나기 어렵기 때문에	자기착화가 일어나기 쉽기 때문에
발생시기	연소과정초기 발생	연소과정 말기 발생
압축압력	낮을 때	높을 때
흡기압력	낮을 때	높을 때
흡기온도	낮을 때	높을 때
실린더벽온도	낮을 때	높을 때
엔진회전속도	낮을 때	높을 때
연료의 착화온도	높을 때	낮을 때
연료의 착화지연	길때	짧을 때
실린더체적	작을때	클 때
압축비	작을때	클 때
부하	저부하, 아이들링시	고부하시
분사(점화시기)와의 관계	앞세우면 일어나기 쉽다	앞세우면 일어나기 쉽다
연료와의 관계	세탄가가 낮을 때	옥탄가가 낮을 때

3.7 디젤엔진의 연소실

3.7.1 디젤엔진의 연소실 조건

디젤엔진의 경우 혼합기의 형성시간이 가솔린엔진에 비해 대단히 짧다. 일반적으로 가솔린엔진은 연소실 밖에서 공기와 연료가 미리 혼합되어 연소실에 들어오면 압축되고 온도와 압력이 높은 상태에서 압축말기에 점화플러그에 의해 점화 연소된다. 반면, 디젤엔진은 공기만 연소실내로 먼저 흡입되고 압축말기에 고온 고압의 상태인 공기 중에 분사노즐에 의해 분사와 동시에 공기가 단시간에 혼합하여 자기착화, 연소된다. 따라서, 디젤엔진은 혼합기의 형성 시간이 가솔린엔진에 비해 1/20~1/30정도로 매우 짧기 때문에 분사된 연료는 공기와 단시간에 잘 혼합될 수 있는 구조라야 된다.

또한, 짧은 시간에 연소를 완료하기 위해서는 흡입공기의 와류(渦流)등에 의한 연료와 공기의 혼합을 촉진시킬 수 있는 구조라야 연소실의 양부를 결정한다고 볼수 있다. 디젤엔진의 연소실이 갖추어야 조건은 다음과 같다

1. 분사된 연료는 단시간에 혼합기가 형성되는 구조일 것
2. 연료소비율이 적을 것
3. 엔진의 고속회전에서도 연소상태가 쉬울 것
4. 평균연소압력이 높을 것
5. 엔진의 시동이 쉬우며 디젤노크가 적을 것

3.7.2 연소실의 형식

디젤엔진의 연소실은 연료를 피스톤헤드 부분에 가공된 오목한 부분에 직접분사하는 단실식(직접분사방식)과 연소실이 최소한 2개 이상인 주연소실에 연결된 부실에 연료가 분사되는 부실식(간접분사방식)이 있다. 부실식은 주실(主室)과 부실(副室)이 가느다란 통로(연락공)으로 연결되어 있다. 또한 이 부실식은 다시 예연소실식과 와류실식으로 구분할 수 있다.

1) 직접분사방식

직접분사식은 연소실이 실린더헤드와 피스톤헤드에 설치된 요철(凹凸)에 의해 형성되

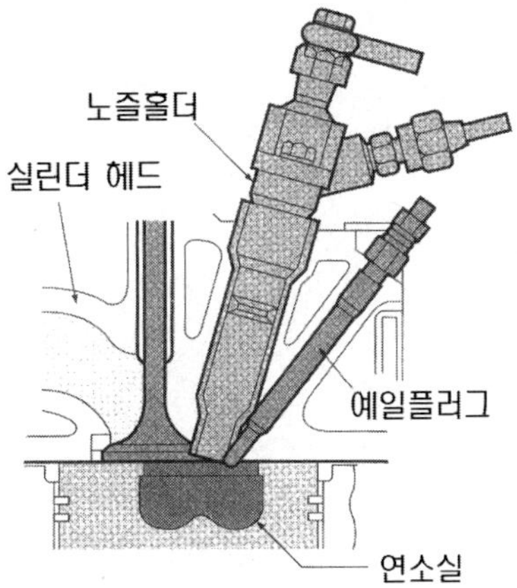

그림 3-13
직접분사실식

고, 여기에 연료를 직접 분사시키는 방법이다. 직접분사식은 대형 상용자동차기관과 정치식 기관에 주로 이용되어 왔으나, 오늘날 디젤 승용차에서도 대부분 사용되고 있다.

분사노즐은 일반적으로 분출구가 여러 개인 다분공형으로 연소실 중앙에서 4~8개 방향의 방사상으로 연료가 분사된다. 연료의 분사개시압력은 200~300 kg/㎠ 으로 연료를 고압으로 분사하여야 한다. 이 직접분사실은 공기와 연료의 혼합이 주로 공기의 와류인 스월이나 스퀴시에 의해 이루어지고, 연료의 분사에 따른 연료의 미립화에 의해 이루어지므로 흡입공기유동과 관련이 있는 흡기포트의 형상이나, 연료의 분사압력 등의 특성이 다른 연소실에 비해 중요하다고 볼 수 있다. 그림 3-13과 같이 실린더헤드의 아래면과 피스톤헤드와의 사이에 요(凹)부가 형성되어 있고 여기에 고압의 연료를 직접 분사하도록 되어 있다. 그리고 저온시의 시동성을 좋게 하기 위하여 예열플러그를 부착하고 있다.

- **직접분사실식의 장점**

  ① 연소실 구조가 간단하며 열효율이 높고, 연료소비율이 작다.

  ② 연소실 체적에 대한 표면적의 비율이 작아 냉각손실이 작다

  ③ 엔진시동이 용이하다

  ④ 실린더헤드의 구조가 간단하고 열부하를 적게 받으므로 대출력기관에 적합하다.

- **직접분사실식의 단점**

  ① 분사압력이 높아 분사펌프와 노즐의 수명이 짧다.

② 연료의 성질에 민감하고 노크의 경향이 높다

③ 폭발압력이 상대적으로 높기 때문에 진동과 소음이 크다

④ 엔진의 회전속도 및 부하의 변화에 민감하다.

⑤ 다른 형식에 비하여 공기과잉율이 높은 상태에서 연소가 급격히 진행되므로 NO_x가 비교적 많이 배출된다.

⑥ 다공형 노즐을 사용하므로 단공형에 비해 고가이며, 노즐상태의 따라 엔진의 성능에 미치는 영향이 크다.

2) 간접분사방식

간접분사방식은 주연소실에 연결된 부실에 연료가 분사되는 방식으로 예연소실식과 와류실식이 있으나, 자동차용으로 사용 빈도가 낮다.

(1) 예연소실식

예연소실식은 그림 3-14와 같이 실린더헤드와 피스톤사이에 형성되는 주연소실과 실린더헤드에 마련된 예연소실로 구성되어 있다. 예연소실의 상부에는 분사노즐이 장착되어 있고, 연소는 압축행정에서 주연소실로부터 예연소실의 분구를 통해 예연소실 내로 밀려들어간 고온의 공기 중에 분사노즐을 통해 고압의 연료가 분사되면서 자기 착화된다. 그러나 예연소실에 존재하는 산소로는 분사된 연료 중 일부만 연소시킬 수 있기 때문에 예연소실 내에서 형성된 농후한 혼합기의 대부분은 연소압력에 의해, 피스톤헤드에 설치된 주연소실로 분출되면서 연소하는 2단 연소방식을 취하고 있다.

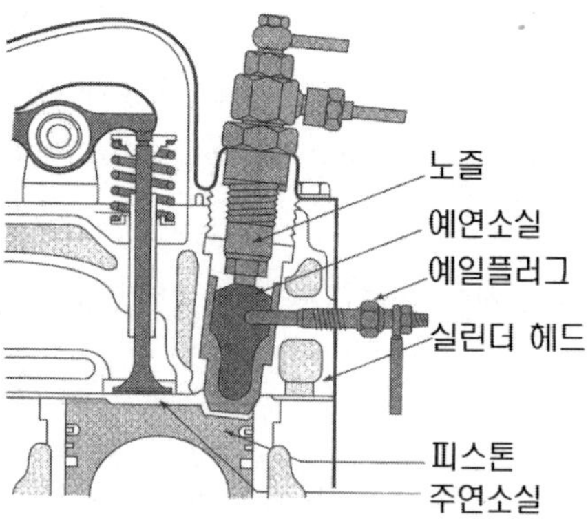

그림 3-14
예연소실식

착화지연이 짧고, 주연소실의 압력수준이 전반적으로 낮게 유지되면서 연소가 진행되므로 소음이 낮고 크랭크기구에 작용하는 부하도 작다.

예연소실의 체적은 전체 압축체적의 30~40%이며, 예연소실에서 주연소실의 분출구멍의 면적은 피스톤헤드면적의 0.3~0.6%이고, 분사노즐의 개변압력은 80 bar~120 bar정도이다.

그리고, 예연소실식은 연소에 있어서 연료의 성상에 그다지 큰 영향을 받지 않는 등의 이로운 점이 있어 그동안 중·대형엔진에 많이 채용되어 왔지만, 연비가 좋지 못하여 직접분사식으로 전환되면서 현재는 거의 사용하지 않는 실정이다. 예연소실식의 장단점은 다음과 같다.

- **예연소실식의 장점**

① 연료의 분사압력이 낮아 연료장치의 고장이 적고, 수명이 길다

② 착화지연이 짧아 기관의 작동상태가 정숙하고 노킹이 적다.

③ 사용연료에 대하여 민감하지 않아서 연료의 선택범위가 넓다.

- **예연소실식의 단점**

① 실린더헤드 구조가 복잡하고 직접분사식에 비해 연비가 좋지 않다.

② 연소실 표면적이 넓기 때문에 냉각손실의 증대로 열효율이 떨어지고 연료소비율이 크다.

③ 시동보조장치인 예열플러그가 필요하다.

④ 압축비가 높아 용량이 큰 기동전동기가 필요로 한다.

(2) 와류실식

와류실식의 구조는 그림 3-15와 같다. 이 연소실방식은 실린더헤드와 피스톤헤드사이에 형성된 주연소실과 실린더헤드에 구형(ball type)으로 된 부실인 와류실(부실)을 갖추고 있는데, 와류실은 대부분이 실린더헤드와 일체구조로 되어 있다. 와류실은 접선방향으로 뚫린 연결통로로 통하여 주연소실과 연결된다. 와류실의 체적은 간극체적의 약 50~80%이고, 연결통로의 단면적도 피스톤단면적의 약 1~3.5% 정도로 비교적 크다. 분사압력은 100~125 bar 이며 압축비는 15~17:1 정도이다.

와류실식은 압축행정 중에 연결통로를 통하여 주연소실로부터 와류실로 접선방향으

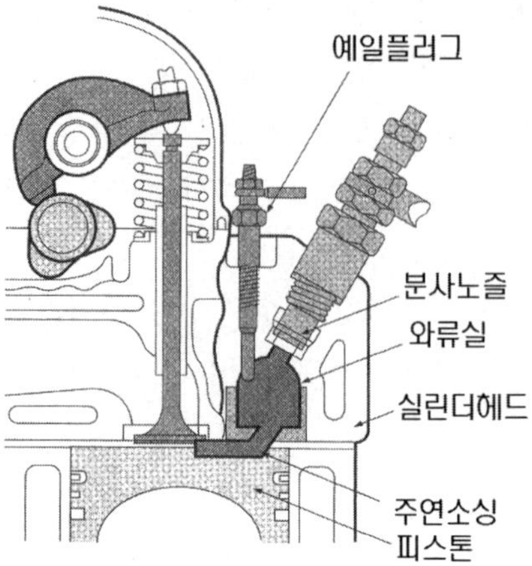

그림 3-15
류실식

로유입되는 공기는 와류실에서 강한 와류가 발생되도록 한 구조이며, 이 와류실에 연료를 분사하면 분사된 연료는 강한 선회(旋回)운동을 하고 있는 공기와 만나 빨리 혼합되어 착화연소하면서 주연소실로 분출되어 다시 여기서 미연소연료가 새공기를 반나면서 연소하는 형식이다.

와류실식은 부실인 와류실에서 먼저 연소한 후 나머지 일부분의 연료는 주연소실에서 연소되는 2단 연소로 되어 있고 시동성을 향상시키기 위해 예열플러그가 구비되어 있다. 와류실식의 장·단점은 다음과 같다.

- **와류실식의 장점**

① 압축행정에서 발생하는 강한 와류를 이용하므로 회전속도 및 평균유효압력이 높다.

② 직접분사식에 비해 분사압력이 낮고 엔진의 상용회전속도의 범위가 넓어서 운전성이 좋다.

③ 강한 공기와류를 이용하여 혼합시킬 수 있기 때문에 분사압력이 낮아도 된다.

④ 와류가 강하여 혼합이 용이하여 NO_x 및 스모크의 배출비율이 직접분사식에 비해 낮다.

⑤ 연료소비율이 예연소실식에 비해 낮다.

- **와류실식의 단점**

① 실린더헤드의 구조가 복잡하고 열부하 문제가 발생된다.

② 저속에서는 공기와류가 약하기 때문에 저속에서 노크가 발생하기 쉽다.

③ 연소실 표면적이 넓기 때문에 냉각손실의 증대로 직접분사식에 비해 열효율이 떨어지고, 연비가 나쁘다.

④ 엔진을 시동할 때 예열플러그가 필요하며 기동성이 떨어진다.

표 3-2 디젤기관 연소실 형식 비교

비교항목	직접분사식	예연소실식	와류실식
연소실 형식	간단	복잡	복잡
표면적 대 체적비 (S/V)	작다	크다	약간 크다
열손실	작다	크다	약간 크다
압축비	15~22(낮다)	17~23 (높다)	20~23(높다)
연소압력	높다80~190 bar	비교적 낮다 50~60 bar	55~65 bar
최고회전속도	낮다	약간높다	높다
분사압력	175~200 bar	80~120 bar	100~130 bar
분사노즐구조	다공식	스로틀형, 핀틀형	스로틀형, 핀틀형
연료분사장치 영향	영향이 가장 크다	영향이 가장 작다	영향이 다소 있다.
연료와 공기의 혼합	주로 분사노즐에 의해 이루어짐	주로 예연소실에서의 와류에 의해 혼합(좋음)	공기와류에 의해 혼합(좋음)
와류생성정도	압축행정말기에 약간 발생	거의 없다	압축말기에 격렬하게 발생(크다)
냉시동보조장치 (예열플러그 등)	필요없음 냉시동성이 우수함	필요함	필요함
연료의 민감성	가장 높다 (사용연료범위 좁다)	가장 낮다 (사용연료범위 넓다)	낮다 (사용연료범위 넓다)
디젤노크 발생빈도	가장 높다	아주 낮다	낮다
평균유효압력	가장 낮다	약간높다	높다
연료소비율	195~270 g/kWh(낮다)	270~310 g/kWh	260~300 g/kWh

3.8 디젤엔진의 가솔린엔진에 대한 비교

디젤기관은 가솔린 기관에 비해 연비가 좋고 내구성이 우수하다는 것 등으로 상용차에 많이 상용되고 있다. 디젤기관과 가솔린기관의 주된 상이점의 연소방식이다. 가솔린기관이 연료와 공기의 혼합기를 실린더 내에 흡입하여 전기스파크로 강제 점화하여 1점 점화에 의한 화염전파로 연소가 순차적으로 진행된다. 이에 반해 디젤기관은 공기만을 흡입하여 압축한 고온 공기 중에 연료를 고압 분사하여 연료분무에 의한 다점 점화하여 착화된다. 이를 위해 가솔린기관보다 압축비를 높게 하여 자기착화를 확실하게 하고, 또 디젤기관용의 연료로서 자기 착화성이 좋은 세탄가가 높은 경유나 중유가 사용된다.

디젤엔진은 흡입공기량의 제어가 없어서 공연비는 거의 모든 운전영역에서 공기의 과잉상태인 희박연소(lean burn)를 하게 된다.

또한, 디젤엔진은 배기 중에 많은 양의 산소가 존재하게 되면서 가솔린엔진에 적합한 3원촉매 장치의 효율성이 떨어진다. 왜냐하면 공기의 과잉상태에서 연소하기 때문에 CO, HC 등이 배출가스가 적고, 산소에 의한 촉매효율의 저하로 사용이 어렵고 NO_x의 저감도 어렵다.

출력제어는 가솔린기관의 경우, 혼합기량을 흡기 교축 등으로 가감하는데 대해, 디젤기관은 실린더 내에 분사하는 연료량을 가감하여 행한다, 이 때문에 부하에 따른 공연비가 크게 변화한다.

3.8.1 디젤엔진이 가솔린엔진에 비해 연비가 좋은 이유

디젤엔진이 가솔린엔진보다 연비가 좋아지는 이유는 첫째는 압축비가 가솔린기관보다 높기 때문이다. 연소의 메카니즘을 볼 때 디젤기관은 공기만을 압축하는 반면, 가솔린엔진은 공기과 연료의 혼합인 혼합기를 압축하는 하기 때문에 공기만을 압축하는 편이 당연히 압축비가 높게 나온다. 일반적으로 디젤기관의 압축비는 16~24인 반면, 가솔린기관은 7~13 정도이다. 압축비가 높으면 당연히 열효율이 좋게 된다.

두 번째는 펌프손실을 들 수 있다. 가솔린엔진의 요구 출력은 스로틀 밸브의 개도에 의해 공기의 흡입량을 제어하게 되므로 흡입공기의 스로틀링에 의한 펌프손실이 크다고 볼 수 있다. 이에 반해 디젤엔진은 가솔린엔진과 같은 흡입공기량을 제한하는 스로틀 밸브를 필요로 하지 않으며 엔진은 공기를 충분히 흡입하고 출력은 연료의 분사량으로 제어하기 때문에 펌프손실을 줄일 수 있다.

3.8.2 디젤엔진이 가솔린엔진에 보다 출력이 낮은 이유

디젤기관은 연료를 실린더 내에 직접 분사하기 때문에 혼합기 형성 시간이 짧아서 공기 이용률을 가솔린기관 정도로 높이는 어렵다. 또한, 디젤엔진은 연소 시 연료분무의 입자주위에 형성되는 국소적인 혼합기의 농도는 대단히 농후하다. 이것은 연료입자를 연소시킬 공기가 부족한 것을 의미하고 이때에는 많은 양의 스모크가 발생된다. 스모크의 배출농도를 한도이하로 저감시키기 위해서는 연료분사량을 억제하여야 하고, 이렇게 되는 경우는 흡입공기의 전체량 중에서 70~80%만이 연소에 참여한다. 이와 같은 이유에서 배기량이 동일한 가솔린엔진에 비해 디젤엔진은 평균유효압력은 낮다.

또한, 디젤엔진은 압축비는 높고 거기다가 운동부분의 질량도 커서 마찰손실이 크다. 또 고속 회전역에서는 마찰마력이 증가하여 회전속도를 높여도 생각만큼의 출력을 올리기가 어렵고, 운동부분의 질량이 크기 때문에 부품의 강도의 한계, 연료분사장치의 성능한계 등에 의해 가솔린 기관에 비하여 최고회전속도는 낮다. 따라서 고속에서 최대출력이 낮아지게 된다.

디젤기관은 연소압력이 높아 이것에 견디는 구조로 하기 위해서는 크랭크축, 커넥팅로드, 피스톤 등의 운동부분 및 크랭크케이스, 실린더헤드의 기관 구조의 강도와 강성을 높게 하고 있다. 이 때문에 출력 당, 배기량 당 기관 질량이 가솔린엔진에 비해 커지게 되므로. 마찰손실로 그만큼 커지게 된다.

4
CHAPTER

디젤엔진의 본체

4.1 엔진 본체의 구조

엔진 본체는 동력을 발생시키는 부분으로 그 모양은 작동방식, 실린더 배열, 냉각방식에 따라 다르나 구조는 기본적으로 거의 동일하다. 엔진을 대별하면 엔진주요부와 엔진부속장치로 구분된다. 엔진의 주요부는 동력 발생에 필요한 부분이며, 실린더헤드, 실린더블록, 실린더, 크랭크케이스, 피스톤, 및 커넥팅로드 어셈블리, 크랭크축, 플라이 휠, 기관 베어링, 밸브 및 밸브 기구로 구성되어 있다.

그 외, 부속장치의 부품으로는 혼합기를 형성하는 연료장치(분사노즐, 분사펌프, 연료탱크, 연료파이프 등), 운동부분에 오일을 공급하는 윤활장치(오일팬, 오일펌프, 오일필터, 유압조절기 등), 엔진의 온도를 제어하는 냉각장치(워터 펌프, 서모스탯 등), 기관의 작동을 위해서 실린더 내에 공기를 흡입하고 연소 후 연소가스를 외부로 배출하게 하는 흡배기장치(공기청정기, 흡기다기관, 배기다기관, 과급기, 소음기 등) 및 유해가스를 제어하는 배기가스 대책장치 등이 있다.

디젤엔진은 가솔린엔진에 비해 폭발압력이 높고, 고부하 등 가혹한 조건하에서 운전되는 경우가 많으므로 이에 견딜 수 있도록 각 부품의 강도가 크다. 따라서 같은 배기량

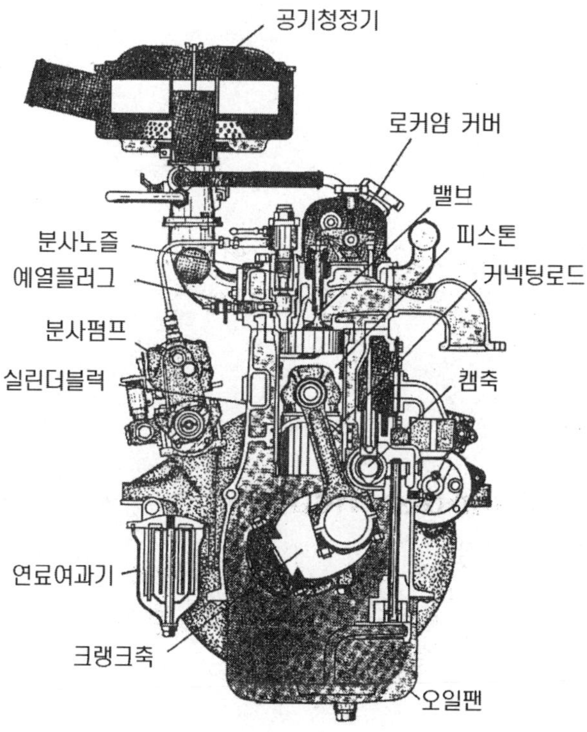

그림 4-1 디젤엔진 본체의 구조

그림 4-2 디젤엔진 외관

의 가솔린엔신과 비교해 볼 때 엔진 질량의 증대로 출력 당 중량 또는 커지게 된다. 특히 실린더헤드, 실린더 및 피스톤 등은 운전 중 열부하가 커서 사용 중의 마멸, 균열 및 열의 융착 등에 충분히 견딜 수 있는 구조로 되어 있다.

4.2 구조와 기능

4.2.1 실린더헤드 (Cylinfer head)

1) 기능

실린더헤드는 실린더헤드 가스킷(cylinder head gasket)을 사이에 두고 실린더블록에 볼트로 설치되며 피스톤, ·실린더와 함께 연소실을 형성한다. 수냉식 기관의 실린더헤드는 형식에 따라, 전체를 한 개 또는 몇 개로 나누어 일체로 주조하였으며((그림 4-3(a)), 공랭식 기관의 것은 실린더마다 별개로 주조되어 있다. (그림 4-3(b))

일반적으로 실린더 헤드의 기능과 구성은 다음과 같다.

① 피스톤 헤드와 함께 연소실을 형성

② 최적의 위치에 분사노즐 배치

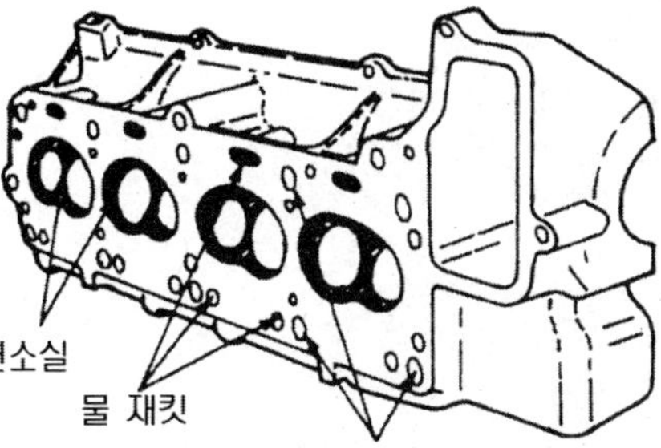

(a)수냉식 기관의 실린더 헤드

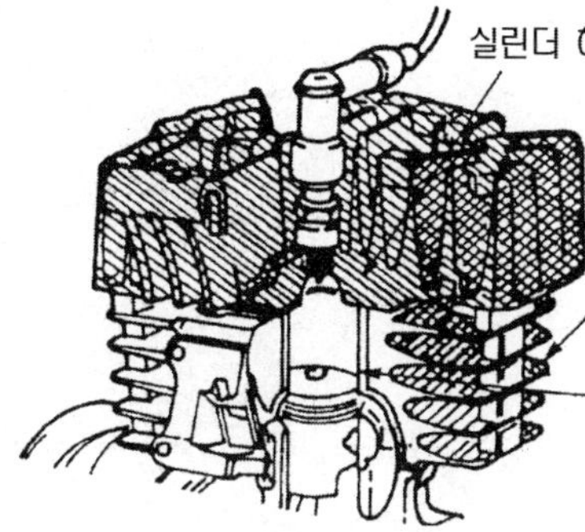

(b) 공랭식 기관의 실린더 헤드

그림 4-3 수냉식 및 공랭식 기관의 실린더 헤드

③ 흡·배기포트, 밸브시트, 밸브가이드를 형성

④ 물재킷 형성

⑤ 흡·배기 매니폴드의 지지·결합

⑥ 구조부재로서의 강도확보와 실린더 블록과의 결합

2) 실린더헤드의 재질

실린더헤드의 재질로는 보통주철과 알루미늄 합금으로 제작된다. 알루미늄 합금 실린더 헤드는 보통주철의 실린더 헤드보다 열전도가 좋기 때문에 연소실의 온도를 낮게 유지할 수 있으므로 압축비를 높일 수 있으며, 냉각 성능이 우수하므로 조기 점화의 원인이 되는 열점이 잘 생기지 않고 중량이 가벼운 장점이 있다. 또한, 알루미늄 헤드는 열팽창이 크기 때문에 변형이 쉽고 부식이나 재구성이 적은 단점도 있다. 알루미늄 합금제는 소형 엔진에 주로 사용되고, 중·대형엔진에는 열팽창이 작으면서 강도가 높은 주철제가 많이 사용된다.

3) 실린더헤드 개스킷

실린더헤드 개스킷은 실린더헤드와 실린더 블록 사이의 면을 밀착시켜 압축 및 폭발 행정을 할 때 작동 가스의 누출을 방지하는 기밀 작용 및 냉각수의 누출을 방지한다. 또한 실린더 블록을 통하여 로커암에 순환되는 오일의 누출을 방지하는 역할을 한다. 실린더헤드 개스킷은 고온에 잘 견딜 수 있는 내열성과 고압에 잘 견디는 내압성 및

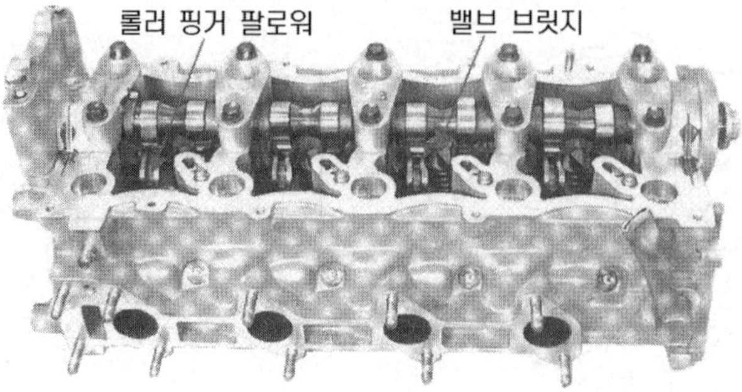

그림 4-4 실린더 헤드

내마멸성이 만족되어야 한다. 실린더헤드 개스킷은 그 사용조건으로 보아 고온·고압에 견딜 수 있는 재료이어야 하며, 보통 얇은 구리판이나 강철판으로 석면을 싸서 만들어져 있다. 두께는 1.2~2 mm 정도이다.

(1) 보통 개스킷

동판 및 강판을 석면으로 싸서 만든 개스킷으로 제작이 용이하다. 하지만 두께가 두꺼워 고압축비, 고부하, 고출력을 요구하는 기관에서는 불합리하기 때문에 현재는 사용되지 않고 있다

(2) 스틸베스토 개스킷

강판 양면에 흑연 석면을 압착하여 사용하며 고열, 고부하, 고압축에 우수하며 현재 가솔린엔진에 많이 사용되고 있다.

(3) 스틸 개스킷

강판으로 제작하여 사용된다. 내열, 내압성, 고부하, 고출력 기관에서 사용되지만 가스킷의 두께가 얇기 때문에 접촉면에 요철이 발생되어 불순물이 실린더헤드나 블록면에 부착되어 있으면 가스의 누출이 발생된다.

(4) 스틸라미네이트 개스킷

그림4-8과 같은 금속판을 적층 구조로 되어 있는 스틸라미네이트 개스킷은 디젤엔

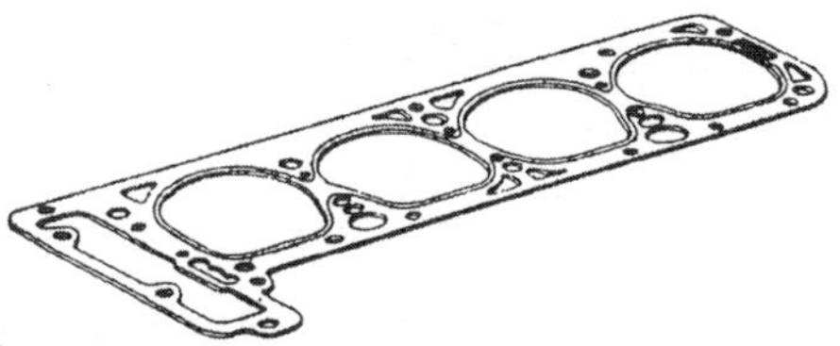

그림 4-5 보통 가스킷

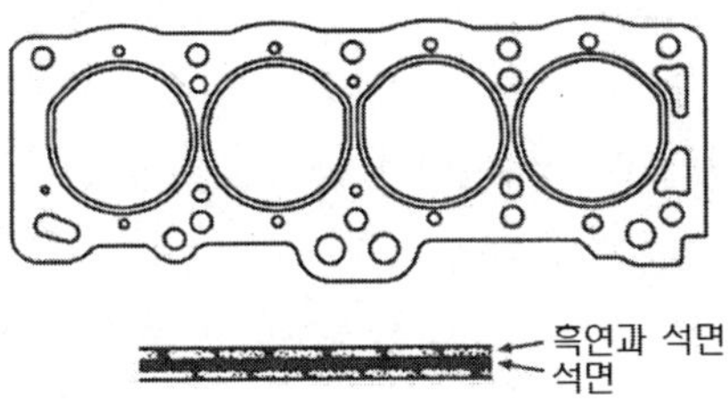

그림 4-6 스틸베스토 가스킷

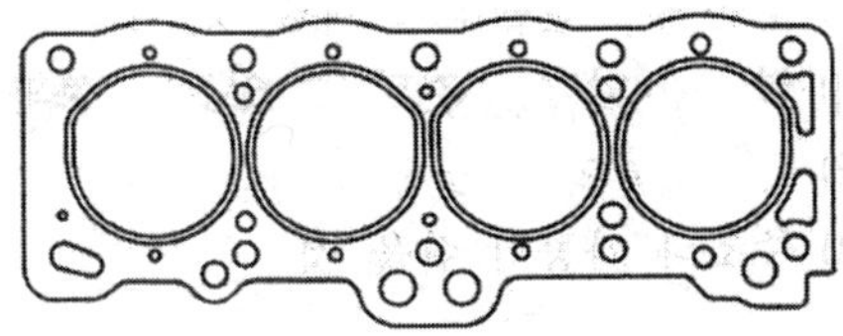

그림 4-7 스틸 가스킷

진용으로 많이 사용된다. 특히 고온, 고압의 연소가스에 노출되는 연소실 구멍의 실(seal)에는 탄력성이 있는 웨이브형의 비트 형상으로 가공된 스테인레스 강판의 상하 및 중간에 연강판을 넣은 적층구조로 되어 있는데, 또한 그것들은 스테인리스 강판으로 피복한다.

그림4-8(a)는 피복부에 스테인레스 강판을 사용하는 것은 내열성과 내압성을 높이기 위한 것이며, 비트형상으로 하는 것은 압축성을 높이는 효과가 있어서 대형엔진에 많이 채용되고 있다.

그림 4-8(b)는 연소실 구멍 실부의 비트형 연강판 층을 와이어링으로 보강하고 그것들을 스테인리스 강판으로 피복한 것이다. 개스킷의 체결토크를 작게 하여도 실의 효과를 향상시킬 수 있어서 소형의 엔진에 채용되고 있다.

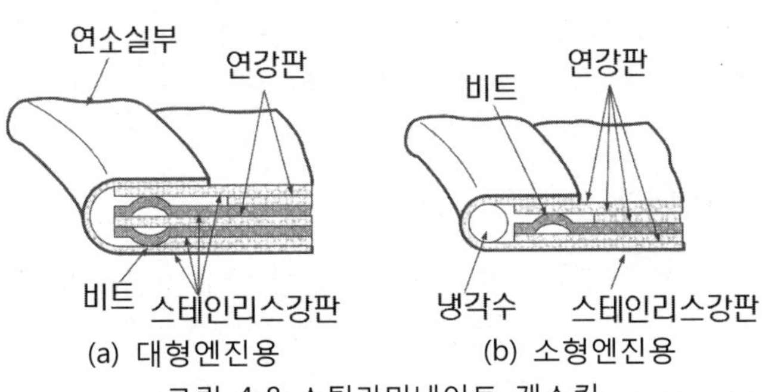

그림 4-8 스틸라미네이트 개스킷

4.2.2 실린더블록과 실린더라이너

1) 실린더블록

실린더블록은 엔진의 기초 구조물로서 내부에는 피스톤이 설치되어 상하 왕복 운동하는 실린더 및 기관에서 발생된 연소열을 냉각시키기 위해 냉각수가 순환하는 물재킷이 설치되어 있고 하부에는 크랭크축과 각 부품을 설치하기 위한 크랭크 케이스로 구성되어 있다.

실린더블록의 윗면에는 실린더헤드가 장착되고 아랫쪽 크랭크 케이스실 중앙 부위에는 크랭크축이 장착되는 크랭크 보어가 정밀하게 가공되어 있다.

실린더블록 아래 끝에는 오일을 저장하는 오일 팬(oil pan)이 장착되고 블록 전면은 오일 펌프가 내장된 프론트 케이스가 장착되어 있다. 또한, 뒷면에는 플라이 휠과 클러치 및 변속기가 장착된다.

2) 실린더블록의 재질

실린더블록은 기관의 기초가 되는 부분이므로 실린더블록의 수명이 기관 전체의 수명을 좌우하게 된다. 실린더블록의 재료로는 내마멸성이나 내식성이 좋고 주조와 기계 가공이 쉬운 알루미늄 합금, 보통주철, 특수주철이 사용된다.

실린더블록의 재질은 일반적으로 특수주철을 주조하여 사용하는 경우가 많으나 일부 엔진에서는 알루미늄 합금의 주물을 상용하는 경우가 많다. 알루미늄 합금은 알루미늄(Al)-규소(Si)계 합금으로 소량의 망간. 마그네슘. 구리 등을 첨가한 것으로 기계적 성질이 우수하고 비중이 적으며 가볍다. 하지만 열팽창이 크고 내마모성, 강도 등이 저하되는 단점도 있다.

최근의 엔진에는 내마멸성이 높은 특수합금주철을 사용, 실린더라이너가 없는 구조로 하여 실린더의 간격을 좁게 함으로써 소형, 경량화를 도모한 것이 있다.

3) 실린더(Cylinder)

실린더는 피스톤이 상하 왕복 운동을 하는데 안내 역할과 피스톤이 기밀을 유지하면서 열에너지를 기계적 에너지로 바꾸어 동력을 발생시키는 역할을 한다.

실린더는 연소시 2000~2500℃의 고온에 노출되기 때문에 실린더 주위에 냉각수를

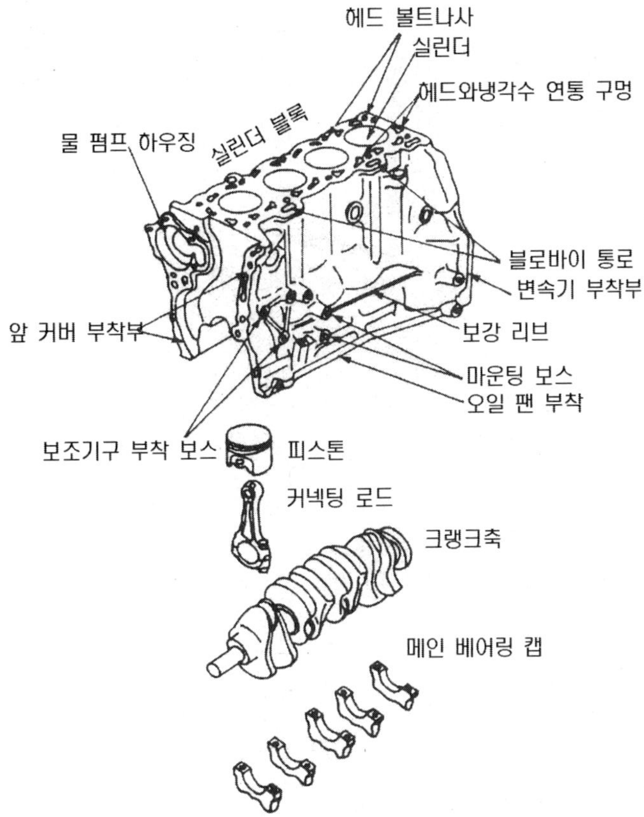

그림 4-9 실린더 블록 및 주 운동부품

순환시키고, 기관 냉각을 위하여 냉각장치가 마련되어 있으며, 실린더는 냉각방식에 따라 냉각수로 냉각하는 수냉식과 실린더 바깥 둘레에 냉각 핀을 설치하여 공기로서 냉각시키는 공랭식이 있다. 실린더를 실린더 블록과 동일한 재료로 만든 일체식과 별개의 재료로 제작하여 끼운 라이너식이 있다. 라이너식에는 건식과 습식이 있다.

4) 실린더 라이너

실린더 라이너는 실린더와 실린더 블록을 별개로 만드는 경우에 사용되며, 일반적으로 보통주철의 실린더 블록에 특수주철의 실린더 라이너를 삽입하는 경우와, 경합금 실린더 블록에 주철로 만든 실린더 라이너를 끼우는 경우 등이 있다. 실린더 라이너에는 건식(Dry type)과 습식(Wet type)이 있다.

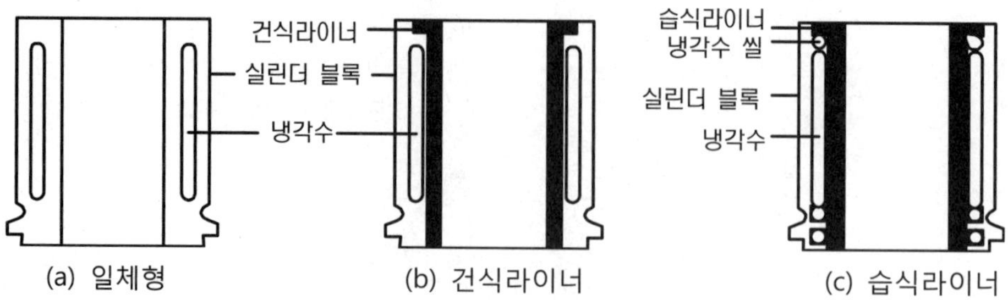

그림 4-10 실린더라이너

(1) 습식 라이너

라이너와 냉각수가 직접 접촉되며 두께가 5~8 mm로서 상부에는 플랜지, 하부에는 2~3개의 시일링이 끼워 냉각수의 누출을 방지하며 대형 디젤엔진 등에 사용된다.

습식 라이너는 냉각수와 직접 접촉되기 때문에 냉각성이 양호하고 정비성이 양호하며, 실린더블록과 별개의 재료를 사용하여 제작되므로 내마모성이 우수하다. 또한 실린더블록의 주조가 용이하지만 실린더블록의 강성이 저하되고 냉각수 누출의 염려가 있다.

(2) 건식 라이너

건식 라이너는 가솔린 기관과 같은 중소형 엔진에 많이 사용되고 있고, 라이너의 두께는 보통 2~3 mm 정도로서 냉각수와 간접적으로 접촉한다. 건식 라이너는 블록 일체형의 실린더가 마모된 경우 사용되며, 실린더블록의 강성 및 강도는 습식 라이너에 비하여 양호하고 냉각수 누출의 염려가 없다.

5) 실린더 행정(Stroke) 및 내경(bore)

피스톤의 행정(L)과 실린더의 내경(D)은 기관의 배기량이나 기관의 출력이 정해진다. 행정·내경비는 피스톤의 행정과 실린더의 내경과의 비(ratio)로서 기관의 성능은 동일한 배기량이라도 행정·내경비의 크기에 의해서 좌우된다. 또한 행정·내경비에 따라 피스톤의 평균속도가 변화되므로 기관의 성능에 크게 영향을 준다. 피스톤 평균속도(V)는 다음 식에서 구할 수 있다.

$$V = \frac{2NL}{60} \text{ m/sec}$$

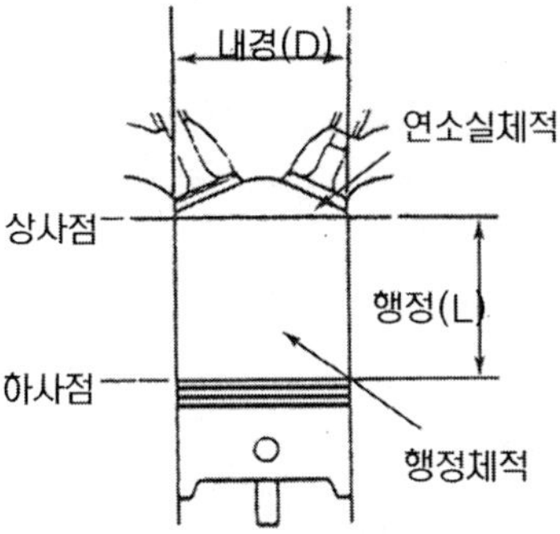

그림 4-11 실린더 행정 내경비

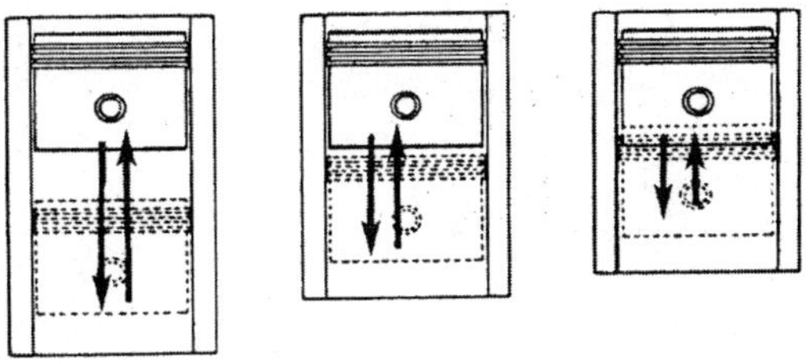

(a) 장행정 (b) 정바앵정 (c) 단행정

그림 4-12 실린더 행정 내경비에 따른 분류

여기서 V : 피스톤 평균속도(m/s)

L : 행정(m)

N : 매분당 회전수(rpm)

행정·내경의 비가 1.0이상인 기관을 장행정 엔진(under square engine), 행정·내경의 비가 1.0인 기관을 정방행정 엔진(square engine), 행정· 내경의 비가 1.0 이하인 기관을 단행정 엔진이라 부른다.

여기서 피스톤 평균속도란 피스톤이 시간당 행정을 왕복 이동한 거리로서 보통 12~ 13 m/sec이다. 최대 평균속도는 보통의 기관에서 20 m/sec. 경주용 기관은 25 m/sec이며. 피스톤 평균속도는 피스톤의 행정에 비례하므로 동일한 기관의 회전수에서는 행정이 짧을수록 피스톤의 평균속도는 늦어진다.

(1) 장행정 기관

장행정 기관은 행정·내경비가 1.0 이상인 기관으로서 피스톤의 행정이 실린더 내경 보다 크다. 기관의 회전 속도가 느리고 회전력이 크며, 실린더에 가해지는 측압이 적다. 또한 피스톤의 행정이 실린더 내경 보다 크기 때문에 내구성 및 유연성이 있으며, 기관의 높이가 높아지는 경향이 있다. 배기가스 중 유해 성분인 탄화수소의 배출량이 적어 배기가스 대책으로 유리한 점이 있다.

여기서, 측압이란 피스톤이 작동할 때 실린더 벽에 가해지는 압력으로서 피스톤 이 압축행정 또는 폭발행정을 할 때 실린더 벽에 압력을 가하면서 작동을 하게 된다.

(2) 정방행정 기관

정방행정 기관은 행정·내경비가 1.0 인 기관으로서 피스톤의 행정과 실린더 내경이 동일하다. 기관의 회전속도 및 회전력이 장행정 기관과 단행정 기관의 중간 정도이다.

(3) 단행정 기관

단행정 기관은 행정·내경비가 1.0 이하인 기관으로서 피스톤의 행정이 실린더 내경보다 작다. 기관의 회전 속도가 빠르고 회전력이 작으며, 실린더에 가해지는 측압이 크다. 피스톤의 행정이 실린더 내경보다 작기 때문에 기관의 높이가 낮아지지만 기관의 길이가 길어지는 경향이 있다. 단행정 엔진의 장,단점은 다음과 같다.

◆ **단행정 엔진의 장점**

① 흡입·배기밸브의 지름을 크게 할 수 있어 효율을 증대할 수 있다.
② 단위 체적당 출력을 크게 할 수 있다.
③ 피스톤의 평균속도를 높이지 않고 기관의 회전속도를 빠르게 할 수 있다.
④ 엔진의 높이를 낮게 할 수 있다.

◆ **단행정 엔진의 단점**

① 피스톤의 과열이 심하다.
② 내경이 크기 때문에 폭발압력이 높아 베어링에 가해지는 하중이 크다.
③ 표면적이 크게 되어 탄화수소의 배출량이 많아진다.

4.2.3 피스톤

1) 피스톤의 기능

피스톤(Piston)은 폭발행정에서 고온, 고압의 가스 압력을 받아 실린더 안을 약 10~20 m/s 정도의 고속으로 왕복운동하며, 커넥팅 로드를 통해 크랭크축에 회전력을 발생시키는 일을 한다. 또한 흡기, 압축, 배기 행정에서는 크랭크축에서 동력을 받아서 각각 작용한다. 자동차엔진의 경우 피스톤 헤드는 고온(2000℃이상)의 연소가스에 노출되고, 일반적으로 30~40 kg_f/cm^2의 압력을 충격적으로 받고 250~350℃ 정도의 온도로서 고속으로 실린더 내를 왕복한다.

2) 피스톤의 구조

① 피스톤 헤드 : 연소실의 일부가 되는 부분이 설치되며 내면에 리브를 설치하여 피스톤을 보강한다.

② 링 홈 : 피스톤 링을 설치하기 위한 홈

③ 랜드 : 링홈과 링홈사이

④ 스커트 부 : 피스톤이 왕복운동을 할 때의 측압을 받는 일을 한다.

⑤ 보스부: 피스톤을 커넥팅 로드에 피스톤 핀이 설치되는 부분

① 히이트 댐 : 헤드부의 열이 스커트부에 전달하는 것을 방지하는 홈

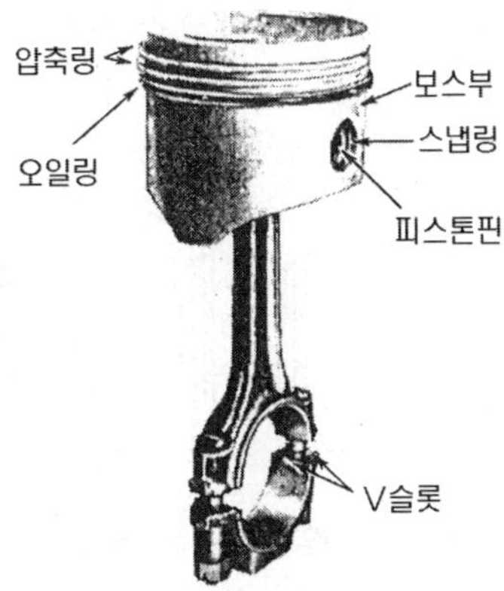

그림 4-13 피스톤 커넥팅 로드 어셈블리

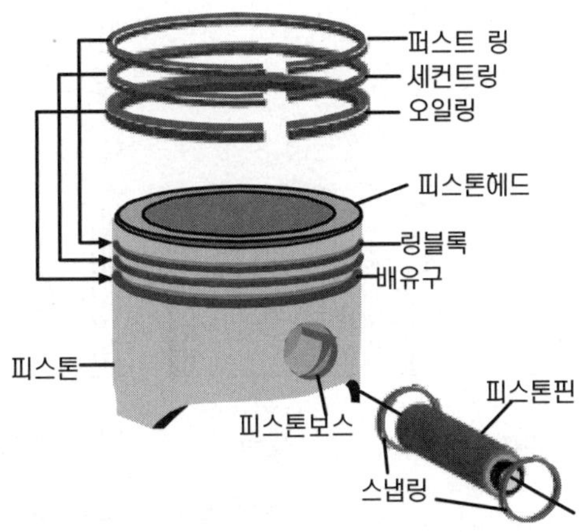

그림 4-14 피스톤링과 피스톤

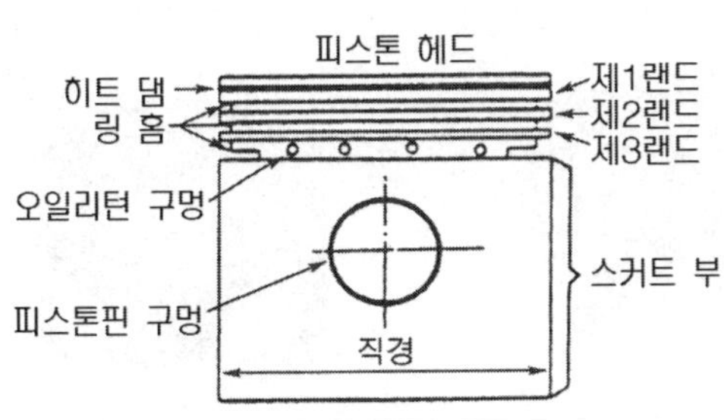

그림 4-15 피스톤의 구조

3) 피스톤헤드의 형상

피스톤헤드의 형상은 사용되는 기관의 연소실 모양과 밀접한 관계가 있으며 그림 4-16과 같이 여러 가지가 있다.

평편형은 가장 일반적인 형상이며 제작이 용이하고, 도움형(dome type) 및 쐐기형(wedge type)은 피스톤 헤드를 볼록하게 하여 반구형 연소실에 적합하게 되어 있으며, 고압축비를 얻을 수 있지만 가공이 복잡하고 피스톤의 중량이 증가한다.

불규칙형(irregular type)은 2행정 사이클기관에서 연소가스의 배출과 미연 혼합기에 와류를 줄 수 있다. 밸브 노치형(notched type)은 밸브 양정을 크게 할 수 있어 고압축 기관에 적합하고 오목형(concave type)은 연소실 형상을 구형에 가깝게 할 수 있고 연소실 체적을 줄일 수 있어 냉각손실을 줄일 수 있다.

그림 4-17은 변형된 피스톤헤드 형상을 보여주고 있다. 실린더헤드에서 구성된 연소실과 실린더블록이 합체 시에 맞닿는 피스톤의 머리 부분에서 고온, 고압의 압축된 공기 중에 연료가 분사되어 자기착화된다. 이때 고압과 고열을 견뎌야 하기에 피스톤 헤드는 강력한 금속으로 제작되며 일반적으로는 평면의 형상을 하고 있지만 연소실에서 난류 형성을 위해 모양이 볼록, 오목한 모양과 같이 변형되어 제작되기도 한다.

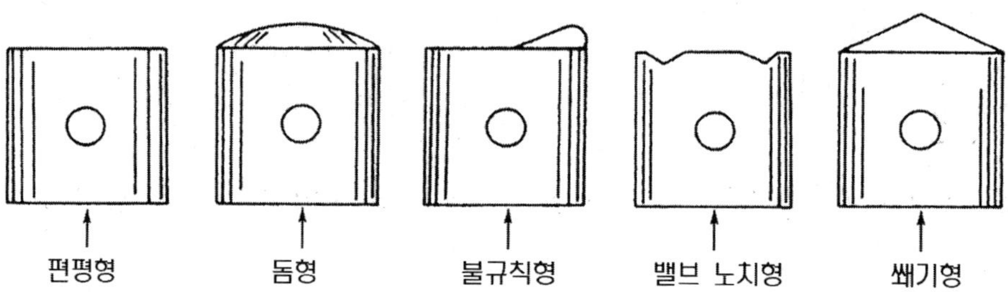

그림 4-16 여러 형태의 피스톤 헤드

그림 4-17 변형된 피스톤헤드 형상

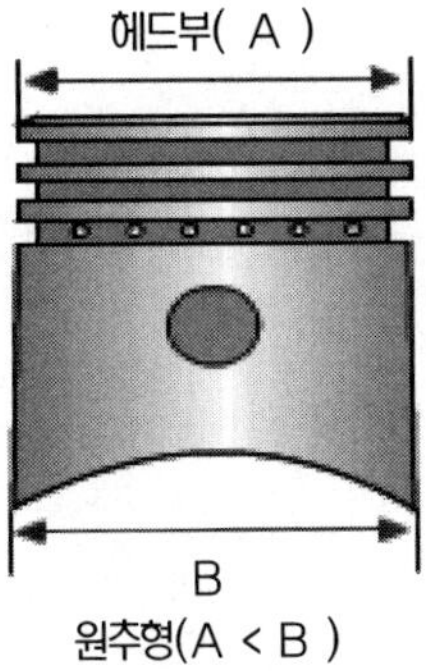

그림 4-18
원추형 피스톤

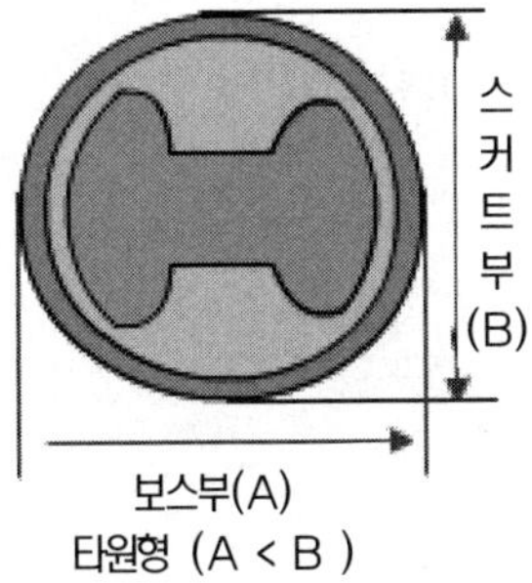

그림 4-19
타원형 피스톤

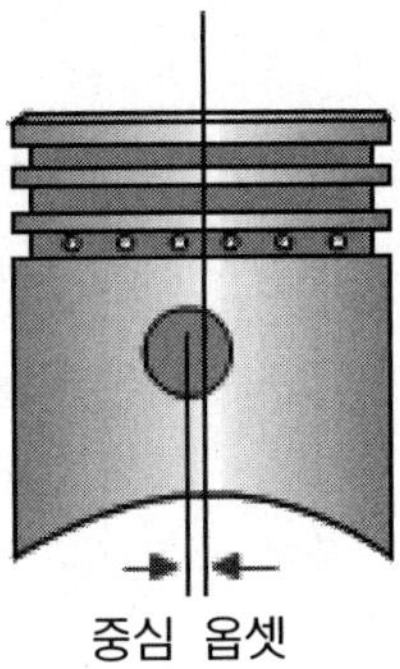

그림 4-20
오프셋 피스톤

피스톤의 헤드부는 고온의 연소가스에 노출되면서 열팽창의 정도가 커서 그림 4-18과 같은 원추형의 피스톤이 사용되며, 피스톤 헤드부는 피스톤 스커트부보다 지름을 작게 만들어진다. 피스톤의 직경은 스커트부의 직경으로 표시하며 측정시에는 스커트부에서 측정한다.

피스톤보스부는 피스톤과 피스톤 핀이 끼워 맞추어지는 부분으로 큰 충격 하중을 받으며 다른 부분에 비해 고온이 된다. 따라서 피스톤핀 방향의 열팽창도가 커지므로 그림 4-19과 같이 피스톤보스부의 지름은 구 직각방향보다 작게 가공되며 이와 같은 피스톤을 타원형 피스톤이라고 한다.

피스톤에는 그림 4-20와 같이 피스톤의 중심에 대해 피스톤 핀의 위치를 스러스트 쪽으로 약간 오프셋시키는 오프셋 피스톤을 일반적으로 사용한다. 이것은 피스톤 슬랩(piston slap)음을 방지와 실린더라이너의 진동을 경감시키기 위해서이다.

여기서, 피스톤 슬랩이란 실린더와 피스톤 간극이 클 때 피스톤이 실린더 벽을 때리는 현상으로서 저온에서 현저하게 발생된다. 피스톤 슬랩을 사이드 노크라고도 하며, 피스톤이 행정을 바꿀 때 실린더 벽에 충격을 발생하는 현상을 말한다.

이 밖에도 오프셋 피스톤 대신에 크랭크축 중심에 대해 실린더 중심을 오프셋시키는 방법을 사용하기도 한다.

4) 피스톤의 종류

(1) 솔리드 피스톤(solid piston)

스커트부를 원통으로 만들어 슬릿(slit)이 없으므로 열팽창에 의한 팽창을 막을 수 없고, 또 운동 조건에 적절한 피스톤 클리어런스(clearance)도 유지할 수 없다. 그러나 기계적 강도가 높으므로 정적인 엔진보다도 가혹한 조건에서 쓰이는 고부하의 디젤엔진에 사용되고 있다.

(2) 스플릿 피스톤

피스톤의 스커트부에 세로 방향으로 약간 경사지게 가는 홈을 가공해 넣어 열에 의한 팽창에 따라 피스톤 치수가 증가하더라도 피스톤이 더 이상 팽창되지 않고 일정한 지름을 유지한다.

스플릿 스커트(split skirt)형은 피스톤 스커트부와 링부 사이에 그림 4-22와 같이 가늘게 가공된 홈인 슬롯(slot)을 만들어 스커트부로 열전도를 제한하고, 열팽창을 최소로 하기 위한 형식이다. 이 형식은 열팽창을 적게 하고 항상 일정한 치수의 피스톤을 유지하기 위하여 스커트부에 마련된 슬롯의 모양에 따라 T-슬롯형(T-slot type), U-슬롯형(U-slot type) 등이 있다.

(3) 슬리퍼 피스톤(slipper piston)

슬리퍼 피스톤은 측압이 걸리지 않는 쪽의 스커트부를 제거한 형으로서 무게를 높이지 않고 스러스트의 접촉면적을 키워 피스톤 슬랩(piston slap)을 작게 한 것으로서, 고속 기관에 널리 사용된다. 그러나 스커트부를 제거한 부분에 오일이 묻어 있다가 오일이 연소실로 올라가는 원인이 된다.

(4) 인바아스트럿 피스톤

인바강을 넣고 일체 주조한 형식으로 피스톤보스부에 열팽창을 억제하기 위해 강판으로 만들어진 스트럿을 피스톤의 주조시 보스 주변에 주입한 것이다.

알루미늄 합금제 피스톤의 경우 보통의 강보다 열팽창율이 극히 적은 안바강을 지주(支柱)로 주입(鑄入)하여 열팽창에 따른 변형을 적게 한다. 인바강은 열팽창율이 보통강의 1/10이고, 니켈을 36% 함유한 강이다. 인바 스트럿형의 일종인 오토 서믹 피스

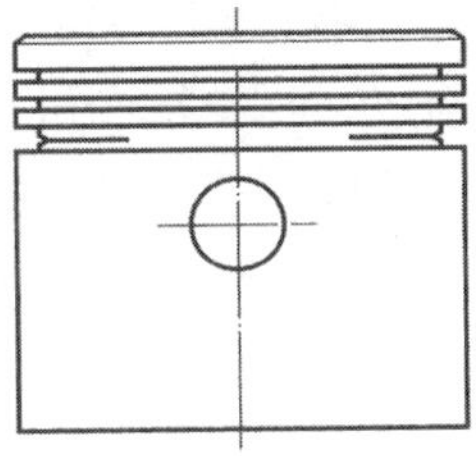

그림 4-21
솔리드형 피스톤

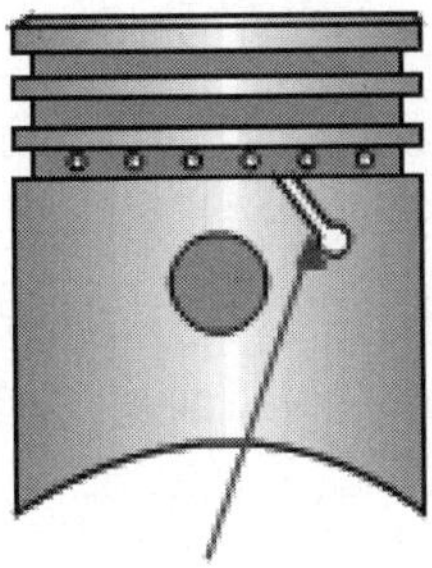

그림 4-22
스플릿형 피스톤

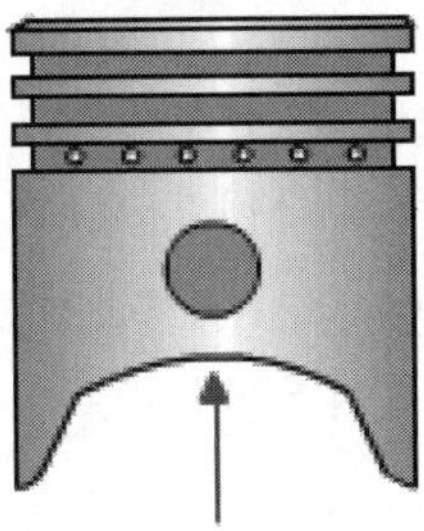

그림 4-23
슬리퍼형 피스톤

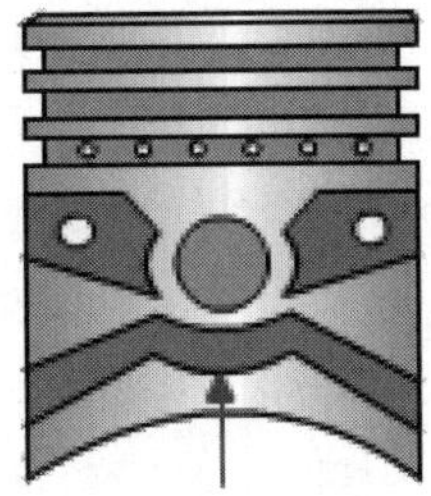

그림 4-24
인바아스트럿 형 피스톤

톤(auto-thermic piston)도 열팽창이 적은 강철제 작은 링(small ring)을 피스톤 스커트 상부에 주입시켜 피스톤의 열팽창에 따른 변형을 적게 하기 위해 제작된 피스톤이다.

5) 피스톤의 재질

(1) 특수 주철 피스톤

특수 주철 피스톤은 알루미늄 합금 피스톤에 비해 열팽창이 적기 때문에 피스톤 간극을 적게 할 수 있으므로 피스톤의 슬랩 현상이나 블로바이 현상이 적으며, 피스톤의 강도가 크다. 피스톤의 비중이 크기 때문에 관성이 증대되어 고속용 기관에는 적합치 않다.

(2) 알루미늄 합금 피스톤

현재 자동차용 피스톤은 대부분 알루미늄 합금 피스톤을 사용하는데 알루미늄 합금은 주철보다 비중이 낮고 열전도성이 좋아 피스톤 헤드의 온도를 낮출 수 있고 관성력이 적기 때문에 고압축, 고속 운전이 가능하여 기관 출력을 향상시킬 수 있다. 그러나 열팽창계수가 크고 강도가 낮아 이 결점을 보안한 여러 가지 합금이 연구되고 있고, 실용화된 알루미늄 합금피스톤은 구리계 Y합금 피스톤과 규소계 로엑스(Lo-ex)피스톤이 있다.

6) 피스톤의 간극

피스톤 간극은 실린더 내경과 피스톤의 최대 외경과의 차이로서 기관이 작동할 때 피스톤이 연소열에 의해서 팽창하기 때문에 정상적인 작동을 하기 위해서는 기관의 출력에 지장을 초래하지 않는 범위 내에서 최소의 간극을 유지하여야 한다.

피스톤 간극은 냉간시에 열팽창을 고려하여 경합금의 피스톤일 경우 실린더 내경의 0.05%를 피스톤의 간극으로 설정하며, 피스톤 간극이 클 때와 작을 때의 영향은 다음과 같다.

(1) 피스톤 간극이 클 때의 영향

피스톤과 실린더 사이의 간극이 너무 크면 압축 행정에서 블로바이 현상이 발생되어 압축 압력이 저하되고 폭발 행정에서는기관의 출력이 저하되며, 블로바이 가스에 의해서 기관의 오일이 희석되거나 카본에 오염된다. 또한 피스톤 링의 기능이 저하되어 기관의 오일이 연소실에 유입되므로 오일의 소비량이 증대된다.

또한, 기관이 작동할 때에 상사점과 하사점 에서 행정을 바꾸는 순간 피스톤 슬랩 현상이 발생되어 피스톤 링과 링홈의 마멸이 촉진되며, 피스톤 링의 기능이 저하되어 기관의 오일이 연소실에 유입되므로 오일의 소비량이 증대된다.

(2) 피스톤 간극이 적을 때 영향

피스톤과 실린더 사이의 간극이 적으면 실린더 벽에 형성된 오일의 유막이 파괴되어 마찰이 증대되며, 마찰에 의한 소결 현상이 발생된다.

여기서, 블로바이(blow by) 현상이란 바람이 지나가는 간다는 뜻으로 압축 및 폭발 행정에서 가스가 피스톤과 실린더 사이로 누출되는 현상을 말한다. 엔진의 압축 행정과 팽창 행정에서 실린더와 피스톤의 간극으로부터 크랭크 케이스로 빠져 나온 가스. 구성은 압축 행정에서 새어나온 혼합기가 75~90%를 점유하며, 10~25%가 팽창 행정

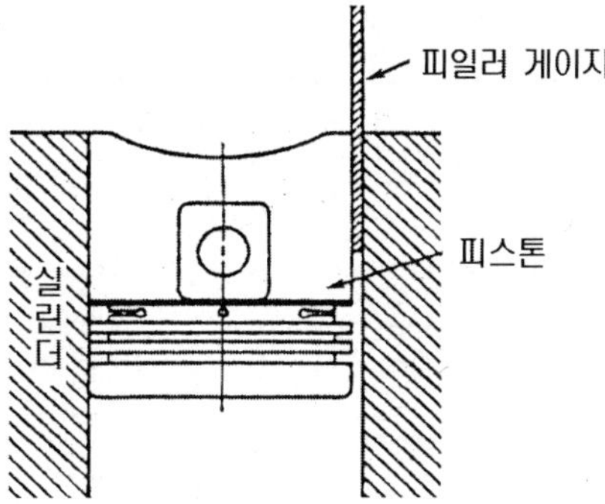

그림 4-25　피스톤의 간극

에서 발생하는 연소가스이다. 엔진 오일을 열화시켜 엔진 내부를 녹슬게 하는 원인이 되므로 예전에는 신속히 외부로 나오게 하였으나 대기 오염을 방지하기 위해 흡기 계통으로 되돌려 보내고 있다.

블로백(blow back) 현상은 압축 및 폭발 행정에서 가스가 밸브와 밸브시트 사이로 누출되는 현상을 말한다.

블로다운(blow down) 현상은 배기 밸브가 열려 배기 가스 자체의 압력으로 배출되는 현상을 말한다.

4.2.4 피스톤링(piston ring)

1) 기능

피스톤 링은 피스톤과 함께 실린더 내를 상하 왕복운동 하면서 실린더 벽과 접촉하여 피스톤과 실린더사이에서 혼합기와 연소가스가 누출되는 것을 방지하는 기밀작용과 실린더와 피스톤사이의 윤활오일을 긁어내려 연소실에 유입하는 것을 방지하는 오일제거작용 및 피스톤 헤드가 받는 열을 실린더 벽에 전달하는 열전도작용 등 3대작용을 한다.

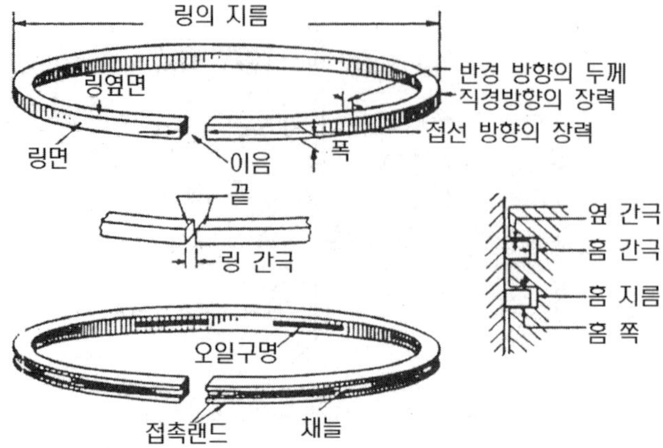

그림 4-26 피스톤 링

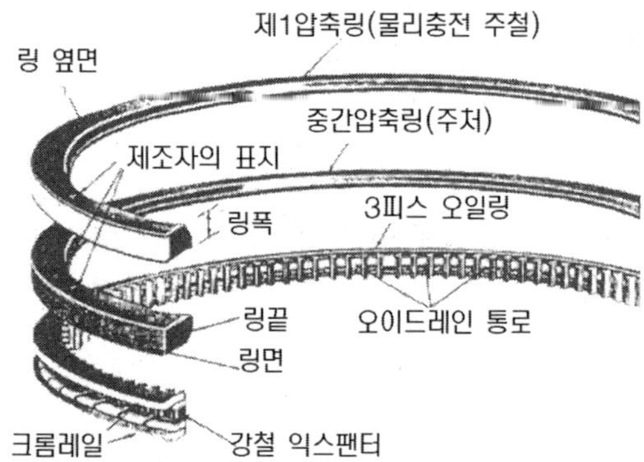

그림 4-27 한 조의 피스톤 링

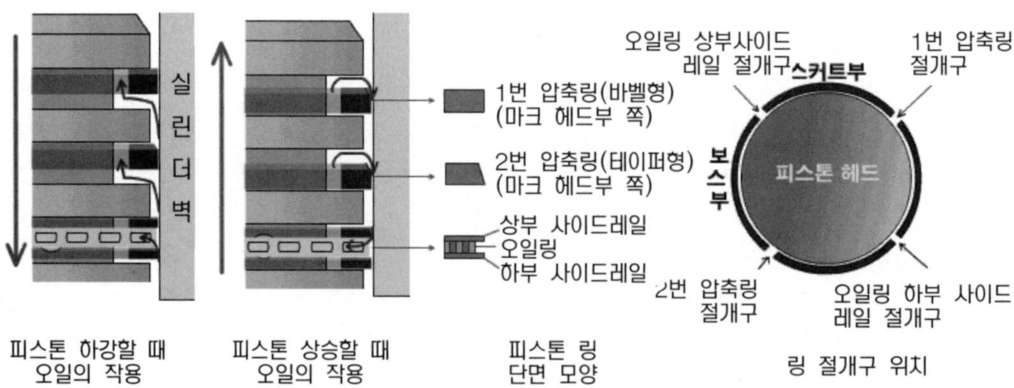

그림 4-28 피스톤링의 작용

2) 피스톤 링의 종류

압축링과 오일링으로 구분되며, 대략 압축링은 2~3개가 설치되고 오일링은 1~2개가 설치되어 작용한다.

(1) 압축링

실린더와 피스톤사이에의 압축행정시 혼합기의 누출 및 폭발행정에서의 연소가스 누출을 방지하며 피스톤 헤드에 가까운 쪽의 링홈에 설치한다. 압축링의 종류는 다음과 같다.

① 플레인형(plain type)

가장 기본적인 형식이며 실린더와 면 접촉을 하기 때문에 압축 및 동력 행정시에 링 뒷면에 작용하는 압력에 의하여 링면이 실린더에 압착되기 때문에 기밀성 및 열전도성이 우수하고 제작하기가 쉽기 때문에 많이 사용되고 있다.

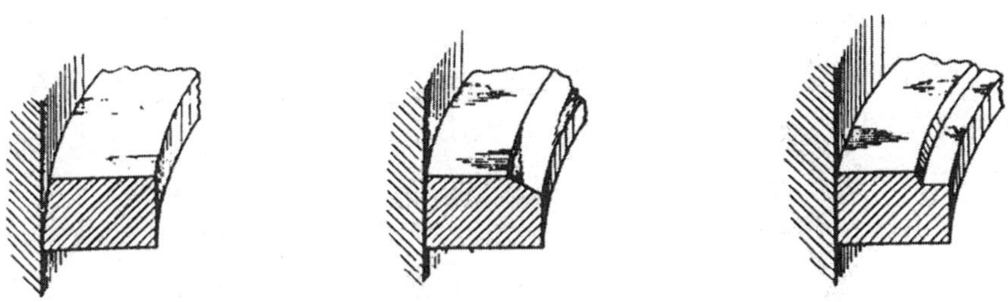

(a) 테이퍼형(tapered) (b) 챔퍼형(chamfered) (c) 카운터보어형(counterbored)

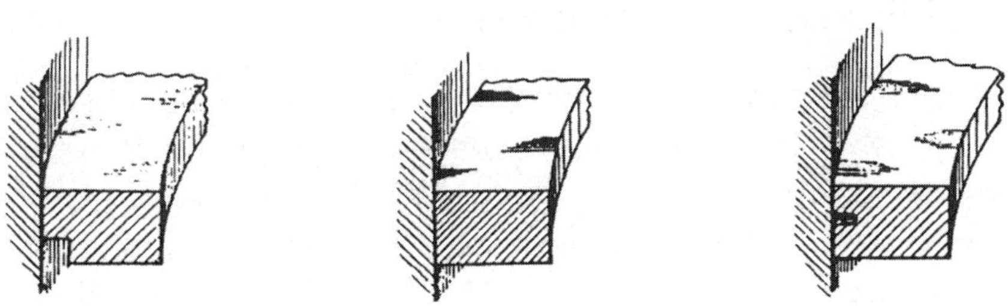

(d) 스크레이퍼형(scraper) (e) 플레인형(plain) (f) 홈형(grooved)

그림 4-29 압축링의 모양

② 챔퍼형(chamfer type)

윤활유 제어작용이 우수하기 때문에 제 1링 또는 제 2링으로 사용된다.

③ 테이퍼형(taper type)

실린더와 링의 접촉면이 피스톤 하강시는 선접촉, 상승시는 면접촉을 하기 때문에 윤활유 제어작용과 기밀성이 우수하기 때문에 제 2링으로 많이 사용되고 있다.

④ 스크레이퍼형(scraper type)

링 아랫부분을 잘라 내어 피스톤의 상하 운동시에 접촉 면압을 높이고 윤활유 제어작용이 우수하여 제 2링으로 많이 사용되고 있다.

(2) 오일링(oil ring)

실린더 벽을 윤활하고 과잉 오일을 긁어내리며 실린더 벽의 유막을 조절하여 준다. 링의 전 둘레에 걸쳐 홈이 파져 있어 긁어내린 오일을 피스톤 안쪽으로 보내게 되어 피스톤 핀의 윤활을 하도록 한다. 엔진의 속도가 증대됨에 따라 오일을 긁어 내리기가 어렵게 되므로 링의 유연성을 좋게 하고 장력을 증대시키기 위하여 링 안쪽에 익스팬드 링을 넣기도 한다.

오일 링의 종류에는 드릴형, 슬롯형, 레디어스 슬롯형, 웨지 슬롯형이 있으며, 기관의 속도가 증가됨에 따라 오일의 제어 능력이 감소되므로 링의 장력을 증가시키고 유연성을 좋게 하기 위하여 고속형 기관에는 U 플렉스링을 사용한다.

3) 피스톤 링 이음(piston ring joint)

피스톤 링에는 절개부를 두어 링의 장력을 가지게 하고 이것을 이용하여 피스톤에 조립할 수 있게 하였다. 링이음 간격이 크면 블로바이 현상으로 인해 가스가 누출되어 기관의 출력이 저하되고, 피스톤의 열전도가 불량하게 되어 피스톤의 온도가 상승된다. 또한 간격이 적으면 실린더 벽과의 마찰력이 증대되어 링이 파손되거나 소결을 일으키기 쉽다.

링 이음형식은 그림 2-39와 같이 버트이음(butt joint), 45°로 경사지게 절단한 각이음(angle joint), 계단형인 계단이음(step joint) 형식이 있으며, 제작하기가 용이한 버트이음 형식이 많이 사용되고 있다.

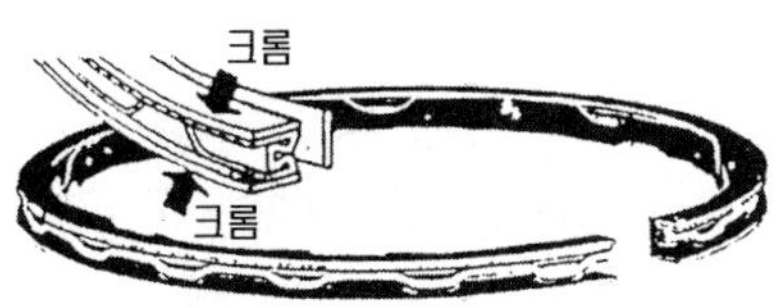

그림 4-30 익스펜더 링

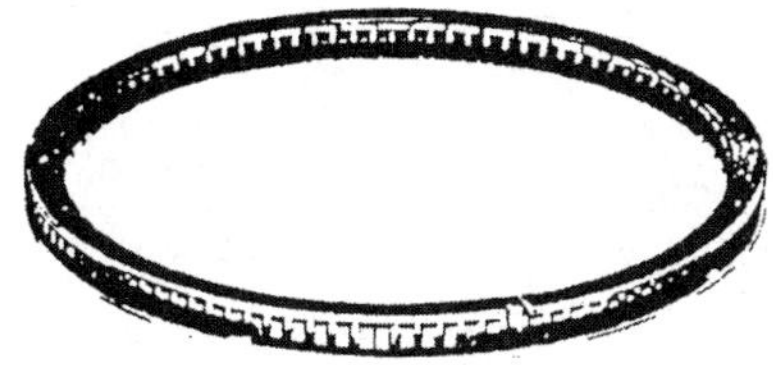

그림 4-31 U플렉스 링

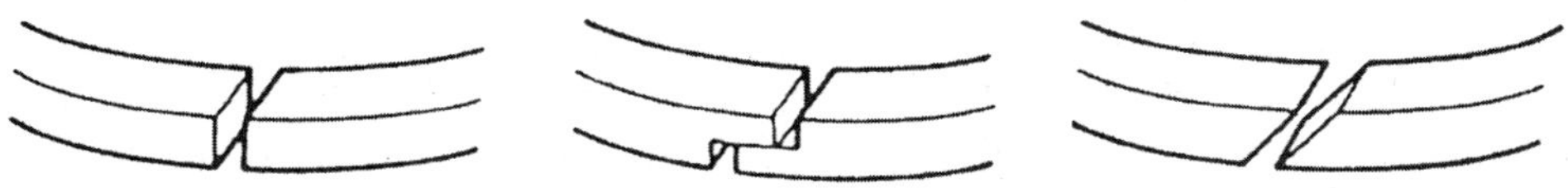

(a) 버트 조인트(butt joint) (b) 스텝 조인트(step joint) (c) 45º조인트(45º angle joint)

그림 4-32 링 이음

4) 피스톤 링의 작동

엔진 운전 중에 피스톤 링의 작동은 상사점에서 하사점으로 내려올 때 링은 실린더 벽의 마찰력으로 링홈의 윗쪽으로 밀려 링 홈의 윗면과 접촉되어 하사점으로 이동하면서 실린더 벽에 비산되어 있는 오일을 긁어 내린다.

하사점에서 상승할 때는 링은 실린더 벽과의 마찰로 링홈의 아래 면에 밀착되어 링 홈 윗면에 간극이 생겨 긁힌 오일이 고인다. 고인 오일이 실린더 벽에 공급되어 항상 실린더 전면에는 유막을 형성하고 있다. 이때 기관이 고속으로 작동하면 상사점에서 하사점으로, 하사점에서 상사점으로 피스톤의 작동 위치가 변환될 때 피스톤 링의 접촉 부분이 바뀌는 과정에서 순간적으로 떨림 현상이 발생되는데 이 현상을 피스톤 링의 호흡 작용 또는 피스톤 링의 플래터 현상이라 한다.

그림 4-33 흡기행정에서의 링의 작용

그림 4-34 압축행정에서의 링의 작용

5) 피스톤 핀(piston pin)

피스톤 핀은 피스톤 보스에 조립되며 커넥팅 로드의 소단부와 연결되어 피스톤의 힘을 커넥팅 로드에 전달하고 피스톤과 같이 고속 왕복운동을 한다. 피스톤 핀은 커넥팅 로드의 결합방법에 따라 고정식, 반부동식, 전부동식으로 구분된다.

(1) 고정식(stationary type)

커넥팅 로드 소단부에 동합금의 부시(bush)를 끼우고 피스톤 핀은 피스톤 보스 부에 볼트로 고정한 형식이며 현재는 거의 사용하지 않는다.

(2) 반 부동식(semi-floating tuype)

반 부동식은 커넥팅 로드의 소단부에 피스톤 핀을 끼우고 클램프 볼트(clamp bolt)를 이용하여 고정하며 핀의 중앙부에 홈을 두어 클램프 볼트로 핀이 축 방향으로 움직이지 못하게 하고 있으며 일반적으로 알루미늄 합금 피스톤인 경우 피스톤 보스는 베어링 역할을 겸하게 하고 있다.

(3) 전 부동식(full floating type)

전 부동식은 피스톤 핀을 피스톤 보스부나 커넥팅 로드 소단부에 고정된 부분이 없이 자유롭게 움직일 수 있도록 되어 있으며, 피스톤 보스부의 양쪽에 스냅 링을 끼워 피스톤 핀이 축방향으로 이동하는 것을 방지한다. 알루미늄 합금 피스톤의 경우 알루미늄 자체가 베어링의 재료이기 때문에 부싱을 사용하지 않지만 커넥팅 로드 소단부에는 부싱을 끼운다. 현재 대부분의 기관은 이 형식을 채용하고 있다.

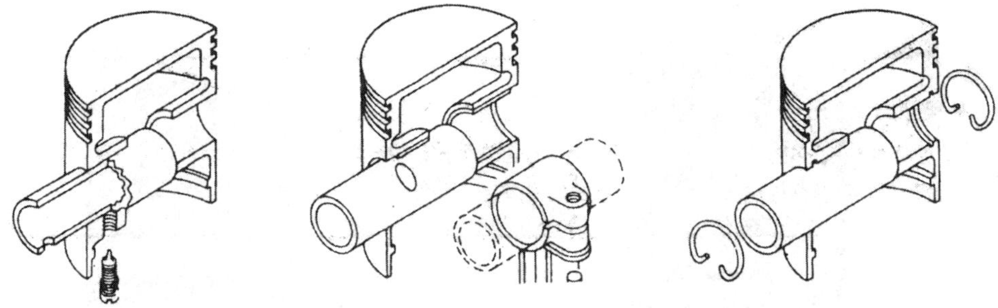

(a) 고정식 (b) 반 부동식 (c) 전 부동식

그림 4-35 피스톤핀의 고정방법

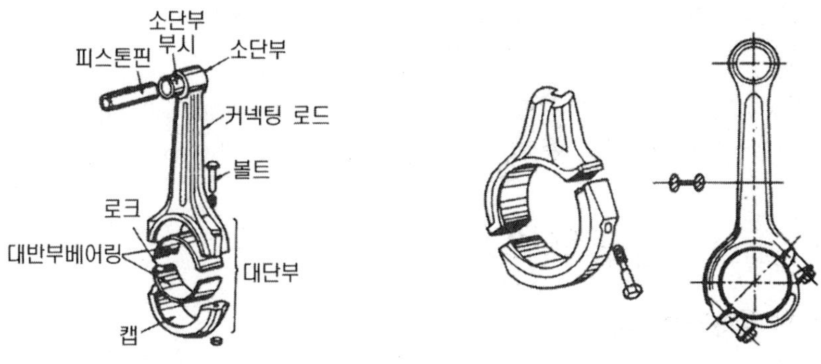

(a) 수평형 (b) 정사형

그림 4-36 커넥팅 로드

4.2.5 커넥팅로드

커넥팅로드는 피스톤의 상하 직선 운동을 각운동으로 바꾸어 크랭크축이 회전 운동을 할 수 있도록 한다. 커넥팅 로드는 피스톤 핀과 연결되는 소단부와 크랭크 핀과 연결되어 폭발 행정에서 피스톤 헤드에 받는 압력을 크랭크축에 전달하는 대단부로 되어 있다.

커넥팅 로드의 길이는 소단부의 중심선과 대단부의 중심선 사이의 거리로서 보통 피스톤 행정의 1.5~2.3배 정도이다. 커넥팅 로드의 길이가 길면 실린더 벽에 가해지는 측압이 작기 때문에 실린더의 마멸이 감소되고 정숙하게 작동되는 장점이 있지만 기관의 높이가 높아지고 중량이 무거워지며, 강성이 적어진다. 또한 커넥팅 로드의 길이가 짧으면 강성이 증대되고 중량이 가벼우며, 기관의 높이가 낮기 때문에 고속용 기관에 적합하지만 실린더 벽에 가해지는 측압이 크고 실린더 마멸이 증대된다.

여기서, 측압(thrust)이란 피스톤의 상사점과 하사점에서 행정을 바꿀 때 피스톤의 헤드에 작용하는 압력과 크랭크축이 회전할 때의 저항력에 의해서 실린더 벽에 가해지는 피스톤의 압력을 말한다.

4.2.6 크랭크축 및 저널베어링

1) 기능

크랭크축(Crank shaft)은 크랭크 케이스 안에 설치된 메인 베어링과 캡에 의해 지지되어 각 실린더의 동력행정에서 발생한 피스톤의 직선운동을 커넥팅 로드를 통해 회전운동으로 바꾸고 반대로 흡입, 압축, 배기 행정에서는 피스톤에 운동을 가해 연속하여 동력을 발생하는 중요한 기능을 가지고 있다.

디젤엔진의 크랭크축은 가솔린엔진에 비해 강도가 크고 높은 비틀림 진동의 발생이나 굽힘을 방지하기 위해 축의 지름을 크게 하여 강성을 높이고 있다.

2) 크랭크축의 주요부

크랭크축의 주요부로는

- 메인 베어링에 지지되는 메인 저널
- 커넥팅 로드가 연결되는 크랭크 핀
- 메인 저널에서 크랭크 핀을 연결하는 크랭크 암
- 핀의 평형을 유지하기 위해 설치된 평형추(Balance weight)
- 뒤 축 끝에는 플라이 휠을 설치하기 위한 플랜지
- 플렌지 외경에는 오일의 유출을 막는 리어 오일 씰 장착부
- 앞쪽에는 캠축을 구동하기 위한 크랭크 스프로킷 장착부
- 워터펌프, 발전기를 구동할 수 있는 크랭크 풀리 장착부로 되어 있다.

또한 크랭크축 내부에는 윤활을 위한 오일 구멍이 저널에서 핀까지 가로질러 가공되어 있다.

그림 4-37 크랭크축의 구조

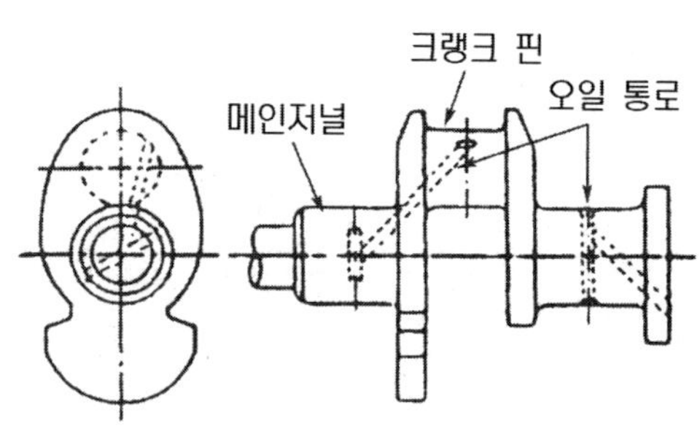

그림 4-38 윤활유의 통로

3) 크랭크축의 형식과 착화순서

4행정 사이클 4실린더 기관은 흡입·압축·폭발·배기의 4개 행정을 각 실린더에서 별개로 이루어지기 때문에 크랭크축이 180°회전할 때마다 1사이클을 완성한다. 그러므로 크랭크축이 2회전 즉, 720°회전하게 되면 4사이클이 완료된다. 점화 순서는 크랭크 핀의 위치, 기관의 내구성, 혼합기의 분배, 기관의 회전이 원활하게 이루어지도록 1번 실린더를 첫 번째로 하여 점화순서를 정하게 된다. 따라서 점화 순서는 다음과 같은 조건이 만족되어야 한다.

(1) 착화시기 고려사항

① 항상 1번 실린더를 착화순서 1번으로 한다.

② 연소가 동일한 간격으로 일어나게 한다.

③ 인접한 실린더에 연이어 점화가 일어나지 않도록 한다.

④ 크랭크축에 가능한 비틀림 진동이 일어나지 않도록 한다.

⑤ 각 실린더에 혼합기 분배가 균일하게 배분되도록 한다.

(2) 디젤엔진의 착화순서

다실린더 4사이클 디젤엔진의 착화순서는 직렬형 엔진의 경우는 표 4-1과 같은 것이 일반적이고 실린더의 배치, V형 엔진의 좌, 우뱅크 등의 결정방법은 각 메이커에 따라 다르다.

표 4-1 다실린더 엔진 착화순서의 예

실린더수	착화순서
직렬 4실린더 엔진	1-3-4-2
직렬 5실린더 엔진	1-2-4-5-3
직렬 6실린더 엔진	1-5-3-6-2-4 또는 1-4-2-6-3-5
V8 실린더 엔진	1-8-4-2-7-3-6-5

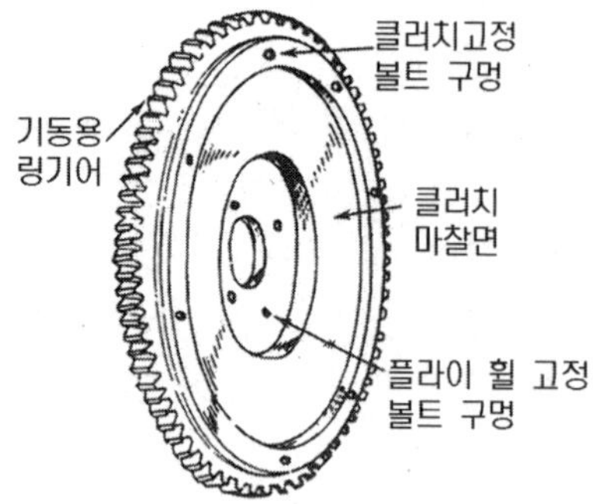

그림 4-39 플라이 휠 구조

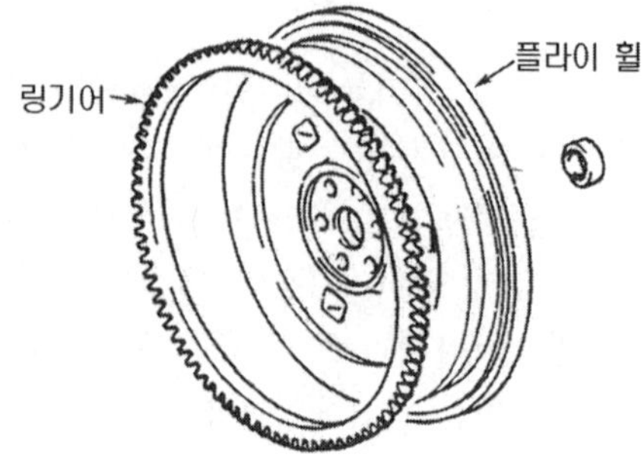

그림 4-40 플라이 휠과 링기어

4.2.7 플라이 휠 (fly wheel)

엔진에서는 동력행정만이 출력행정이고 흡입, 압축, 배기행정은 출력감소가 된다. 따라서 회전력도 동력행정에서 크고, 점차로 작아져서 엔진 회전속도도 변동됨으로 이것을 막기 위하여 플라이 휠을 설치한다. 플라이 휠은 엔진의 맥동적인 회전을 플라이 휠의 관성력을 이용하여 원활한 회전을 바꿔준다.

플라이 휠의 구조는 회전 중에 관성이 크고 중량을 가볍게 하기 위하여 중심부는 얇고 주위는 두꺼운 주철로 만든 원판으로 되어 있다.

4.2.8 엔진 베어링(engine bearing)

1) 기능

피스톤과 커넥팅 로드, 커넥팅 로드와 크랭크 핀 및 크랭크축 메인 저널 사이에는 관계운동을 하므로 이런 곳에는 베어링을 설치하여 부품을 지지하고 섭동 회전시켜 마찰을 감소하기 위하여 사용된다.

베어링은 그 표면에 적당한 유막을 만들어 동력 행정에서 회전부분이 받는 큰 하중이나 충격을 흡수하고, 또 크랭크축의 회전으로 생기는 고체 마찰을 유체 마찰(유체윤활)로 바꾸어 늘어 붙는 것을 방지하며 접촉면의 마모나 출력의 손실을 적게 한다. 크랭크축의 저널 부분이나 크랭크 핀 부분에 사용하는 베어링은 일반적으로 분할형을 쓰고, 캠축 저널 부분 및 카운터 밸런스 샤프트의 베어링은 원통형의 삽입식 미끄럼형 베어링을 사용한다.

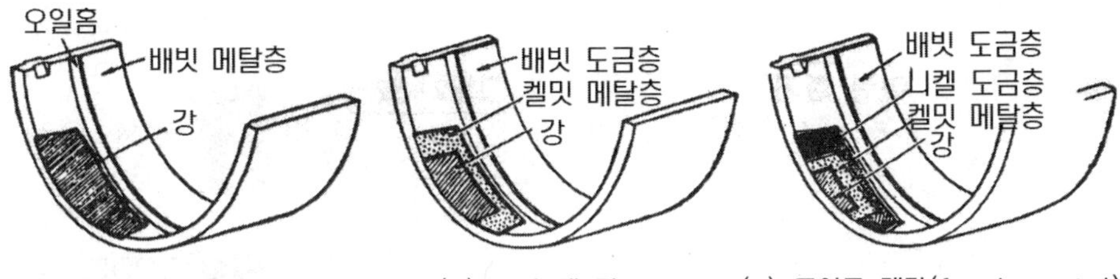

(a) 베빗 메탈 (b) 트리 메 탈 (c) 포어드 메탈(fouth metal)
그림 4-41 베어링의 재질과 종류

2) 베어링의 재질

베어링의 재질에는 구리, 납, 아연, 은, 카드늄, 알루미늄 등이 사용되며 저어널의 재질보다 융점이 낮고 연질이기 때문에 한계 윤활상태가 되었을 때에는 자체가 소모되어 저어널의 마멸을 방지한다. 그림 4-41은 알루미늄 등의 합금인 배빗 메탈, 포어드 메탈, 알루미늄 합금, 트리 베탈 등을 보여준다.

3) 베어링의 구조

엔진베어링은 강이나 동합금의 셀에 베어링 합금을 녹여 붙인 다음 소정의 치수로 만들었으며 전체 두께는 1~3 mm이고 베어링 돌기와 오일 홀 및 오일홈이 설치되어 있다.

(1) 베어링 돌기

베어링 하우징에서 축방향이나 회전방향으로 요동하는 것을 방지하며 하우징의 홈에 끼워진다. (그림 4-42)

(2) 오일 홈과 오일 홀

오일 홀은 베어링 하우징이나 베어링 저널에 오일구멍과 일치되어 오일을 베어링 홈에 받아들이는 공급 통로이다. 오일 홈은 공급된 오일을 베어링의 전둘레에 분배하는 곳이다.

(3) 베어링 크러시(bearing crush)

베어링 조립시 베어링이 밀착이 잘되고 열전도를 좋게 하기 위해서 베어링의 바깥 둘레와의 차이를 베어링 크러시라 한다. 베어링 크러시는 보통 0.025~0.075 mm이다.

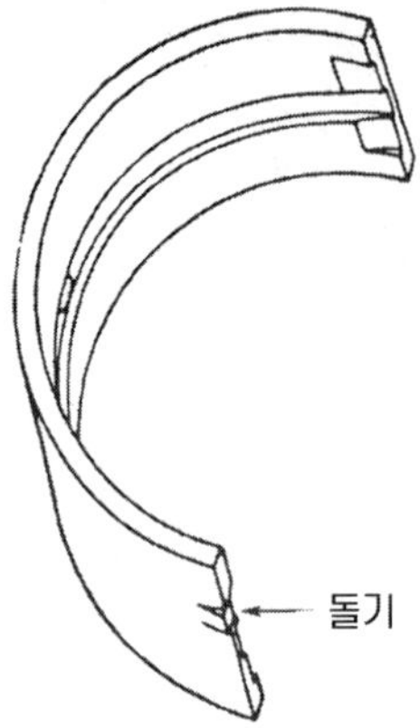

그림 4-42 베어링 돌기

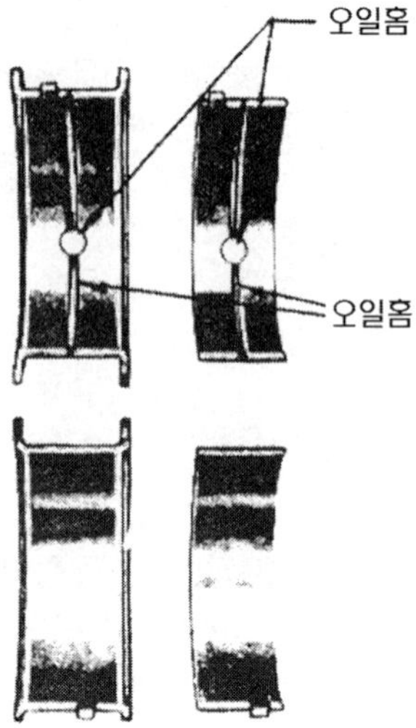

그림 4-43 오일 홀과 홈

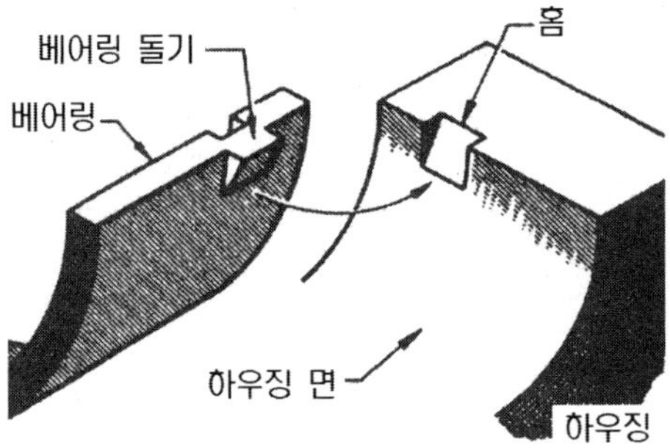

그림 4-44 돌기와 홈

크러시가 작으면 기관의 작동 온도 변화에 의하여 헐겁게 되므로 베어링이 하우징에서 움직이게 되며, 크러시가 크면 조립시 베어링 안쪽면으로 변형되어 찌그러진다.

(4) 베어링 스프레드 (bearing spread)

베어링 조립시에 작은 힘으로 눌러 끼워도 하우징에 밀착되고 크러시에 의해서 압축됨에 따라 안쪽으로 찌그러짐을 방지하기 위해 하우징의 내경보다 베어링의 외경을 크게 한다. 즉 베어링 하우징의 내경과 베어링을 하우징에 끼우지 않았을 때의 베어링

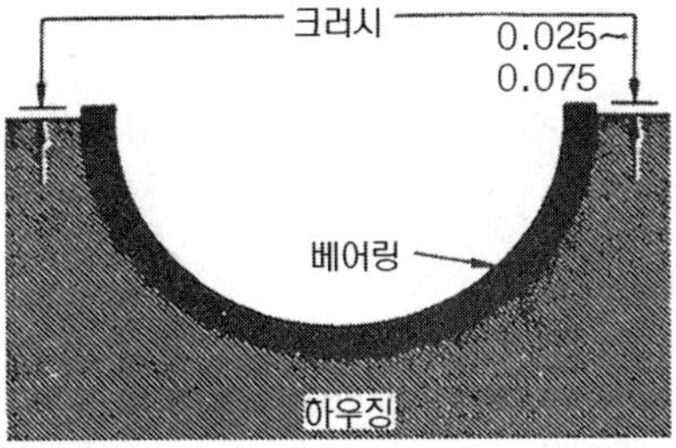

그림 4-45 베어링 크러시

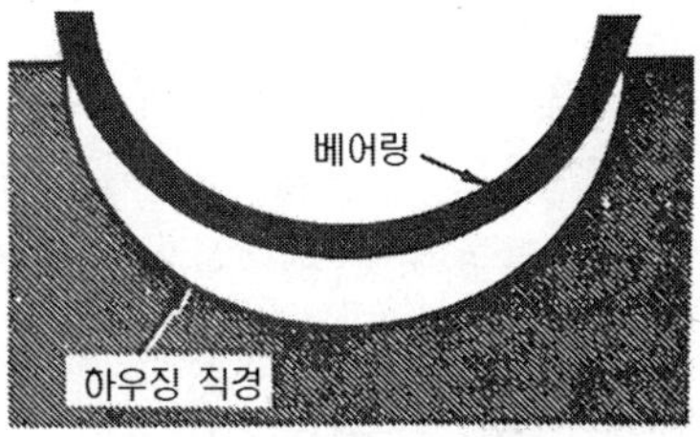

그림 4-46 베어링 스프레드

외경과의 차이를 스프레드라 하며 0.125~0.5 mm이다. 스프레드를 두면 하우징을 조립할 때에 베어링을 캡에 끼운 상태로 작업하기가 편리하다.

(5) 베어링 두께

베어링의 두께는 반원의 중앙부 두께로 표시하며 베어링의 양끝 부분의 두께는 중앙부보다 조금 얇게 되어 있다.

① 조립하기 쉽게 한다.

조립시에는 크러시 때문에 양 끝부분이 변형되어 조립하기가 어렵기 때문에 미리 변형량 만큼 얇게 하여 변형이 되어도 오일간극에는 영향을 받지 않는다.

② 유막을 갈라지는 것을 방지한다.

운전중 하중이 상하방면으로 집중 작용하면 유막이 일시적으로 갈라지기 때문에 이 부분의 오일간극을 수평방향으로 크게 해두면 변형이 생겨도 오일 간극을 유지할 수 있다.

(6) 메탈층의 두께

메탈층의 두께는 보통 0.1~0.3 mm 정도로 하는데 베어링의 메탈층이 너무 얇으면 이물질을 베어링 자체에 흡수시키는 매입성의 불량으로 오일과 함께 순환되는 먼지, 금속 분말, 카본 등에 의해서 저널이나 베어링 표면에 긁힘이 발생된다.

또한 베어링 메탈층의 두께가 너무 두꺼우면 저널에 의한 베어링의 길들임성 및 이물질을 베어링 자체에 흡수시키는 매입성은 향상되지만 반복되는 하중에 의해서 균열이나 변형을 방지하는 내피로성이 저하된다

(7) 스러스트 베어링 (thrust bearing)

스러스트 베어링은 크랭크축을 지지하는 중앙 부분의 상하 메인 베어링 또는 뒤쪽 끝상하 메인 베어링 측면에 설치되어 축 방향의 하중을 받는 베어링으로서 축 방향 움직임을 방지하는 역할을 한다.

4) 베어링의 윤활간극

엔진에 사용되는 베어링에는 오일 펌프에서 공급되는 오일이 실린더블록에 설치되어 있는 오일 통로를 통하여 공급되면 베어링 표면에 설치되어 있는 오일 홈에 의해서 둘레 방향으로 이동하여 저널과 베어링 표면에 윤활되어 유막을 형성하고 있으므로 금속간에 마찰을 방지하고 동시에 마찰부에서 발생된 마찰열을 흡수하여 베어링의 냉각 작용도 한다.

윤활 작용이 완료된 오일은 베어링 측면으로 흘러나와 오일팬으로 되돌아간다. 따라서 베어링과 저널 사이에는 유막을 항상 형성할 수 있도록 저널의 외경보다 베어링 내경을 조금 크게하여 윤활 간극을 유지할 수 있도록 하여야 한다.

윤활 간극은 보통 0.038~0.1 mm 정도이며, 간극이 크면 오일 유출량이 증가되며 유압이 저하되고 또한 과대한 오일량이 실린더벽에 뿌려져 연소실에 유입되어 연소하기 때문에 윤활유 소비증대의 원인이 되기도 한다. 간극이 적으면 충분한 유막이 형성되지 못하여 금속의 접촉으로 소결 현상이 발생한다.

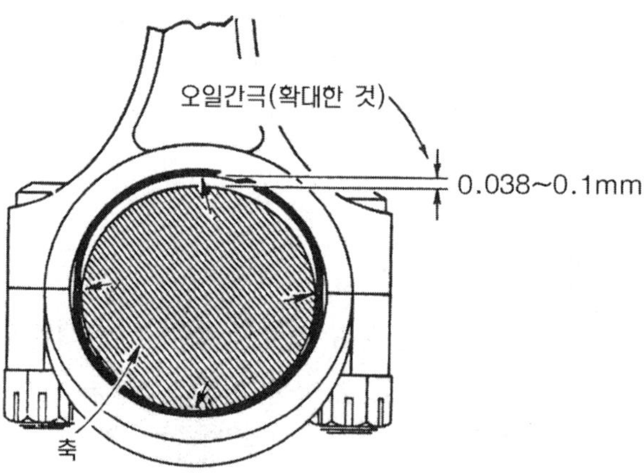

그림 4-47 윤활간극

5) 베어링의 필수조건

① 작동 온도에도 하중 부담 능력이 있을 것

② 반복 하중에 견딜 수 있는 내피로성일 것

③ 이물질을 자체에 흡수하는 매입성일 것

④ 축의 얼라인먼트에 변화될 수 있는 금속적인 추종 유동성일 것 - 베어링 재질에 유동성이 있으면 과부하 부분이 경부하 쪽으로 흘러 균일한 부하상태가 되도록 한다.

⑤ 산화에 대한 저항할 수 있는 내식성일 것

⑥ 열전도성이 우수하고 셀에 융착성이 좋을 것

⑦ 고온에서 강도가 저하되지 않는 내마멸성 일 것

4.3 밸브 및 밸브기구

4.3.1 밸브기구(valve train)

밸브기구는 밸브, 캠축, 밸브 리프터, 로커암 어셈블리로 구성되어 있다. 밸브의 역할은 4사이클의 작동 중 흡입 및 배기 행정에서만 열려서 연소실과 실린더 내의 가스교환을 행하는 것이다. 밸브를 눌러서 열리게 하는 장치는 크랭크축의 회전을 타이밍체인 또는 벨트와 푸시로드 등에 전달하여 이것을 캠에 의해 움직이고 있다.

단, 밸브를 여는 것은 흡입, 압축, 폭발, 배기의 4행정 중 흡입과 배기의 2행정뿐이므로 밸브를 누르는 캠축의 회전을 크랭크축 회전의 1/2로 하지 않으면 안되고, 그 때문에 스포로킷(sprocket) 또는 기어의 직경을 2:1로 하여 타이밍을 맞춘다.

밸브는 설치위치와 연소실의 형상에 따라서 오버헤드 캠축 밸브기구(OHC : over head cam shaft valve train), 오버헤드 밸브기구(OHV : over head valve train), 사이드 밸브 기구(SV : side valve train)로 구분된다.

1) 오버헤드 캠축 밸브 기구(OHC : over head cam shaft valve train)

캠축을 실린더헤드 위에 설치하고 캠에 의해 직접 밸브를 개폐하는 직접구동방식과 캠을 통한 로커암이나 스윙암을 통해서 구동하는 간접구동방식이 있다.

크로스 플로(cross flow)와 턴 플로(turn flow)

크로스 플로형은 밸브가 서로 반대편에 서 있는 것으로 흡배기가스의 흐름을 빨리 하려는 목적으로 고속회전에 유리하다. 주로 반구형 연소실에 많이 사용 된다.
턴 플로형은 밸브가 옆으로 늘어서 있는 것으로 주로 쐐기형 연소실에 사용되 어 와류를 일으키는 것에 유리하고, 가스의 흐름이 U턴하므로 이 명칭이 쓰여진다.

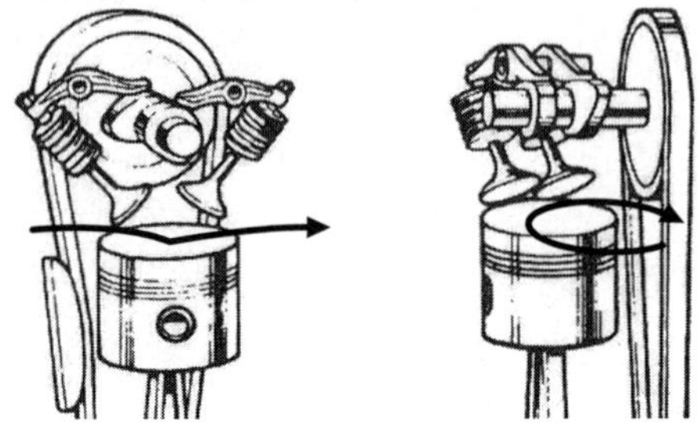

(a) 크로스 폴로 (b) 턴 폴로

그림 4-48 크로스플로와 턴플로

2) 오버헤드 밸브기구(OHV : over head valve train)

오버헤드 밸브 기구는 캠축이 실린더블록에 설치되어 있고, 흡입 밸브 및 배기 밸브는 실린더헤드에 설치하여 캠축에 의하여 밸브 리프터, 푸시로드를 왕복운동으로 바꾸어 푸시로드는 로커암의 한쪽 끝을 위로 올려 밸브를 개폐한다. 밸브의 간극은 로커암과 밸브 스템 끝 사이에 설정한다.

이 형식은 흡·배기의 흐름에 저항이 작고, 밸브의 크기와 양정을 크게 할 수 있어 흡·배기 효율이 좋다. 또한 연소실을 간단한 형상으로 할 수 있기 때문에 고압축비가 얻어지며, 열효율을 높일 수 있다. 그러나 밸브 기구가 복잡하고 소음 및 운동 부분의 관성력이 크다.

3) 사이드 밸브 기구(SV : side valve train)

사이드 밸브식은 그림 4-51과 같이 흡·배기 밸브가 실린더와 평행하게 늘어서 있는 형식이 이 밸브 시스템으로서는 가장 간단한 구조로써, 엔진 자체의 전고(全高)를 낮게 할 수 있으며. OHV와 같이 밸브의 간극 조정의 문제도 없다. 그러나 근본적인 결함으로써 연소실의 모양이 밸브부분만큼 옆으로 넓어지기 때문에 열효율도 나쁘므로 저속엔진용이다. 현재는 거의 사용하지 않는다.

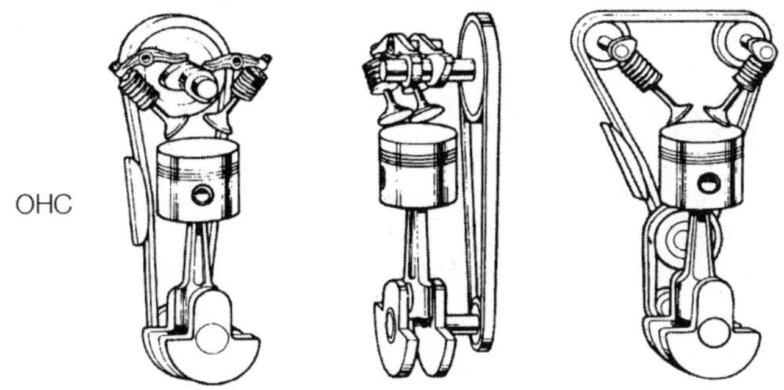

(a) SOHC 크로스 폴로형 (b) SOHC턴 폴로형 (C) DOHC 크로스 폴로형

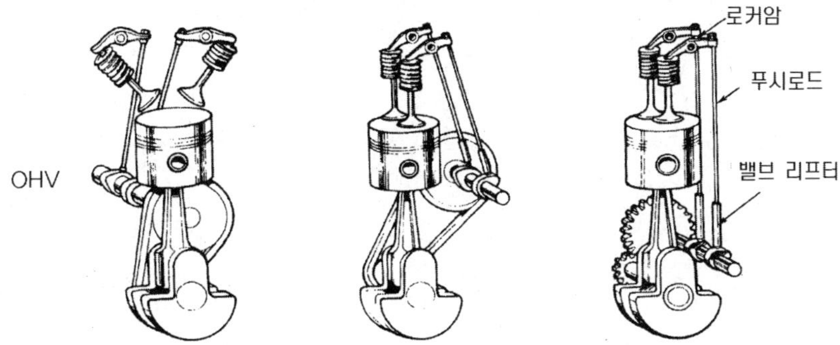

(a) OHV하이 캠 크로스 플로형 (b) OHV하이캠 턴 플로형 (c) OHV

그림 4-49 OHC와 OHV 기구

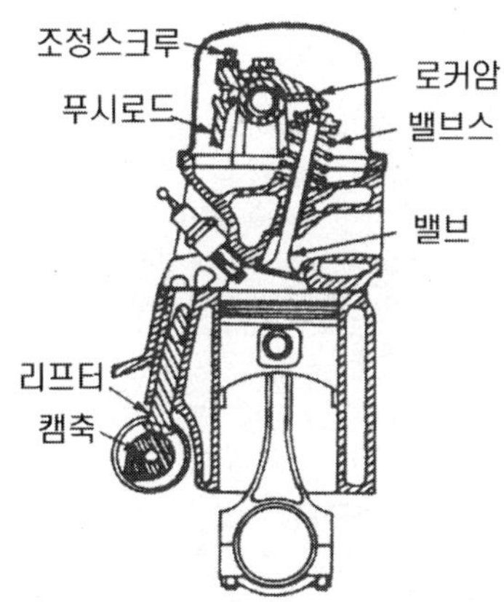

그림 4-50 오브헤드 밸브기관

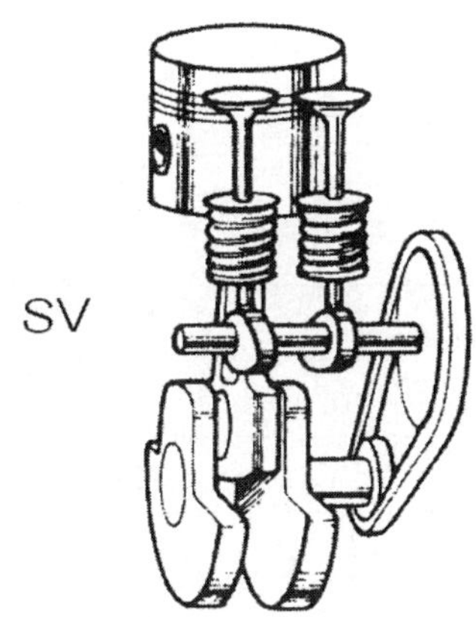

그림 4-51 SV그림

4.3.2 캠축과 캠

1) 캠축(camshaft)

캠축은 크랭크축에서 전달되는 동력을 이용하여 밸브의 개폐 및 배전기, 연료 펌프, 오일 펌프 등을 구동하는 역할을 한다.

캠축에는 밸브를 개폐시키는 캠이 밸브의 수와 동일하게 설치되어 있고 배전기 및 오일 펌프를 구동시키기 위한 헬리컬 기어가 설치되어 있으며 연료 펌프를 구동시키기 위한 편심륜이 설치되어 있다. 또한 캠축은 3~7개의 베어링으로 지지되어 있으며, 앞부분에 크랭크축에서 전달되는 동력을 받기 위한 스프로킷이나. 헬리컬 기어가 설치되어 있다.

캠의 표면 곡선은 극히 조금만 변화되어도 밸브의 개폐시기 및 밸브의 양정이 변화되어 기관의 성능에 크게 영향을 미친다. 따라서 그 재질은 장시간 사용하여도 캠의 표면의 마멸이나 축의 휩이 작은 것이어야 한다. 일반적으로 내마멸성이 큰 주철을 사용하고 캠의 표면만을 경화하고 있다. 또 저 탄소강을 침탄한 것, 중탄소강을 화염 또는 고주파 담금질한 것을 사용하기도 한다.

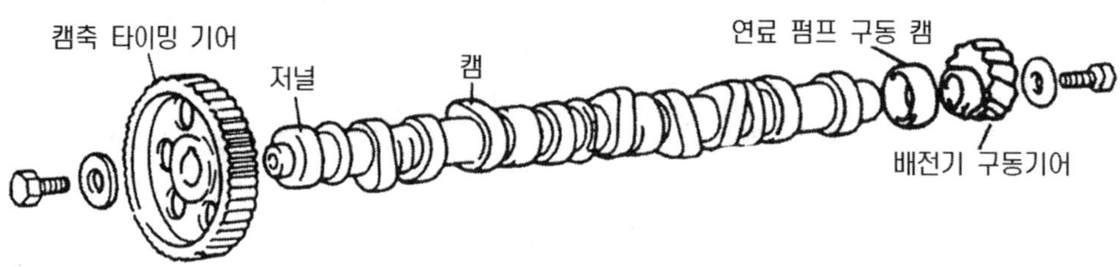

그림 4-52 캠 축

표 4-2 캠의 구성과 기능

캠의 구성	기 능
베이스 서어클(base circle)	기초원
노우스 (nose)	밸브가 완전히 열리는 점
플랭크 (flank)	밸브 리프터 또는 로커암과 접촉되는 부분
로브 (love)	밸브가 열려서 닫힐 때 까지의 거리, 즉 둥근 돌출차
양정 (lift)	기초원과 노스 원과의 거리

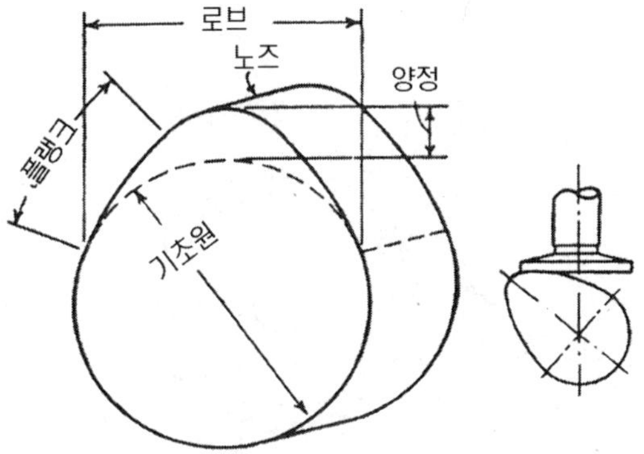

그림 4-53 캠 (볼록캠)

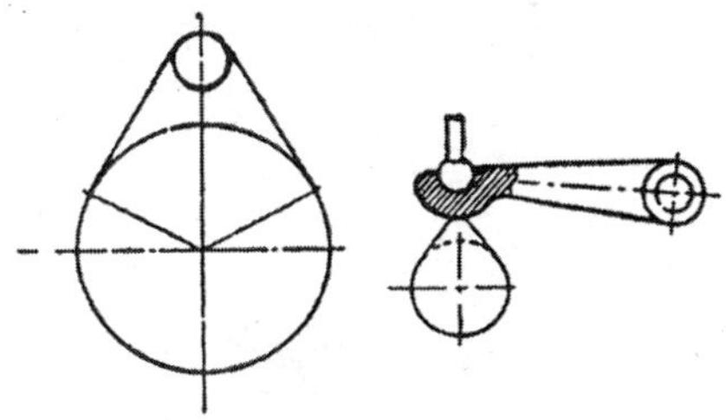
그림 4-54 접선 캠

2) 캠의 구성

캠의 구성은 아래와 같다. 캠의 리프트(양정) 크기는 일반적으로 OHC형인 경우는 6.5~8.5 mm이고 OHV형인 경우는 6.1~6.5 mm이다.

3) 캠의 형상

캠은 밸브 리프터나 로커암에 의해 직접 접촉되기 때문에 마찰과 마멸을 적게 하기 위하여 접촉면의 하나는 반드시 원호형으로 하고 있으며 밸브의 운동상태, 열리는 시간, 밸브의 양정은 캠의 형상에 따라 정해진다.

(1) 접선 캠

플랭크가 기초원과 노스원의 접선으로 된 것이다. 캠의 플랭크 면은 평면이기 때문에 제작이 쉬우나 밸브의 개폐가 급격히 이루어지기 때문에 닫힐 때에는 밸브운동이 캠을 따라가지 못하게 된다. 그러므로 밸브 스프링의 장력이 큰 것을 사용하여야 하며, 스프링의 장력을 크게 하면 밸브 시트에 큰 충격을 준다. 그렇기 때문에 고속기관용으로서는 부적합하다.

(2) 볼록 캠

볼록 캠은 밸브 리프터나 로커암이 접촉되는 플랭크가 기초원과 노스원이 볼록하게 연결되어 있는 형상으로서 원호 캠이라고도 한다. 일반적인 자동차 및 고속용 엔진에 사용한다.

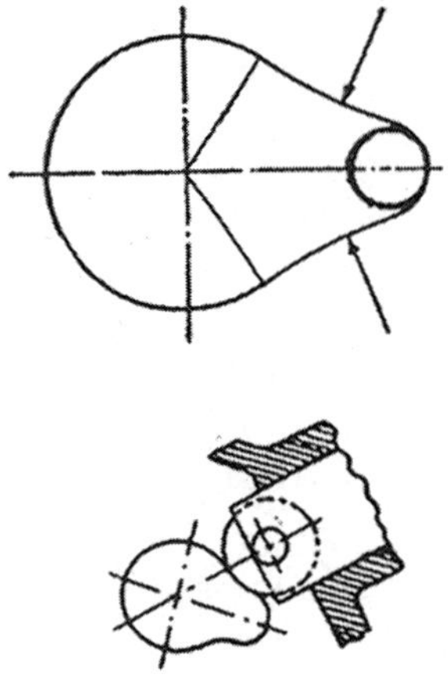

그림 4-55 오목 캠

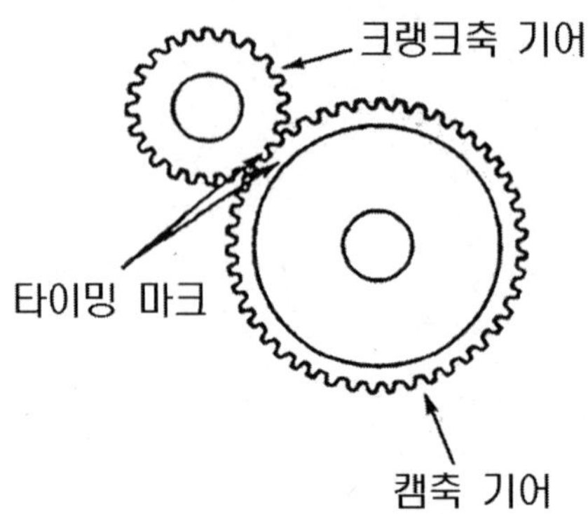

그림 4-56 기어 구동식

(3) 오목 캠

오목 캠은 플랭크가 오목하게 되어 롤러 리프터와 조합 사용하며 밸브의 가속도를 일정하게 할 수 있어 일정속도 캠(constant acceleration cam)이라고도 하며 정치용의 대형기관에 사용된다.

4) 캠축의 구동 방식

캠축의 구동방식에는 기어 구동방식, 체인 구동방식, 벨트 구동방식으로 구분된다.

(1) 기어 구동식

기어 구동식은 캠축이 실린더블록에 설치된 엔진(OHV)에서 사용되는 형식으로서 크랭크축 기어와 캠축 기어의 물림에 의해 구동되는 것이다. 캠축은 크랭크축 회전의 ½로 회전하여야 하므로 캠축 기어와 크랭크축 기어의 잇수비 2:1이다.

크랭크축 기어와 캠축 기어는 피스톤의 운동에 맞추어 밸브 개폐시기와 점화시기를 바르게 유지하기 때문에 타이밍 기어라 하며, 타이밍 기어에는 기관을 분해 조립할 때 밸브 개폐시기를 맞추는 타이밍 마크가 표시되어 있다.

(2) 체인 구동식

캠축 구동을 체인으로 하며 크랭크축과 캠축에는 스포로킷이 설치되어 있다. 체인으로서는 사일런트 체인(silent chain 혹은 tooth chain)이나 롤러 체인(roller chain)이 사용된다.

체인으로 구동하면 소음을 적게 할 수 있고 캠축의 위치도 임의로 정할 수 있다. 또 전달효율도 높다. 그러나 사용 중 체인이 늘어나서 헐거워지기 때문에 밸브 개폐시기가 바르지 않게 되는 결점이 있다. 최근에는 이 헐거움을 자동적으로 조정하는 텐셔너(tensioner)나 체인 진동을 방지하는 댐퍼(damper)를 두어 결점을 보완하고 있다.

(3) 벨트 구동식

이것은 체인 대신에 벨트를 사용하여 캠축을 구동하는 것이다. 현재 가솔린 기관 대부분이 벨트구동식을 사용하고 있다.

합성 고무제의 벨트에는 기어 이 모양의 돌기가 있어 구동될 때 스프로킷 홈에 벨트의 돌기가 맞물려 회전한다. 벨트 구동식에 사용되는 벨트의 장력을 조정하는 텐셔너와 아이들러가 설치되어 밸브 개폐시기가 틀려지지 않도록 한다. 벨트 구동식은 체인식에 비해 정숙하고 경량이나 기름이나 물의 부착에 약하며, 이물질의 끼어들거나 열적 해에 충분히 주의를 한 설계가 필요하다.

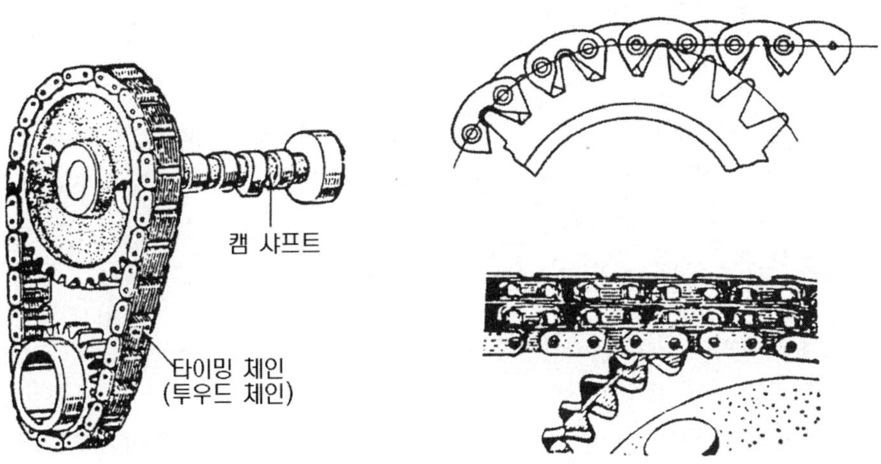

그림 4-57 체인구동식

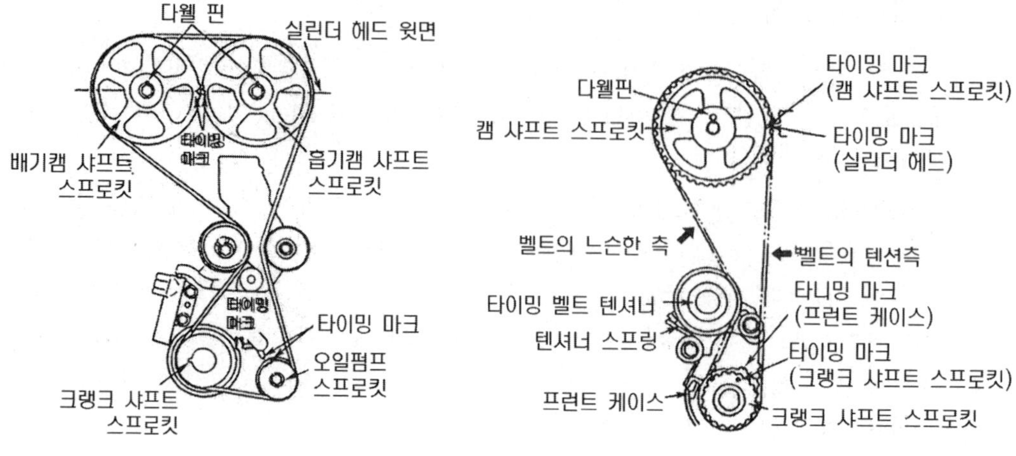

그림 4-58 벨트구동 방식

- 캠축을 사용하는 체인은 타이밍 기어와 마찬가지루 타이밍 체인이라고도 한다.
- 사일런트 체인은 체인의 마디가 기어의 이 모양으로 되어있기 때문에 투스체 인(toothed chain)이라고도 부르며 이 이가 스포로깃의 이를 물고 돌아가기 때문에 소음이 발생하지 않는다.

4.3.3 밸브 리프터(valve lifter)

밸브 리프터는 OHV식 엔진에서 캠의 회전 운동을 상하 직선 운동으로 변환시켜 밸브 또는 푸시로드에 전달하는 역할을 한다. 밸브 리프터에는 기계식 리프터와 윤활장치의 오일 펌프에서 전달되는 유압에 의하여 작동하는 유압식 리프터가 있다.

1) 기계식 리프터(mechanical type lifter)

기계식 리프터는 OHV 기관이나 SV 기관에서 사용되며, 밸브 리프터와 캠이 접촉되는 면의 형상에 따라서 볼록면 리프터, 평면 리프터, 롤러 리프터로 구분된다.

기관의 밸브장치에는 대부분 평면 리프터가 사용되고 디젤 기관의 독립식 분배 펌프에는 롤러 리프터가 사용된다. OHV 기관에 사용되는 밸브 리프터는 원통형으로 내면에 푸시로드와 접촉부분은 오목하다.

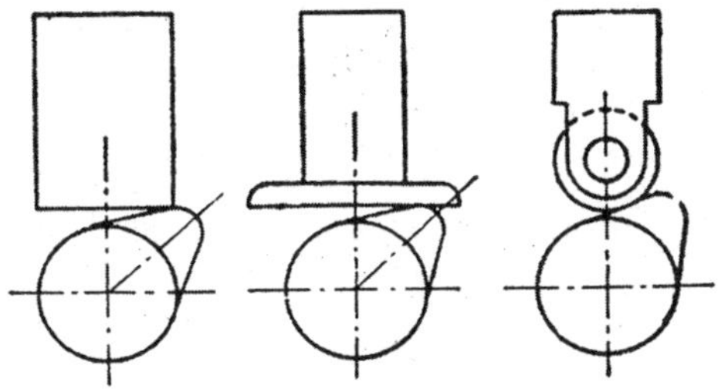

(a) 평면형 (b)플렌지형 (c) 롤러형

그림 4-59 캠과 기계식 리프트 형상

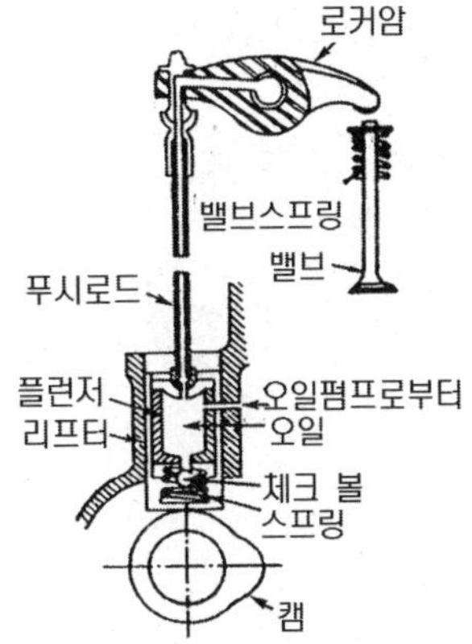

그림 4-60 유압식 밸브 리프터

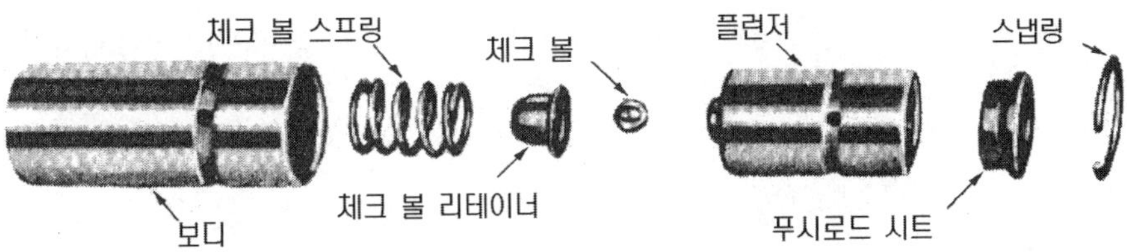

그림 4-61 유압식 밸브 리프터의 분해도

기관의 작동 중에 밸브 리프터의 밑면이 편마모 되는 것을 방지하기 위하여 밸브 리프터의 중심과 캠의 중심선을 오프셋시켜 접촉되도록 하고 있으며, 작동 중에 밸브 리프터가 회전하기 때문에 접촉 부분이 계속해서 바꾸어진다. 기계식 리프터를 사용하는 기관에서는 열팽창을 고려하여 밸브 간극을 두어야 한다.

2) 유압식 리프터(hydraulic type lifter)

유압식 밸브 리프터는 오일의 압력을 이용하여 밸브 간극을 항상 없도록 하여 밸브 개폐 시기를 정확하게 유지시키는 역할을 한다.

이것은 보디(body). 체크 볼 리테이너(check ball retainer), 체크 볼(check ball), 체크 볼 스프링(check ball spring), 플런저(plunger), 플런저 스프링(plunger spring), 푸시로드 시트(push rod seat), 스냅 링(snap ring) 등으로 구성되어 보디내에서 플런저의 신축작용으로 냉간시나 온간시 모두 밸브간극을 항상 없도록 자동 조절한다. 유압식 밸브리프터의 구조는 그림 4-61 와 같다.

4.3.4 푸시로드(push rod)

푸시로드는 OHV 기관에서 사용되는 부품으로서 로커암과 밸브 리프터를 연결하는 긴 막대로 밸브 리프터의 상하 운동을 로커 암에 전달하는 역할을 하고 주로 디젤 기관에 이용된다. 푸시 로드는 밸브 스프링의 장력과 운동 부분의 관성이 압축력으로서 단속적으로 가해지므로 강성이 있어야 하며, 관성력의 증대를 방지하기 위하여 내부는 중공(中空)으로 되어 있다.

4.3.5 로커암 축 어셈블리(rocker arm shaft assembly)

로커암 축 어셈블리는 로커암, 스프링, 로커암 축, 서포트 등으로 구성되며 실린더헤드에 설치한다. 로커암은 캠의 회전에 따라 벨브 스템 엔드(vale stem end)를 눌러 밸브를 개폐시켜 준다.

4.3.6 밸브(valve)

밸브는 공기 또는 혼합기를 실린더에 유입하거나 연소 가스를 대기중에 배출하는 동시에 압축 및 동력 행정에서는 밸브 시트에 밀착되어 가스의 누출을 방지하는 역할을 한다.

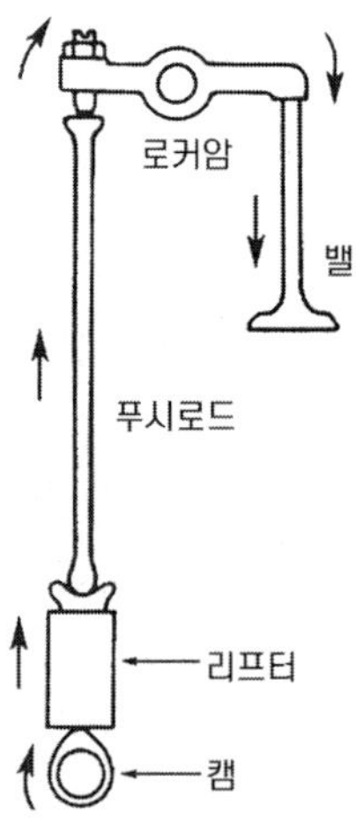

그림 4-62
푸시로드의 작용

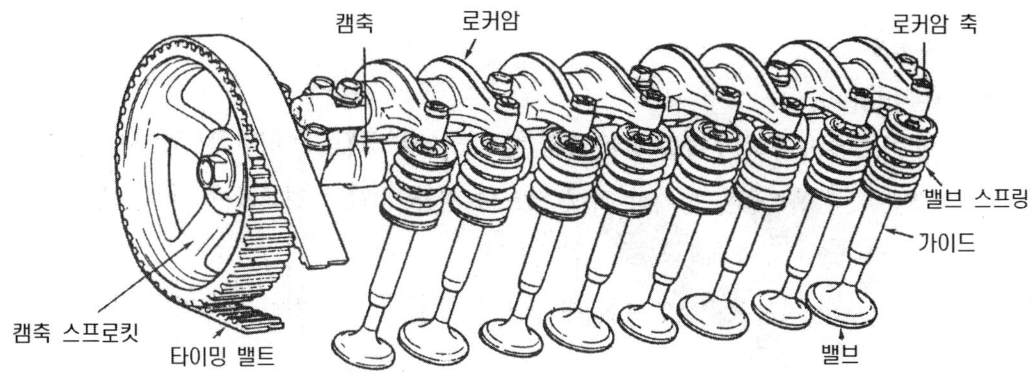

그림 4-63 로커암 어셈블리와 밸브

밸브가 열릴 때에는 캠 등 밸브 기구에 의해서 이루어지고 닫힐 때에는 스프링의 장력에 의해서 이루어진다. 밸브는 밸브 헤드, 마진, 밸브 페이스, 스템, 스템 엔드 등으로 구성되어 있다.

1) 밸브의 주요부

(1) 밸브 헤드(valve head)

고온 고압 가스에 노출되어 작동 중에 흡입 밸브는 450~500℃, 배기 밸브는 700~800℃이며 흡입밸브는 흡입효율을 높이기 위해 밸브의 지름이 배기밸브보다 크게 하고 배기밸브는 열손실을 줄이기 위해 지름을 작게 한다.

보통 밸브 헤드의 지름은 2밸브식일 때 실린더 지름의 48~50% 정도이고 4밸브식일 때는 실린더 지름의 35~37% 정도이다.

(2) 밸브 마진(margin)

밸브 마진은 기밀 유지를 위하여 고온과 충격에 대한 지탱력을 가져야 하므로 두께가 보통 1.2 mm 정도이다. 두께가 얇으면 열과 압력에 의하여 시트에 접촉되었을 때 마진이 변형되기 때문에 기밀 유지가 어렵게 된다. 또한 마진의 두께는 밸브 페이스와 시트의 접촉이 불량하면 연마하여 수정하기 때문에 얇아지므로 0.8㎜ 이하일 때는 교환한다.

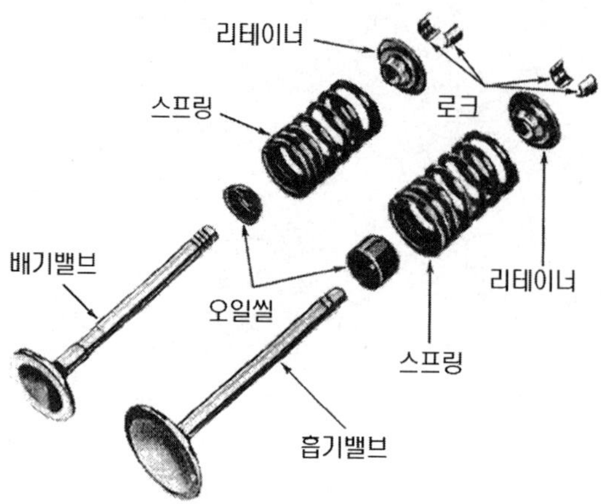

그림 4-64 밸브와 부속기구

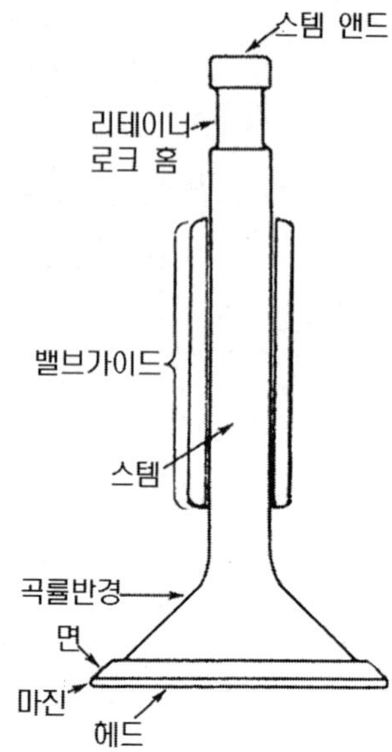

그림 4-65 밸브의 구조

(3) 밸브 페이스 (valve face)

밸브 페이스는 밸브 시트에 밀착되어 혼합가스의 누출을 방지하는 기밀작용과 밸브헤드의 열을 시트에 전달하는 냉각작용을 한다. 따라서 페이스와 시트의 접촉 폭은 1.5~2.0 mm 이며, 접촉 폭이 넓으면 열의 전달 면적이 크기 때문에 냉각작용은 양호하지만 접촉 압력이 분산되어 기밀 유지가 불량하다.

접촉 폭이 좁으면 열전달 면적이 적기 때문에 냉각은 불량하나 접촉 압력이 집중되기 때문에 기밀 유지는 양호하다.

밸브 면과 수평선이 이루는 각을 밸브 면각이라 하며 30°, 45°, 60°의 것이 있으나 시트와 밀착이 좋고 열전도가 양호하기 때문에 45° 의 면각이 많이 쓰인다. 또한 밸브 헤드의 열을 75% 냉각한다.

(4) 밸브 스템

밸브 가이드에 끼워져 밸브의 상하 운동을 보호 지지하며 헤드부의 열을 가이드를 통해 25% 냉각하므로 밸브 스템의 지름은 밸브 지름의 0.2~0.28정도이다.

배기밸브는 배기가스의 압력 및 온도가 높기 때문에 열의 전달 면적을 크게 하기 위하여 흡입밸브 스템의 지름보다 크다. 흡입밸브 스템은 흡입되는 가스로 냉각되고 가스의 유동저항을 작게 하기 위해 지름이 작은 것이 좋다.

(5) 밸브 스템 엔드

밸브 스템 엔드는 캠이나 로커암과 충격적으로 접촉되는 부분으로서 밸브의 열팽창을 고려하여 밸브 간극이 설정된다.

2) 밸브의 구비 조건

밸브는 실린더헤드의 연소실에 설치되어 높은 연소 열과 폭발 압력을 받기 때문에 다음과 같은 구비 조건을 갖추어야 한다.

① 고온 고압에 충분히 견딜 수 있는 강도가 있어야 한다.

② 혼합기에 이상 연소가 발생되지 않도록 열전도가 양호하여야 한다.

③ 혼합기나 연소 가스에 접촉되어도 부식되지 않아야 한다.

④ 관성력이 증대되는 것을 방지하기 위하여 가능한 가벼워야 한다.

⑤ 충격과 항장력에 잘 견디고 내구력이 있어야 한다.

3) 밸브 시트(valve seat)

밸브 시트는 밸브 페이스와 접촉되어 연소실의 기밀 작용과 연소시에 받는 밸브 헤드의 열을 실린더헤드에 전달하는 작용을 한다.

밸브 시트의 각은 30°, 45° 60°의 것이 있으며 시트의 폭은 1.4~2.0 mm 정도로서 배기밸브의 시트 폭이 밸브 냉각을 위하여 조금 크게 되어 있다. 또, 작동 중에 열팽창을 고려하여 밸브 페이스와 밸브 시트 사이에 ¼~1°정도의 간섭각을 두고 있다. 밸브의 간섭각을 두는 이유는 작동 중에 마진보다 페이스 부분이 열팽창이 크기 때문에 기관이 정상적인 작동 온도에 이르면 밸브 시트와 페이스의 밀착이 원활하게 이루어지도록 하기 위함이다. 시트의 폭은 1.4~2.0 mm정도로서 배기밸브의 시트 폭이 밸브 냉각을 위하여 조금 크게 되어 있다.

4) 밸브 가이드(valve guide)

밸브 가이드는 밸브의 밀착이 바르게 되도록 밸브 스템을 안내하는 것이다. 밸브 가이드와 스템의 간극은 보통 0.015~0.070 mm정도로서 간극이 크면 윤활유가 연소실에 유입되고 밸브 페이스와 밸브 시트의 접촉이 불량하여 블로 백 현상이 발생된다.

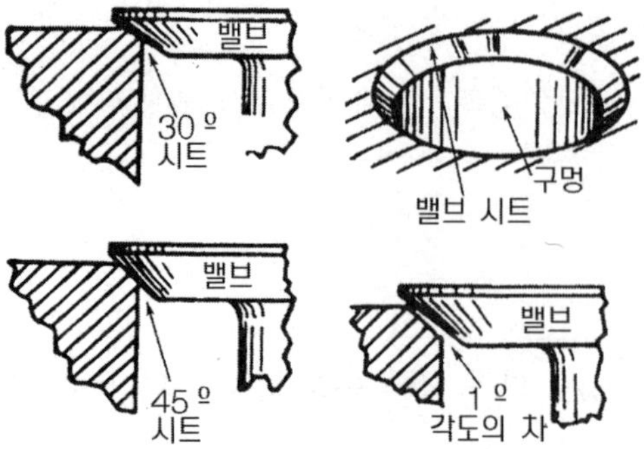

그림 4-66 밸브 시트

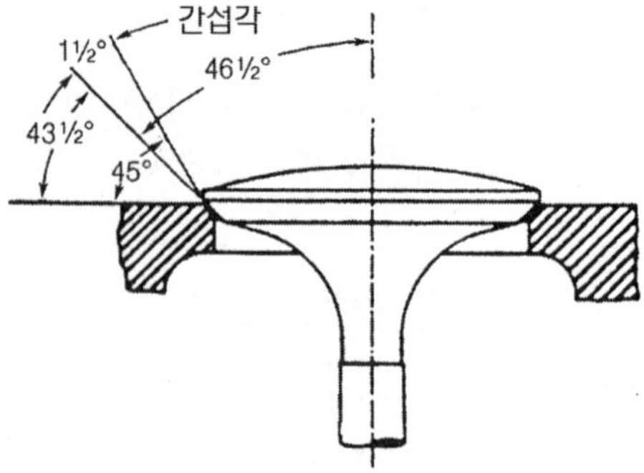

그림 4-67 간섭각

밸브 가이드 끝 부분에는 밸브 스템을 통하여 오일이 연소실에 유입되는 것을 방지하기 위하여 고무제의 실(seal)이 설치되어 있다. 밸브 가이드는 직접식과 교환식이 있다.

5) 밸브 스프링(valve spring)

밸브가 닫혀 있는 동안 시트에 밀착되어 기밀을 유지하고 캠의 형상대로 확실하게 작동되도록 하며 스프링의 양부는 엔진의 출력과 관계 있다. 밸브 스프링은 고유진동인 서어징(surging)을 일으키지 않도록 하여야 한다.

밸브 스프링은 스프링 강을 원형으로 감은 코일형을 사용하며, 가혹한 조건에서 사용되기 때문에 탄성이 풍부한 니켈, 규소-크롬강이 사용된다.

6) 밸브 스프링 리테이너(valve spring retainer) 및 리테이너 로크(retainer lock)

밸브 스프링은 실린더헤드와 리테이너 사이에 끼워지고 리테이너 로크는 밸브 스템과 리테이너 사이에 끼워 밸브 스템에 고정한다. 밸브와 밸브스프링을 고정하여 밸브의 작동을 확실히 하며 말굽형, 원뿔형, 핀형으로 구분한다. 원뿔형이 현재는 가장 많이 사용된다.

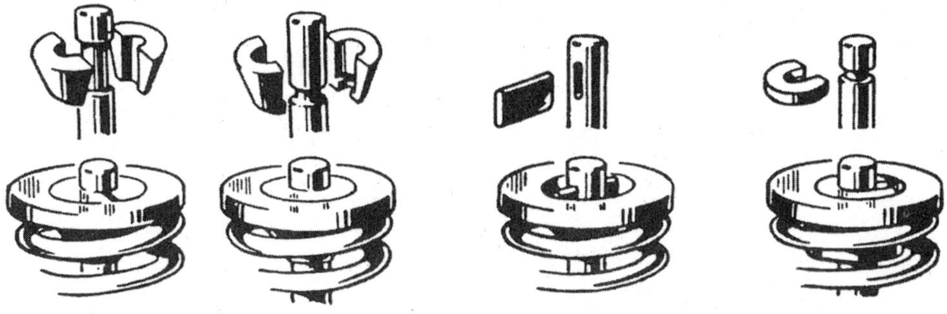

그림 4-68 밸브 리테이너 록의 종류

❖ 참고

서어징(surging)이란?
1) 캠에 의한 밸브의 개폐회수가 밸브 스프링의 고유 진동과 같거나 또는 그 정수배가 되었을 때 밸브 스프링은 캠에 의한 강제 진동과 스프링 자체의 고유 진동이 공진하여 캠에 의한 작동과 관계없이 진동이 발생되는 현상. 2) 서어징이 발생하면 밸브의 개폐가 부정확하고 스프링의 일부에 큰 압축력 과 변형이 발생되며, 이로 이하여 스프링이 절손된다. 3) 서어징을 막으려면 부등 피치의 스프링을 사용하던가, 고유 진동수가 다른 스프링을 안쪽 바깥쪽으로 한 2중 스프링을 사용하여 공진을 상쇄하고 동시에 정해진 양정 내에서 충분한 스프링정수를 얻도록 한다.

❖ 참고

밸브 스프링 점검 사항
1) 자유고 : 규정 높이의 3% 이상 감소되었을 때 는 교환한다. 2) 직각도 : 자유고 100㎜에 대하여 3㎜ 이상 변형되었을 때는 교환한다. 3) 장력 : 규정 장력의 15% 이상 감소되었을 때는 교환한다.

5 CHAPTER

디젤엔진의 연료와 연료분사장치

5.1 디젤엔진의 연료
5.2 연료분사장치의 개요
5.3 연료장치의 구성

5.1 디젤엔진의 연료

디젤기관의 연료로서는 경유와 중유가 주로 사용된다. 경유는 원유의 증류에 의해서 얻어지고, 고속디젤기관에 사용된다. 중유는 증류 잔유를 주체로 하고, 중·저속디젤 기관에 사용되는 염가의 연료이다. 디젤기관용 연료의 성질로서는 자발성에 가장 중요하다.

디젤기관에서는 고온, 고압의 공기 속에 연료를 분무로 하여 공급한다. 입자는 증기에 의해 가열되어 연료증기로 되어, 공기와 혼합하여 혼합기를 형성한다. 가연 범위에 든 혼합기는 약간의 착화지연기간을 거친 후 자발화한다. 이 착화지연은 물리적인 지연과 화학적 지연으로 구분된다. 즉, 물리적 지연은 분사된 연료분무의 미립자가 각각 압축공기에 의해 가열되어 표면으로부터 기화되면서 그 때 생성된 연료증기와 공기가 혼합하여 혼합기층이 형성되는 기간이다. 화학적 지연은 연이어서 이렇게 형성된 혼합기층 가운데에서 적정의 혼합기가 형성된 곳부터 공기 중의 산소와 연료증기의 산화반응이 진행된다. 그리고 그 반응열에 의해 온도가 상승, 자기발화가 일어나는 기간으로 이것이 불씨가 되어 그 때까지 실린더 내에 분사되었던 연료는 연쇄 반응적으로 연소하게 된다.

화학적 지연은 세탄가로 표시된다. 착화되기 쉬운 기준 연료로서 세탄을 선정하고, 그 세탄가를 100으로 한다. 착화되기 어려운 기준 연료로서 α-메틸나프탈렌을 선정하고, 그 세탄가를 0으로 한다. 중간의 세탄가를 가지는 기준 연료는 옥탄가의 경우와 마찬가지로 양자를 혼합하여 만든다. 연료시험에는 시험용 CFR 디젤기관을 사용하며, 연료의 분사시기를 일정하게 하게 착화시기가 TDC에 오도록 압축비를 조정한다. 시험 연료와 착화성이 동일하다고 평가된 기준 연료의 세탄의 체적비율(%)을 그 연료의 세탄가로 정의한다.

세탄가는 옥탄가의 역의 관계에 있다. 세탄가는 정 파라핀이 가장 높고 나프텐, 올레핀, 이소파라핀, 방향족의 순으로 낮다. 경유의 세탄가는 55이상, 중유의 세탄가는 25~40정도이다.

5.1.1 디젤엔진 연료의 성질

1) 사용연료

자동차용 고속디젤 엔진에서는 주로 경유가 사용되고, 선박용 저속 디젤엔진에서는 중유가 사용된다. 디젤연료도 원유에서 추출되는데 비등점에 따라 분류하면 가장 낮은

표 5-1 경유와 가솔린의 특징

항목	경유	가솔린
유출온도	200~350℃	30~200℃
인화점	40~100℃	-46~-35℃
착화점	약 300℃	약 500℃
증발성	증발하기 어렵다	증발하기 쉽다

*인화점-불꽃을 가까이 하였을 때 인화하는 것과 같은 가연성의 증기를 발행하는 최저온도

*착화점-불꽃을 가까이 하지 않아도 공기 중에서 자연적으로 연소하기 시작하는 온도

온도에서는 LP가스가 분류되며, 그 다음으로는 나프타, 가솔린, 등유, 경유, 중유 마지막으로 아스팔트, 코크스가 남는다.

2) 경유의 물리적 성질

① 색깔은 흑갈색이나 담황색이다.

② 비중은 0.83~0.89 정도이다

③ 인화점은 40~100℃이고 착화점은 약 300℃

④ 발열량은 10,700 kcal/kg 정도이다

⑤ 경유 1 kg을 완전연소 시키는데 필요한 공기 건조량은 14.4 kg(11.2 m^3) 이다

3) 경유의 구비조건

① 착화성이 좋은 것(착화점이 낮을 것)

② 세탄가 높고 발열량이 클 것

③ 점도가 적당하고 점도지수가 클 것

④ 황의 함유량이 적을 것

4) 디젤연료의 성질

(1) 점성

가솔린과 달리 경유는 점성이 있어서 연료계통의 플랜지나 분사노즐 등에 대해 연

료자체가 윤활작용을 한다. 디젤연료의 필요 점도는 연료라인에서의 유동성 및 연소실에 분사되었을 때의 연료의 미립화에 관점을 두었을 경우에는 작은 것이 바람직하지만, 분무의 관통력과 연료 분사펌프에서의 누출 등의 관점을 두었을 경우에는 큰 것이 바람직하다. 따라서 연료의 점도는 이들의 요구에 따라 정해지지만 실험적으로 최대 10 cSt 100°F에서 최소 2 cSt 100°F의 범위로 하고 있다.

- **점도가 크면** : 연료의 분포가 불량하여 불완전 연소에 의해 배기색이 흑색이 되며 연료소비율이 증대하고 또한 분사펌프의 출력이 증대된다.
- **점도가 작으면** : 윤활성의 저하로 분사펌프 및 노즐의 마멸이 촉진되며 단위제적당의 발열량이 감소되고, 관통력이 약해져 디젤노크를 초래할 수 있다.

(2) 착화성

착화성은 연소실내에 분사된 연료가 착화할 때까지의 시간으로 나타내며, 이 시간이 짧을수록 착화성이 좋은 연료이다. 연료의 착화성은 연소실내에 분사된 미립화된 연료가 압축된 고온의 공기로부터 열을 흡수하여 자연발화온도(착화점)에 도달하며 점도, 비중, 휘발성 등의 연료 고유의 성질에 의해 지배된다. 착화성이 나쁘면 연소실내의 분사된 연료가 미연소인체 다량으로 체류한 다음 한꺼번에 연소되므로 연소압력이 급상승한다. 이와 같은 이상연소가 운전 상태를 불안정하게 하여 소음의 증대 외에 저온 시동성 악화로 시동 후의 백연발생을 유발한다.

이 착화성을 정량적으로 표시하는 것으로 세탄가. 디젤지수 그리고 임계압축비 등이 있다.

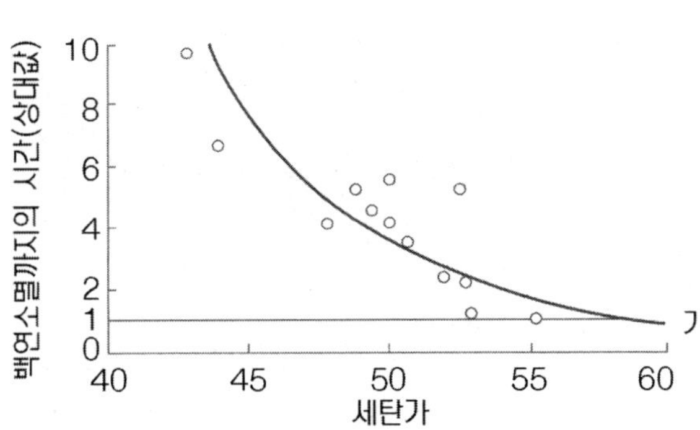

그림 5-1 세탄가와 백연발생의 관계

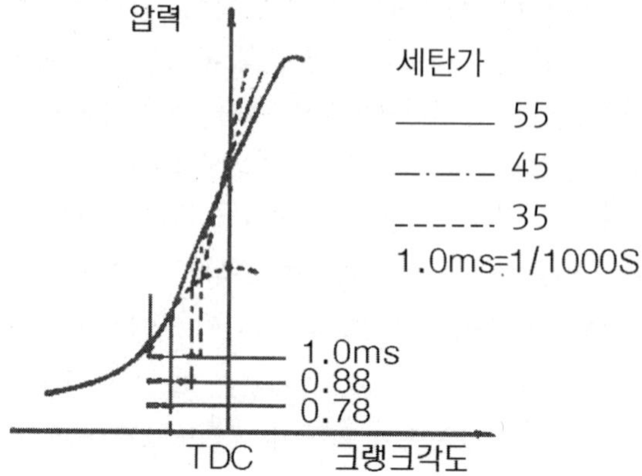

그림 5-2 세탄가와 착화지연과의 관계

① 세탄가(cetane number)

세탄가는 디젤연료의 착화성을 나타내는 수치이며, 착화성이 우수한 세탄($C_{16}H_{34}$)과 착화성이 불량한 α-메틸나프탈렌($C_{10}H_7 - \alpha - CH_3$)의 혼합액이며 세탄의 함량비율로 표시한다. 예를 들면 세탄가가 45의 연료는 세탄 45%, α-메틸나프탈렌 55%로 이루어진 혼합액과 같은 착화성을 가진다는 것을 의미한다.

$$\text{세탄가} = \frac{\text{세탄}}{\text{세탄} + \alpha - \text{메틸나프탈렌}} \times 100$$

시판되는 경유의 세탄가는 일반적으로 45~50정도이다.

세탄가가 낮은 연료를 사용하면 착화지연기간(착화할 때까지의 걸리는 시간)이 길어져 디젤노크가 발생되기 쉽다. 하지만 가솔린엔진의 경우 착화하기 쉬운 연료일수록 노크가 발생되기 쉽기 때문에 옥탄가가 높은 가솔린은 착화하기 어려운 연료라고 할 수 있다. 그림 5-2는 세탄가와 착화지연과의 관계를 보여주고 있다.

② 디젤지수(Diesel Index)

디젤지수는 연료 속에 포함된 파라핀계 탄화수소의 함유량을 측정하는 것으로 착화성을 표시하는 방법의 하나이다. 디젤지수는 어닐린 점을 사용하여 다음과 같은 식으로 산출된다.

$$\text{디젤지수}(D.I) = \frac{\text{어닐린점}(°\text{F}) \times API\text{비중}}{100}$$

API비중이란 60°F를 표준으로 하는 비중이며 ($API비중 = \frac{141.5}{15.6℃에서의\ 비중} - 131.5$)

어닐린점은 5cc의 경유와 5cc의 어닐린을 시험관에 넣은 후 가열하여 투명하게 되는 온도를 어닐린점이라고 하며, 이때 어닐린점은 연료 속에 함유된 파라핀계 탄화수소의 양을 표시한다.

③ 임계압축비(critical compression ration)

CFR(미국연료연구소)기관에서 시험조건을 일정하게 하고 각종연료에 대하여 노크를 일으키기 시작할 때의 최저 압축비를 구하는 것을 임계압축비라고 한다. 임계 압축비는 연료의 착화점과 거의 일치하며 착화점이 높은 연료일수록 임계압축비도 높다.

경유에는 디젤기관의 노크를 방지하기 위하여 발화촉진제를 첨가하여 연소전에 반응을 촉진시켜 착화지연을 단축시키는데 발화촉진제로서는 초산에틸, 초산아밀, 아초산에틸, 아초산아밀, 질산에틸, 과산화테드랄린 등이 있다.

참고로 연소촉진제를 첨가할 경우 착화지연은 감소되고, 최고 연소 압력은 저하되며 운전 상태도 상당히 원활해진다. 그러나 연료 본래의 발열량, 연소의 균등성 등은 낮아져 연료 소비량이 증대되는 경향이 보인다.

5.2 연료분사장치의 개요

연료장치는 연료탱크 속의 연료를 여과하여 분사펌프로 보내서 분사순서에 맞추어 고압의 연료로 변화시켜 분사노즐에 연료를 공급한다. 엔진의 운전 상태에 따라 연료의 분사량 및 분사시간을 제어하며 연소실내로 분사하는 일련의 장치를 말한다. 특히, 연료분사장치는 연료를 적정한 양과 시기에 연소실 내에 고압으로 분사하여 연소를 위한 혼합기를 생성하는 역할을 한다.

혼합기의 상태는 연소실 내의 공기의 유동상태와 연료의 시간적, 공간적 변화에 의해 결정된다. 연료의 시간적 공급의 변화란 연료의 매시간당의 분사량으로 나타내는 분사율과 연료분사압력에 따라 평가되며, 연료의 공간적인 상태 변화는 노즐로부터 분사되는 연료분무의 형상, 입도 및 그 분포에 의해 평가된다.

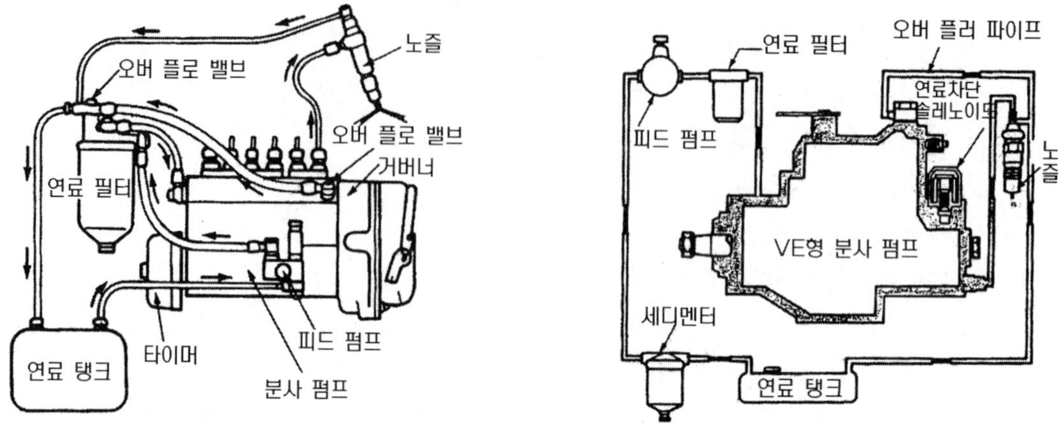

(a) 열형 연료공급 계통도　　(b) 분배형 연료공급 계통도

그림 5-3 기계식 연료분사장치의 연료 계통도

이러한 분사율, 분사압력, 분무형상, 입도분포 등은 여러 가지의 다양한 측정방법이 개발되어 있고 정량적으로 구할 수 있다. 따라서 그 엔진에 적합한 최적의 분사장치는 이들의 측정결과와 엔진성능의 적합이 이루어짐으로써 그 제원이 결정된다.

인젝션 펌프는 열형과 분배형과 사용된다. 열형(독립식)은 대형기관에 주로 사용되며, 분배형은 소형디젤기관에 많이 채용되고 있다.

열형(독립식)은 그림 5-4에서와 같이 실린더와 같은 수의 펌프기구(연료분사펌프)가 필요하며, 구조가 복잡하지만 연료의 공급이 확실히 이루어지므로 고속회전에 적합하며 대형의 엔진에 주로 채용된다. 분배형은 펌프기구가 1개 사용되어 소형의 엔진에 적합하며 실린더수가 많은 엔진의 사용에는 다소 난점이 있다. 표 5-2은 열형과 분배형 펌프의 각각 다른 점을 비교한 것이다.

연료분사펌프는 그 동안 세계 각국의 펌프메이커에서 제각기 독자적인 연구개발이 폭넓게 이루어져 왔으며 그 가운데에서도 독일의 보쉬(Robert-Bosch)사에 의해 정밀도가 높으면서도 비교적 낮은 값으로 공급이 가능한 것이 개발되면서 자동차용 디젤엔진에 가장 널리 사용되고 있다.

연료장치는 그림 5-4에 나타낸 것과 같이 연료는 연료탱크 → 피드펌프 → 연료필터 → 인젝션펌프 → 인젝션 파이프 → 인젝션 노즐로 흘러 규정압력으로 연소실내에 분사된다. 또한 인젝션펌프 내에서 노즐로 압송되지 않았던 연료 및 노즐의 니들을 윤활한 연료는 각각 리턴 파이프를 경유하여 연료탱크로 되돌아가도록 되어 있다.

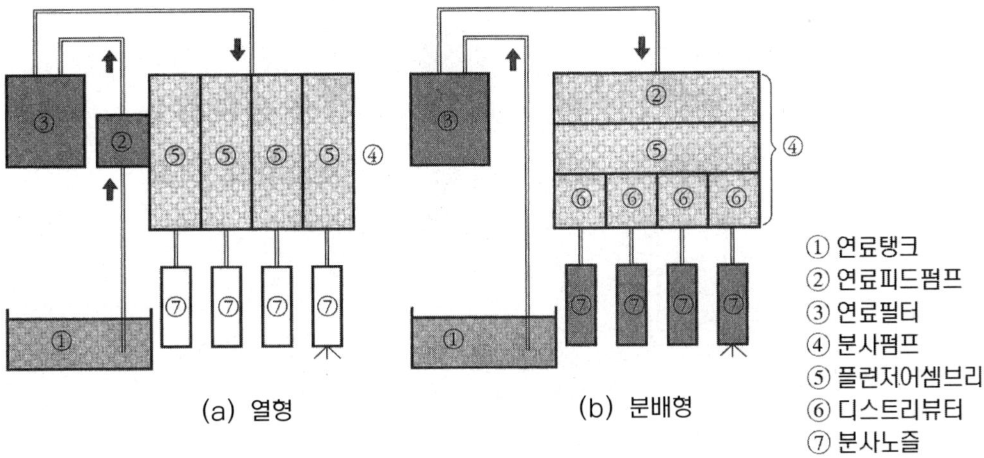

그림 5-4 열형과 분배형 연료계통 비교

표 5-2 열형과 분배형 펌프의 비교

항 목	열 형	분 배 형
실린더 수	1~12	2~6
연료분배방식	각 플런저에서 실린더로 직송	각 플런저의 회전운동
연료가압방식	플런저 식	플런저 식
윤활방식	오일 윤활 (플런저는 연료윤활)	연료 윤활
타이머구조	기계식(외장형, 내장형)	유압식(내장)
피드펌프	피스톤 식	베인식(내장)

5.3 연료장치의 구성

5.3.1 연료탱크

연료탱크는 주행에 필요한 연료를 저장하기 위한 용기로서 자동차의 차체나 프레임에 부착된다. 연료탱크의 윗면에는 연료주입구, 연료보유량을 운전석에서 알 수 있게 하는 탱크유닛, 탱크 내부의 부압이 발생하는 것을 방지하기 위한 블리드 파이프(bleeder pipe)가 설치되어 있고, 아래 면에는 수분이나 먼지 등의 침전물 배출용인 드레인 플러그(drain plug)가 설치되어 있다. 탱크 보디의 안쪽 면에는 부식을 방지하기 위해 표면처리가 되어 있고, 차량의 요동에 의해 연료가 출렁거리는 것을 방지하고 강성을 높이기

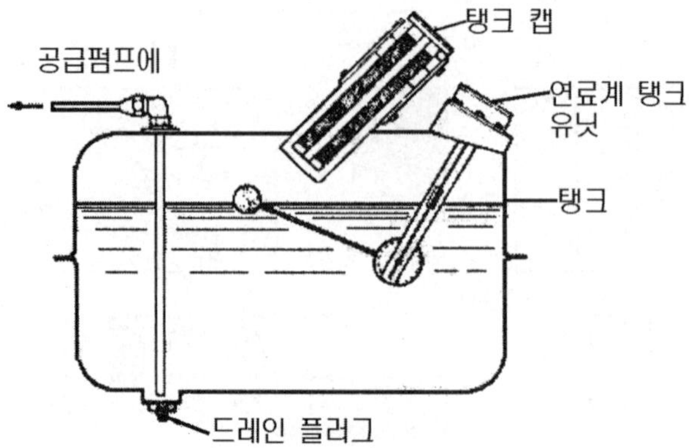

그림 5-5 연료탱크의 구조

위하여 칸막이 판(baffle plate)가 3~4개 세로방향으로 용접되어 있다. 그림 5-5는 연료탱크의 구조를 보여주고 있다.

5.3.2 연료파이프

연료파이프는 연료통로로 사용되고 있으며 연료탱크내의 연료를 피드펌프 및 연료여과기로 보내고 분사펌프에서 분사노즐로 연료를 이송시킨다. 연료파이프의 재질은 연료탱크에서 연료피드펌프사이는 지름이 6~10 mm의 구리나 아연 도금의 방청 처리된 강철 파이프가 이용되고, 연료피드펌프와 분사펌프 사이에는 비닐, 나일론, 고무계 등의 플렉시블호스(flexible hose)가 사용된다. 분사펌프와 분사노즐사이에는 높은 압력이 가해지므로 이것에 견딜 수 있도록 인발강관이 사용되고 있다. 파이프 양단 접합부분에는 유니언 너트를 사용하여 접속되어 있다.

5.3.3 연료공급펌프(연료피드 펌프)

연료피드펌프는 분사펌프의 측면에 부착되어 분사펌프의 캠에 의해 구동되는 피스톤의 작동으로 연료탱크로부터 연료를 빨아올리며, 연료필터를 거쳐서 분사펌프에 공급하는 역할을 한다. 또한 시동 전에 연료계통에서 공기를 빼는 작업을 위해서 수동용의 펌프로 플라이밍 펌프(priming pump)를 장치하고 있다.

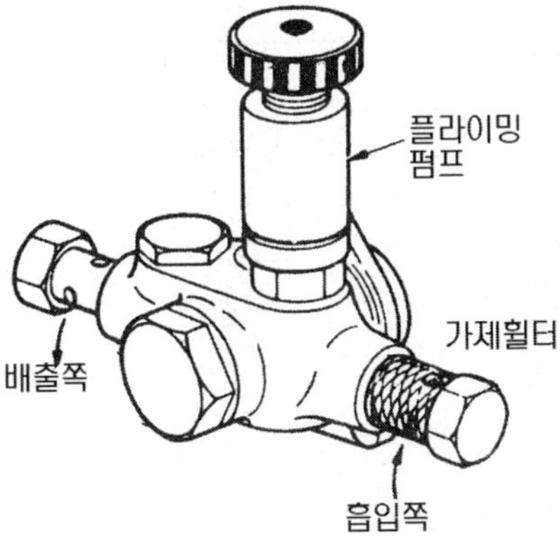

그림 5-6 연료공급펌프의 외관

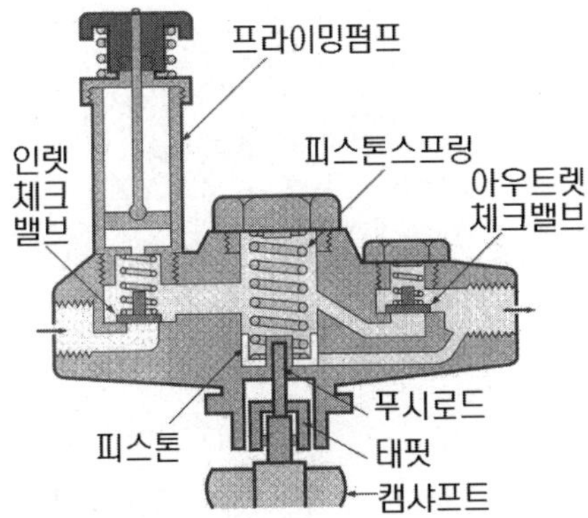

그림 5-7 연료공급펌프의 구조

펌프 바디는 경합금이나 주철제이며, 펌프 피스톤, 태핏, 푸시로드, 인렛 및 아웃렛 밸브를 등을 내장하고 있다. 피스톤은 캠에 의해 태핏, 푸시로드를 거쳐서 밀리게 되며 스프링에 의해 되돌려져서 펌프작용을 하도록 되어 있다.

피드펌프의 기능에 따라 분류하면 단동식과 복동식이 있다.

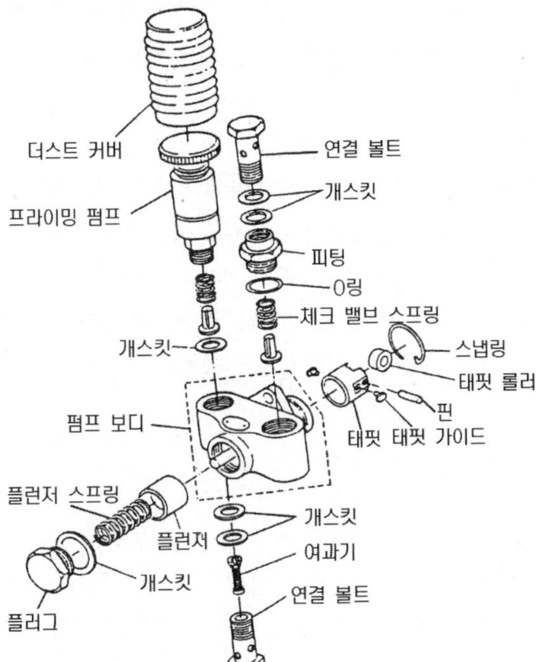

그림 5-8 직렬형 연료공급펌프의 구조

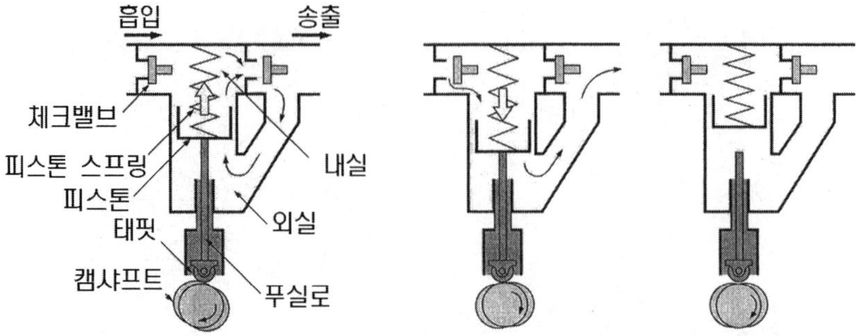

그림 5-9 단동식 피드펌프의 작동

1) 단동식 피드펌프

연료공급펌프는 분사펌프의 내의 캠축의 회전에 의해 작동되는데 그림 5-9(a)와 같이 피스톤은 캠에 이해 태핏, 푸시로드를 거쳐서 밀려 올라가면 흡입쪽 체크밸브가 단히고 내실의 연료는 송출쪽 체크밸브를 밀고 열리면서 대부분의 연료가 외실을 채우게 된다. 이때 일부분의 연료는 송출구로부터 분사펌프로 보내진다.

그림 5-9(b)는 캠이 다시 회전하여 스프링에 의해 피스톤이 하강하여 이때 외실에 있던 연료가 송출구로부터 분사펌프로 밀려나가게 된다. 다음에 내실의 압력이 저하되어 출구쪽 체크밸브가 닫히고 흡입쪽 체크밸브가 열려서 새로운 연료가 내실로 흡입된다. 이상과 같이 (a)와 (b)의 상태를 반복함으로써 펌프작용을 하고 있다.

그림 5-9(c)는 외실의 연료압력이 규정압력이상이 되었을 때의 상태를 나타낸 것이다. 엔진의 부하가 낮아서 송출연료에 잉여분이 생기면 피스톤은 외실압력에 의해 들어 올려진 상태가 되면서 푸시로드로부터 떨어진다. 따라서 피스톤은 작동이 멈추어 펌프작용을 일시적으로 정지하여 연료의 공급이 잠시 중단되고 송출압을 조정한다.

2) 복동식 피드펌프

그림 5-10은 복동식 공급펌프이다. 이 형식은 송유량이 큰 대형엔진에 주로 사용된다. 구조는 단동식과 거의 유사하지만 플런지의 각 행정마다 연료를 흡입하고 송출하는 점만 다르다. 또한 피스톤이 왕복 운동할 때 왕복 공히 연료를 흡입, 송출하는 펌프 방식이다.

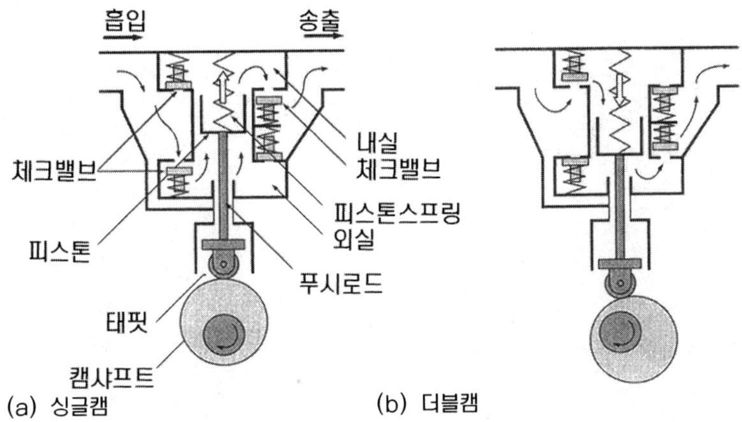

그림 5-10 복동식 피드펌프의 작동

5.3.4 연료필터(연료여과기)

연료여과기는 연료 속에 들어 있는 먼지나 수분을 제거 분리하기 위한 것으로 이들을 분사펌프와 분사노즐로부터 격리시키는 역할을 한다. 또 디젤연료인 경유는 분사펌프 플런저 배럴과 플런저 및 분사노즐의 윤활작용도 겸하고 있기 때문에 여과 성능을 높이기 위해 연료공급펌프 입구 쪽에 스트레이너를 두고 1차적으로 불순물을 걸러준다.

경유가 윤활작용을 하는 부분은 모두가 천분의 수 mm의 공차로 정밀 가공되어 있기 때문에 연료 중에 미세한 먼지나 수분 등 불순물이 혼입되면 이들 부분의 고착이나 융착을 일으키는 외에 조기마멸이나 손상에 이르게 된다. 또한 연료에는 연료와 결합된, 또는 분리된 형태의 온도변화에 의한 응축수 등의 물이 들어 있다. 이 물이 분사펌프에 유입되면 부식에 의한 손상을 유발시키게 된다. 따라서 연료탱크 내 및 연료 중의 불순물이 완전히 여과된 연료가 분사펌프로 공급되어야 하며, 또한 필터는 그 용량이 충분히 커야 한다.

엘리먼트에는 필터 엘리먼트는 재질에 따라 여과지식(pater type), 직물식(cloth type) 또는 금속제 등이 있으며, 일반적으로 여과지식이 많이 사용되고 있다. 필터 엘리먼트의 여과면적을 증대시키기 위해 여과지를 여러 겹으로 접어 사용한다. 여과면적이 증대되면 여과능력은 향상되고 사용기간도 연장되게 된다.

그림 5-11은 연료필터의 구조를 나타내고 있고, 그림 5-12는 연료필터 및 연료의 이동을 보여주고 있다.

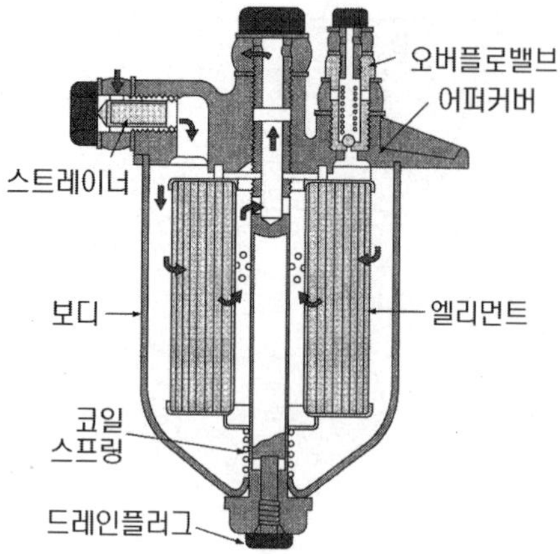

그림 5-11 연료필터의 구조

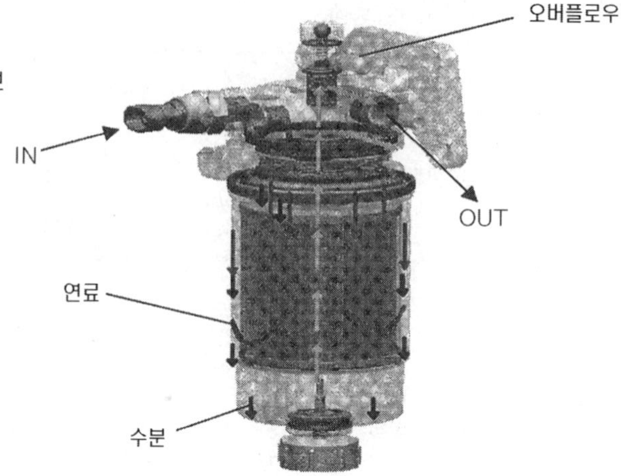

그림 5-12 연료필터 및 연료의 이동

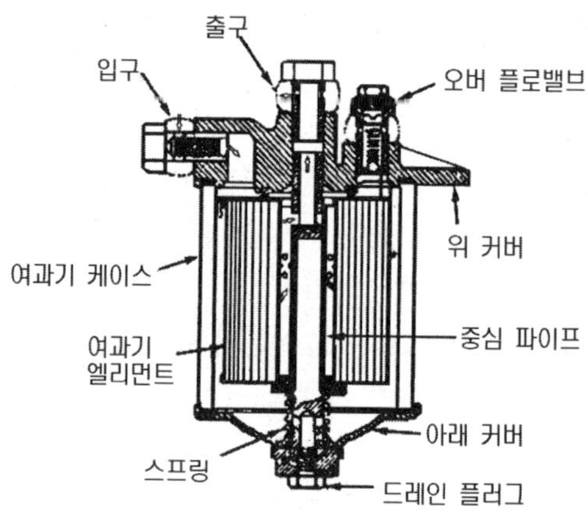

그림 5-13 연료여과기의 작용

연료여과기의 작용은 그림 5-13에 나타낸 것과 같이 공급펌프로부터 보내진 연료는 입구를 통하여 여과기 바디와 엘리멘트 사이로 들어가고 다시 엘리멘트를 거쳐 중심 파이프에 이르며, 이때 연료속의 먼지나 수분을 분리한다.

연료필터의 상부에는 오버플로밸브가 장착되어 있다. 이는 엘리먼트 막힘 등으로 연료여과기 내의 압력이 규정이상(1.5 kg_f/cm^2)으로 높아지면 오브플로 밸브가 작동한다. 즉, 하중이 가해진 스프링 볼이 위로 밀어 올려져 과잉의 연료를 연료탱크로 되돌아가게 한다.

또한, 오버플로밸브는 연료 속에 공기가 유입되었을 때, 주행 중이라도 연료와 함께 공기를 배출하며 공급펌프의 소음발생을 방지하는 일도 한다.

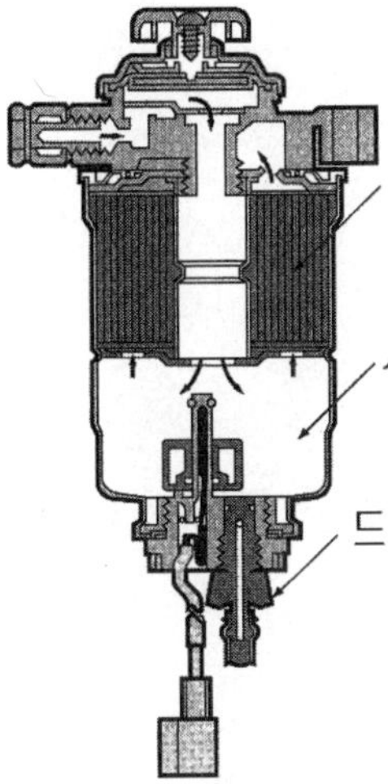

그림 5-14 소형차 엔진 연료필터

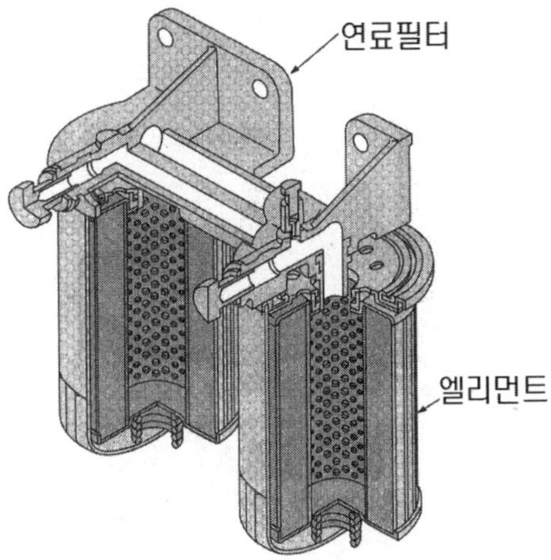

그림 5-15 대형차 엔진 연료필터

소형차 엔진의 필터는 그림5-14와 같이 연료중의 수분을 배출시킬 수 있는 워터드레인식을 주로 사용한다. 통상 연료계통의 간소화와 서비스성의 향상을 도모하기 위하여 세디맨트(sediment)일체형의 소형 카드리치형을 많이 사용한다.

대형차 엔진에는 그림 5-15에서와 같은 스핀온(spionon)식이 있다. 이 방식은 엘리먼트의 교환이 용이하면서, 드레인 플러그가 없고 피드펌프로부터 압송되는 연료중의 수분은 용량이 큰 엘리먼트부에 축적되도록 되어 있다.

6
CHAPTER

분사펌프와 분사노즐

6.1 열형 분사펌프

6.1.1 개요

연료분사펌프는 연료를 분사노즐로 연료를 보내는 것으로 디젤엔진의 큰 특징 중의 하나이다. 분사펌프는 크게 열형(독립형)과 분배형으로 나눌 수 있다.

열형분사펌프는 실린더 수만큼 플런저(피스톤식 펌프)를 필요로 하고, 분배형은 실린더 수와 무관하게 1개의 플런저에 의해 연료를 각 실린더에 압송, 분배, 공급하도록 되어 있다. 우선 열형 분사펌프를 설명하고 뒤이어 분배형 분사펌프를 설명하고자 한다.

분사펌프의 구조는 다음과 같은 부분으로 구성되어 있다.

① 연료의 압송을 담당하는 플런저(plunger)와 플런저 배럴(plunger barrel)

② 플런저를 구동하는 캠축, 태핏, 플런저 스프링 및 스프링 시트

③ 연료분사량을 조정하는 제어 래크 및 제어 피니언, 제어 슬리브

④ 연료분사 후 후적을 방지하는 딜리버리 밸브

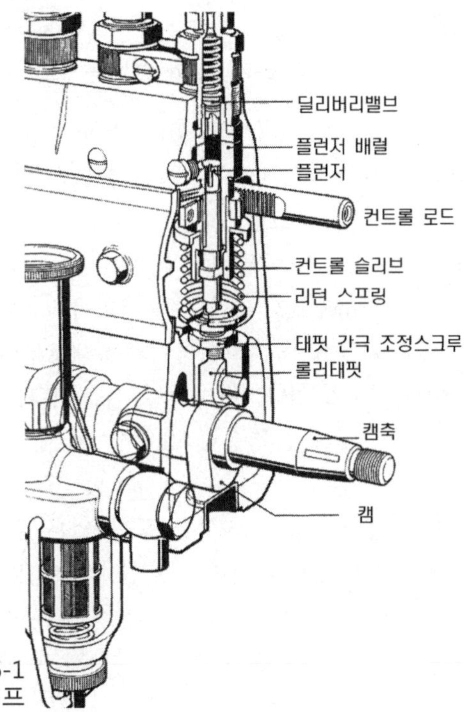

그림 6-1
열형 분사펌프

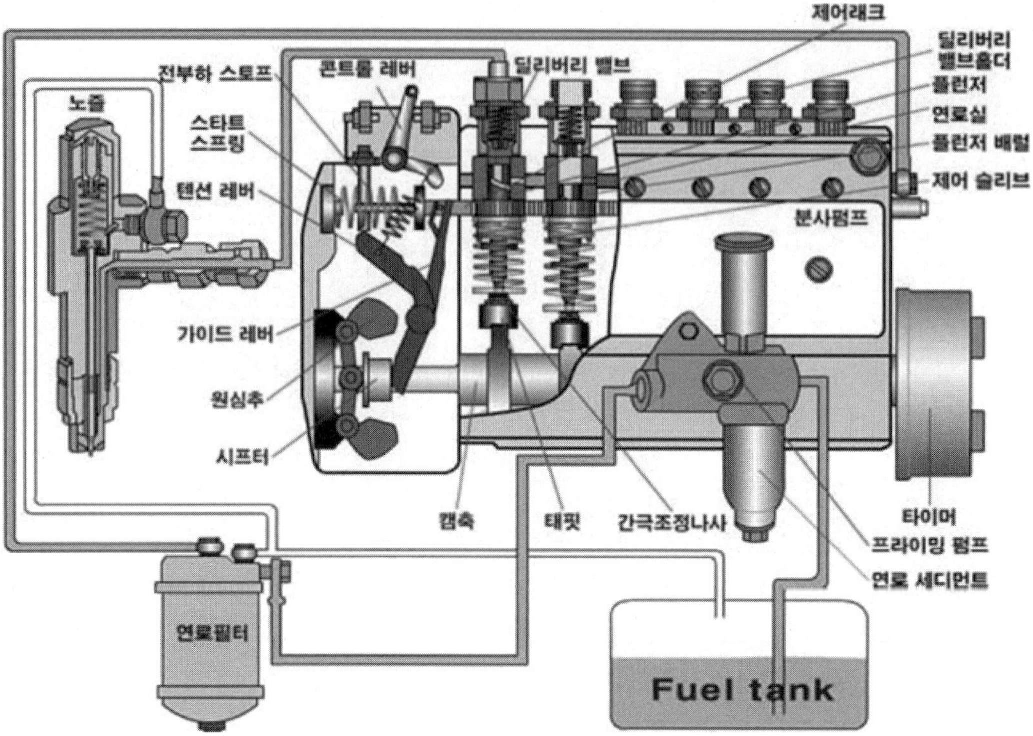

그림 6-2 열형 분사펌프의 구조

열형 분사펌프는 그림 6-1과 같이 실린더 수와 같은 수의 플런저를 일렬로 배치하여 캠축으로 구동하는 방식이기 때문에 독립형이라고 하며 독일의 보쉬식이 대표적이다. 펌프 하부에 있는 캠축은 엔진의 크랭크축에 의해 기어 또는 체인으로 구동되지만 이 캠의 로브부에 의해 움직이는 플런저는 일정한 거리를 왕복 운동하여 연료를 흡입, 압송한다.

플런저 배럴(plunger barrel)은 플런저의 실린더에 해당하는 것으로 배럴과 플런저는 정밀하게 연료에 의해 기밀을 유지하면서 그 틈새로부터 누설되는 소량의 연료에 의해 마찰부의 윤활이 이루어지고 있다. 따라서 누설을 방지할 목적으로는 별도의 씰(seal)을 필요로 하지 않는다. 즉, 연료인 경유가 플런저 및 배럴의 윤활 및 냉각을 담당하고 기밀도 보장한다.

반면에, 분사펌프 캠축 및 롤러 태핏이 들어 있는 분사펌프 하부에는 엔진오일을 채워 분사펌프 캠축과 롤러태핏을 윤활하도록 설계되어 있다.

캠축에는 실린더 수만큼의 캠이 배치되어 있고, 또한 연료를 분사펌프에 안으로 보내는 연료공급펌프를 구동하는 캠이 별도 존재한다. 분사펌프 캠축은 기관에 의해 구동된다.

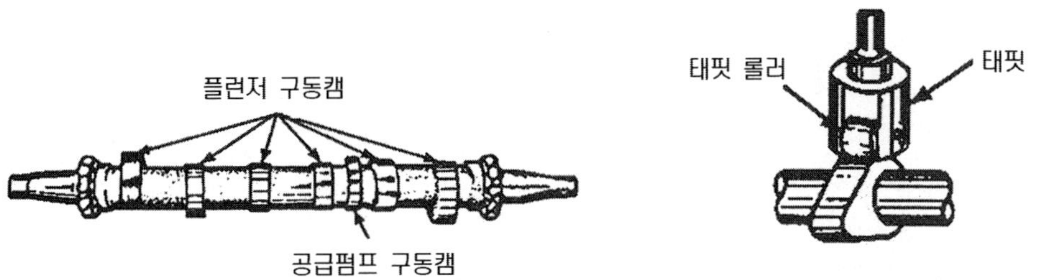

(a) 캠축　　　　(b) 태핏

그림 6-3 분사펌프 캠축의 구조

분사펌프 캠축은 2행정기관에서는 크랭크축 회전속도와 같은 속도로, 4행정기관에서는 크랭크축 회전속도의 1/2로 구동된다.

캠축의 캠 위에는 롤러태핏이 캠과 직접 접촉하면서 롤러태핏에 설치된 스프링시트가 플런저와 롤러태핏 간의 동력전달을 담당한다. 분사펌프 캠축이 회전운동하면 플런저는 상/하 직선 왕복 운동한다. 또한 롤러태핏 상부에 태핏 간극 조정스크루가 있으며 예행정을 조정할 수 있게 되어 있다.

그림 6-4은 분사펌프의 구동을 보여준다. 분사펌프 캠축의 회전운동은 롤러태핏의 상, 하 왕복직선운동으로 변환되어 플런저에 전달된다. 이때 롤러태핏의 롤러는 캠-곡선을 따라 회전하지만 롤러태핏 자신은 상, 하 직선 왕복 운동한다. 롤러태핏의 상, 하 직선 왕복운동은 상사점으로 운동할 때는 캠에 의해, 하사점으로 운동할 때는 플런저 리턴스프링에 의해 수행된다. 플런저 리턴스프링의 또 하나의 중요한 기능은 급가속시에도 롤

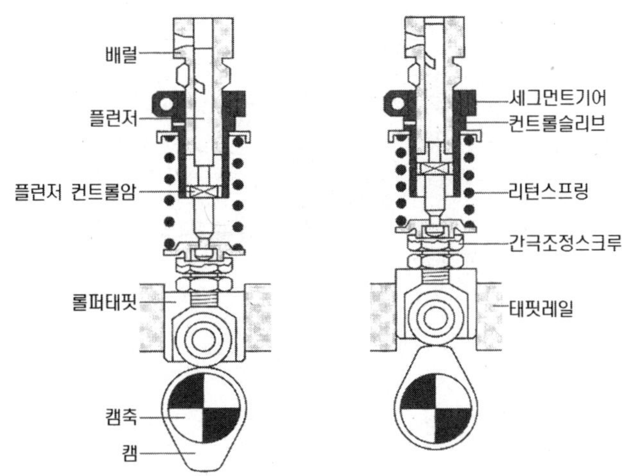

그림 6-4 분사펌프 구동기구

러태핏이 캠으로부터 분리되지 않도록 하는 것이다. 이렇게 하여 분사펌프 내에 있는 캠축의 회전에 의해 롤러태핏, 플런저 컨트롤암을 거쳐 플런저의 직선 왕복운동으로 연료를 노즐 쪽으로 압송하게 된다.

6.1.2 분사펌프의 구조와 기능

1) 펌프하우징

펌프 하우징은 펌프의 몸체에 해당하는 부분으로 그림 6-5에 나타낸 것과 같이 하우징 상위 부분에는 연료의 송출구인 딜리버리밸브 및 홀드를 설치하는 나사부분과 연료의 흡입 및 배출 통로가 있다. 중앙부분에는 퓨얼체임버가 있고 연료 피드펌프로부터 공급되는 저압의 연료가 항상 충만되어 있다. 또한 플런저, 플런저배럴, 연료 분사량을 제어하는 제어 래크, 제어 피니언, 제어 슬리브, 플런저 스프링, 태핏 등이 설치되어 있다. 아래 부분에는 플런저를 작동하는 태핏 가이드 구멍과 캠축이 설치되어 있다.

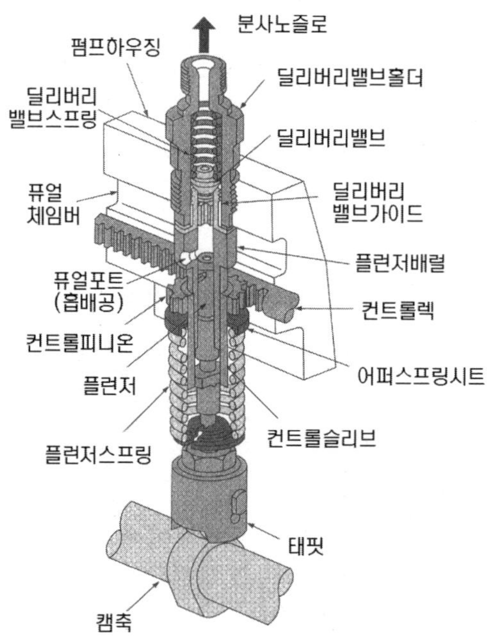

그림 6-5 펌프본체의 구조

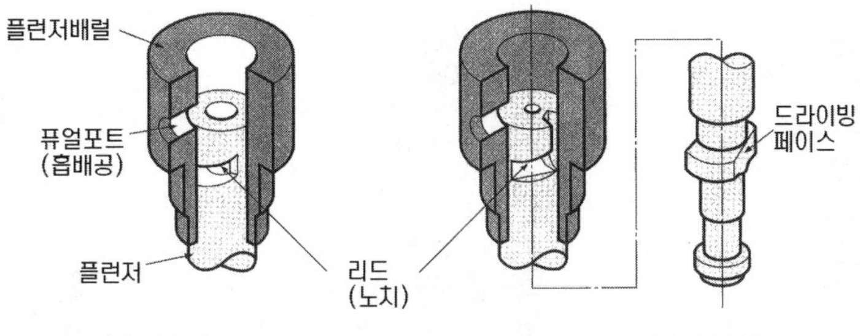

그림 6-6 플런저 배럴의 구조

2) 플런저 및 플런저 배럴

(1) 구조

플런저 배럴 속에 있는 플런저는 상하 왕복운동을 하여 연료에 100 kgf/cm^2 이상의 압력으로 연료를 압송하는 일을 한다. 따라서 플런저의 삽입부는 매우 높은 정밀도로 가공하여 플런저와 결합한다. 재질은 플런저의 경우 크롬강(Cr-steel), 배럴은 크롬 바나듐강(Cr-Ba steel)이며 기계가공 후 열처리되어 있다.

플런저 배럴의 상부에는 그림 6-6에서와 같이 연료의 흡입, 배출을 위한 퓨얼포트가 설치되어 있고, 바깥 둘레에는 고정 핀이나 고정 스크루로 회전하지 못하도록 고정되며, 윗부분은 딜리버리 밸브 홀드에 의해 펌프하우징에 고정된다. 그리고 플런저에는 분사량을 가감하기 위한 리드(혹은, 바이패스 홈)와 이것과 통하는 바이패스구멍이 중심부분에 뚫어져 있거나 바깥쪽으로 파져있다. 또 아래 부분에는 제어 슬리브의 홈에 끼워지는 구동 플런저와 플런저스프링의 시트를 끼우기 위한 플런저 등이 마련되어 있다. 플런저는 분사량을 증감하기 위해 리드라 불리는 기울기를 가지게 가공된 노치가 있다. 이 노치는 그림 6-6(a)의 플런저 중앙부의 바이패스 구멍 또는 그림 6-6(b)의 플런저 측면의 길이 홈인 종구가 만들어져 있어서 플런저 상단면과 통하도록 되어 있다. 그리고 플런저 아래 부분에는 컨트롤 슬리브와 접하는 평탄한 면이 있고 이것을 드라이빙페이스(driving face)라 한다.

(2) 작용

플런저의 작동은 플런저가 그림 6-7에서와 같이 캠축의 회전에 의해 상하운동을 하고 리드와 퓨얼 포트와의 위치관계에 따라 다음과 같은 작동을 한다.

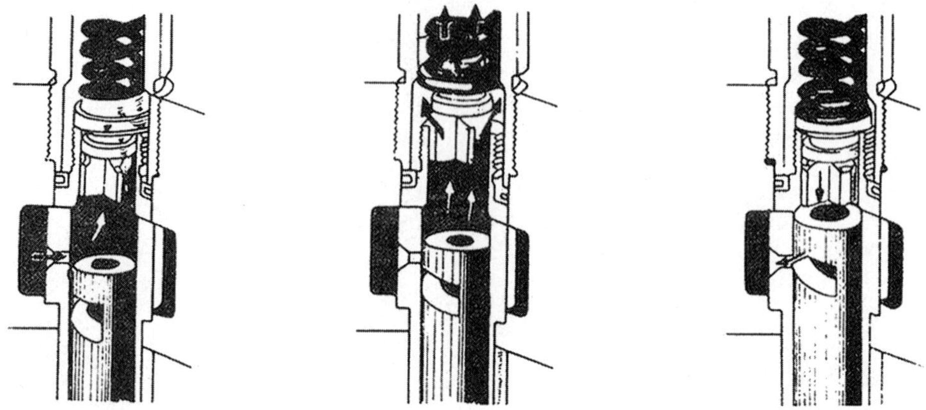

(a) 흡입작용　(b) 송유작용　(c) 송유종결작용

그림 6-7 플런저의 작용

★ 흡입작용

플런저가 하강하여 플런저의 윗면이 플런저배럴의 피드포트와 만나서 흡배공을 열면 연료가 플런저 배럴내로 유입된다.

★ 분사개시 및 분사종료

플런저가 구동캠에 의해 상승하면서 흡배공을 막은 다음부터 연료를 가압하기 시작하여 일정한 압력에 도달하면 딜리버리 밸브가 열려 분사노즐에 연료의 압송이 시작된다.

플런저가 계속 상승하여 리드가 플런저배럴의 흡배공 구멍과 일치하면 연료는 플런저 중앙에 설치되어 있는 바이패스 구멍을 통하여 펌프하우징의 연료챔버에 바이패스되므로 연료의 압송은 중지된다. 이 때 플런저는 스프링의 장력으로 하강하여 하사점으로 복귀한다.

플런저가 하사점으로부터 플런저 윗부분이 플런저 배럴의 흡배공을 막을 때까지의 이동거리를 예행정(pre stroke)이라고 하며, 플런저 윗부분이 흡배공 구멍을 막은 후부터 리드가 플런저배럴의 흡배공 구멍에 도달할 때까지 이동한 거리를 유효행정(available stroke)이라고 한다. 이 유효행정기간이 연료를 분사노즐로 압송하고 있는 구간이라 할 수 있다.

따라서 연료의 송출량을 유효행정에 의해 좌우되며, 유효행정은 제어 슬리브와 피니언의 위치 변화에 따라 정해진다. 유효행정을 크게 하면 연료의 송출량은 많아지고, 작으면 송출량은 적어진다.

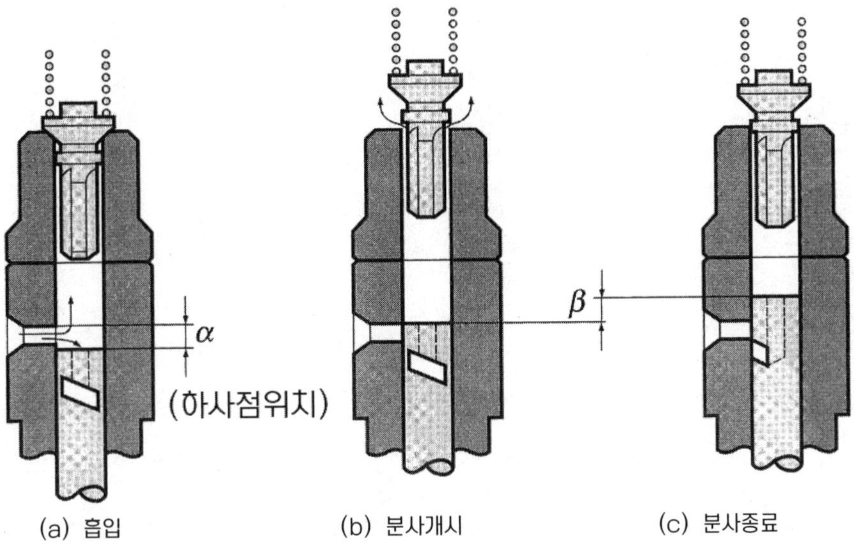

그림 6-8 플런저의 예행정(pre stroke)과 유효행정(available stroke)

(3) 플런저 리드의 종류

리드의 형식을 분류하면 다음과 같다.

- **리드의 방향** : 플런저의 회전과 분사량의 관계

오른 리드 : 플런저를 우회전시키면 연료분사량이 증가한다.

왼 리드 : 플런저를 좌회전시키면 연료분사량이 증가한다.

- **리드의 위치** : 리드의 절삭 방법과 분사시기의 관계

정 리드 : 분사의 개시가 일정하고 분사종료가 변화한다.

역 리드 : 분사시기가 변화하고 분사종료가 일정하다

양 리드 : 분사시작, 분사 끝이 모두 변화한다.

- **리드의 형상** : 리드의 형과 분사량의 변화

A 리드 : 플런저의 회전각과에 대한 분사량의 증가비율이 곡선적으로 변화한다.

B 리드 : 플런저의 회전각과에 대한 분사량의 증가비율이 직선적으로 변화한다.

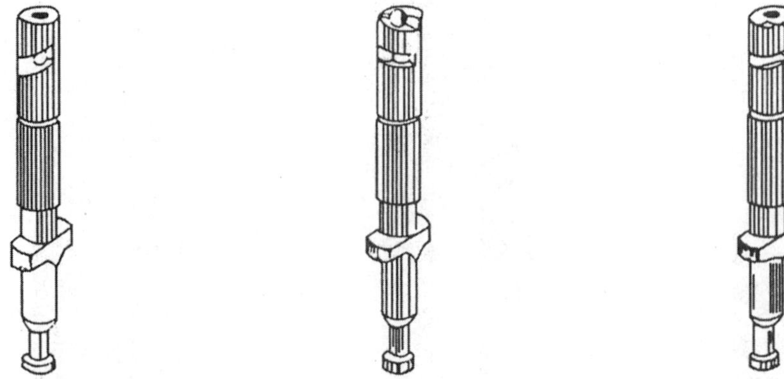

(a) 정리드 플런저 (b) 역리드 플런저 (c) 양리드 플런저

그림 6-9 플런저 리드의 종류

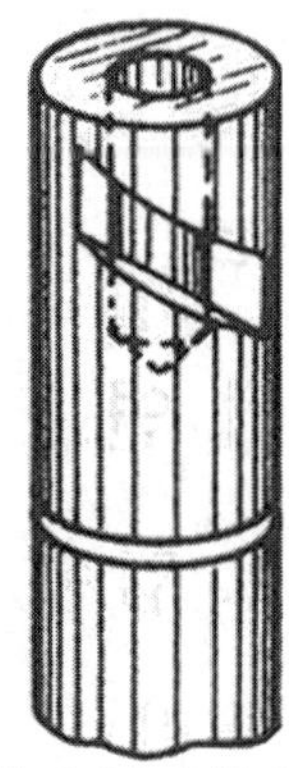

그림 6-10 A형 플런저

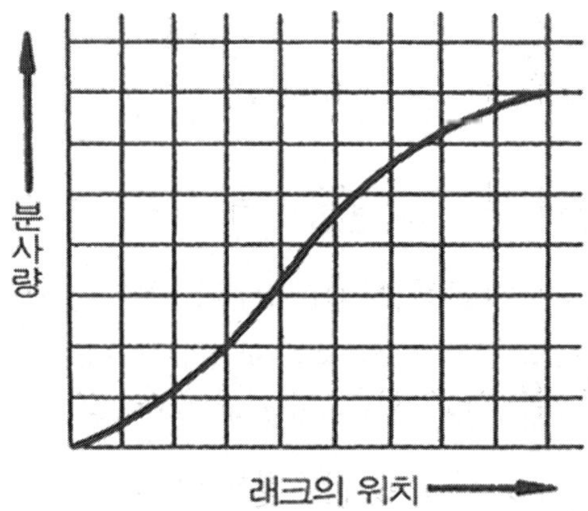

그림 6-11 래크 위치와 분사량과의 관계

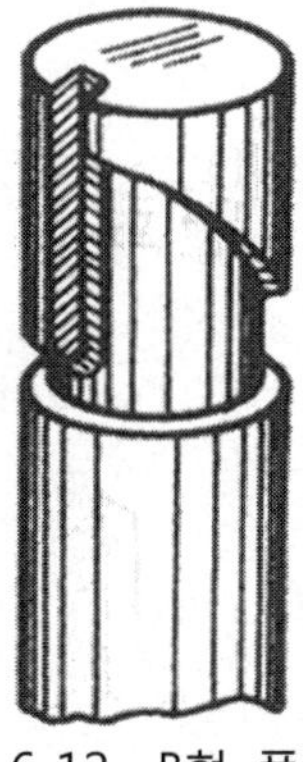

그림 6-12 B형 플런저

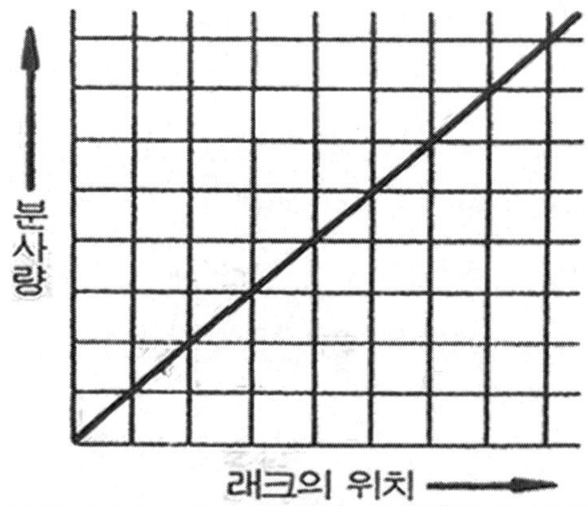

그림 6-13 래크 위치와 분사량과의 관계

3) 분사량 조절기구

연료의 분사량을 가감하는 것은 거버너지만 그 작동을 플런저에 전달하는 기구는 분사량 조절기구이다. 그림 6-14는 연료분사량 조절기구로서 컨트롤랙, 피니온, 슬리브 등으로 구성되어 있다. 플런저를 회전시킴으로써 플런저의 유효행정을 바꾸어 연료의 분사량을 조절하는 기구이다. 제어 래크는 피니언과 결합되어 있으며 래크의 직선왕복 운동을 피니언의 회전운동으로 바꾸어 플런저 모두를 동시에 회전시키는 작용을 한다. 제어 래크의 한끝은 포크 링크(fork link)나 핀을 통하여 거버너의 레버나 다이어프램과 연결되어 있다. 따라서 가속페달의 조작은 모두 거버너를 거쳐 제어 래크로 전달된다.

제어 래크를 좌우로 움직이면, 피니언이 회전하며 함께 작동하는 슬리브도 회전한다. 제어 슬리브 하부에는 노치 홈이 있으며 플런저의 드라이빙페이스가 끼워지고, 따라서 컨트롤 피니온과 플런저가 동시에 같은 양만큼 회전한다. 피니온은 컨트롤랙과 물려있어서 컨트롤랙의 이동량에 따라 각 플런저도 동시에 같은 각도만큼 회전하게 된다.

제어 래크에는 각 기통의 피니언이 결합되어 있으므로 모든 플런저를 동시에 동량 회전시켜 연료의 분사량이 동일하게 증감된다. 일반적으로 분사펌프는 컨트롤랙을 거버너쪽으로 당길 때 연료 분사량이 감소되는 구조로 되어 있다.

4) 딜리버리밸브(송출밸브, delivery valve)

딜리버리밸브는 그림 6-1과 같이 플런저배럴의 상부에 설치되어 있으면서, 플런저에 의해 송출된 연료가 분사파이프를 거쳐 분사노즐에 공급되기 위해서는 먼저 딜리버리밸브를 통과하여야 한다.

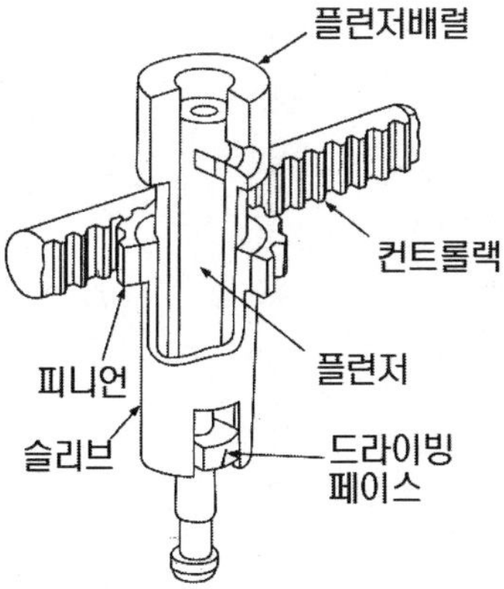

그림 6-14 연료분사량 조절기구

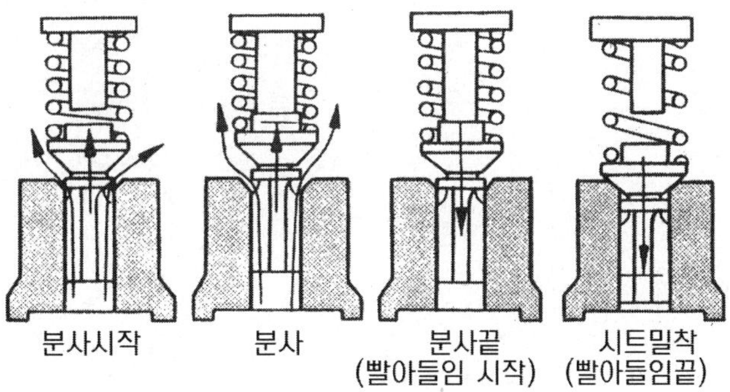

그림 6-15 딜리버리밸브의 작동

딜리버리밸브는 플런저의 상승행정으로 연료압력이 규정압 약 10 kg/cm^2에 도달하면 밸브가 열려 연료를 분사파이프로 압송하고, 플런저의 유효행정이 끝나 플런저 배럴 내의 연료압력이 급격히 낮아지면 스프링 장력으로 신속히 닫혀 연료의 역류를 방지한다.

딜리버리밸브는 분사가 종료될 때, 분사펌프 엘리먼트의 고압실과 분사파이프 사이를 차단하여, 분사파이프 안의 연료압력을 저하시켜 후적이 발생되지 않도록 한다. 또한, 분사 파이프 내에 잔류압력을 유지시키는 기능도 한다.

5) 캠축

캠축은 크랭크축에 의해 타이밍기어를 통하여 구동되며 태핏을 사용하여 플런저를 상하로 작동하고 또한 연료공급펌프를 작동시킨다. 캠축은 분사펌프 하단에 장착된다.

구조는 그림 6-16과 그림 6-17과 같이 캠축에는 실린더수와 동일한 수의 캠과 연료공급펌프를 구동하는 캠이 부착되어 있다. 양쪽에는 룰러베어링으로 지지되어 있다.

캠축의 구동쪽에는 분사시기를 조정하는 타이머가 설치되어 있으며, 다른 쪽에는 분사량을 조정하는 거버너가 부착되어 있다.

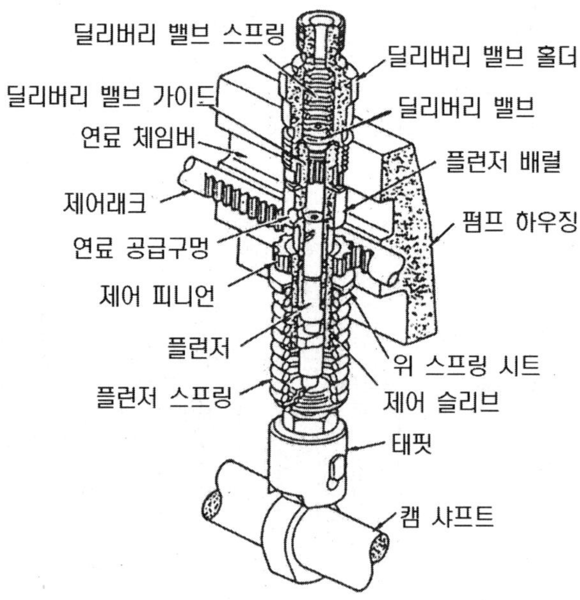

그림 6-16 캠축의 작용

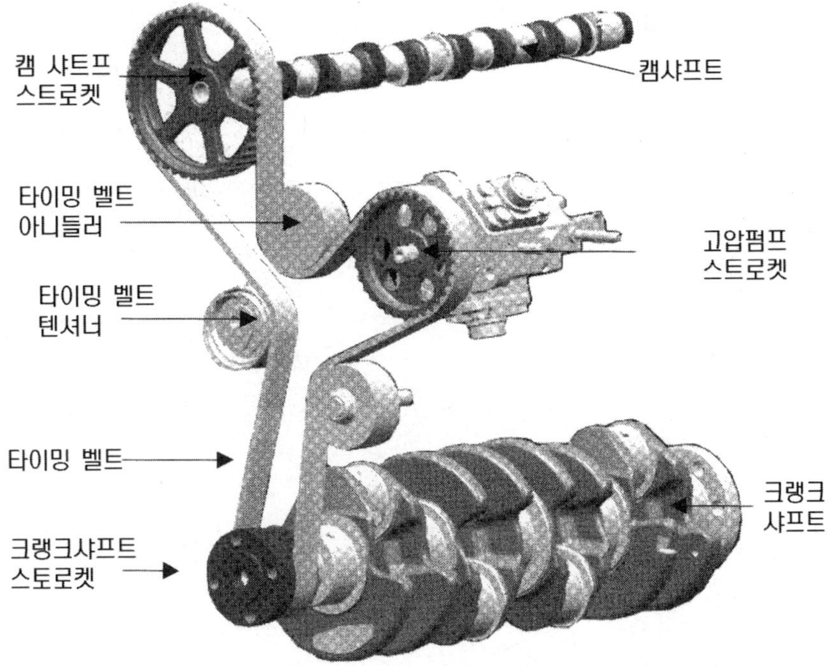

그림 6-17 캠축과 관련 부품과의 타이밍벨트 연결 작용

6) 태핏

태핏은 캠축에 의해 상하운동을 하며 플런저를 작동시킨다. 태핏은 캠과 접촉하는 부분이 롤러로 되어 베어링과 함께 본체에 핀으로 결합되어 있다.

태핏 상부에는 태핏 간극 조정 스크루가 있어 태핏간극을 조정할 수 있다. 이것은 캠이 상사점에 이르러, 플런저가 최대로 상승한 경우 플런저가 배럴에 닿는 것을 방지하기 위하여 태핏 간극(클리어런스)을 조정한다. 또한 조정나사의 높이를 조정하면 플런저의 설치위치도 변화하므로 분사개시 시기를 조정할 때도 사용한다.

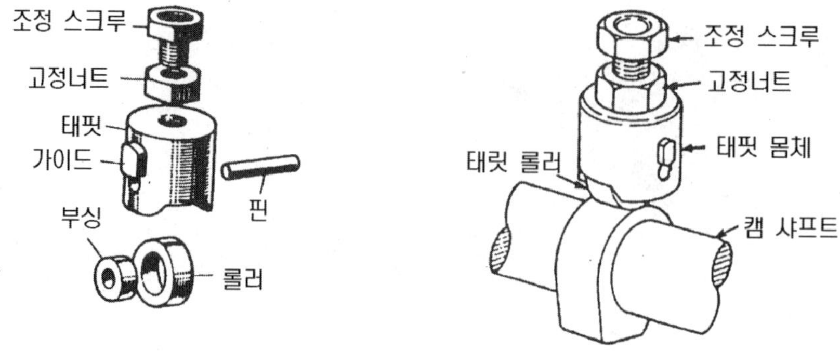

(a) 태핏의 분해도　　(b) 캠과 태핏의 조립도

그림 6-18　캠축과 태핏의 작용

6.2 거버너(governor, 조속기, 연료량 제어장치)

6.2.1 거버너의 개요

자동차용 디젤기관은 그 사용조건의 변화가 커 부하 및 회전속도 등이 광범위하게 변동하므로 오버런(over run)이나 기관정지를 일으키기 쉽다. 이를 방지하기 위하여 분사펌프에 거버너를 두고 자동적으로 분사량을 가감하여 운전을 안정시킨다. 특히, 저속에서는 분사량이 상당히 작고 제어래크의 작은 움직임에 대해 분사량의 변화가 커서 회전속도가 크게 달라지게 된다. 그리고 기관의 부하 변동에 대해서도 거버너가 없는 상태에서는 그것에 만족할 만큼의 추종이 어렵고 제어가 불가능하다. 그러므로 거버너를 설치하여 기관의 회전속도나 부하변동에 따라서 자동적으로 제어래크를 움직여 연료의 분사량을 증감시킨다.

6.2.2 거버너의 종류

거버너에는 그림 6-19에 나타낸 것과 같이 회전수와 부하에 따라 변동하는 흡기매니폴드내의 부압을 이용하는 공기식 거버너와 그림 6-20에 나타낸 것과 같이 회전중의 원심력을 이용하여 기계식으로 작동하는 기계식(원심식) 거버너가 있다. 이 밖에 공기식 거버너와 기계식 거버너를 조합시킨 복합식 거너버도 있다.

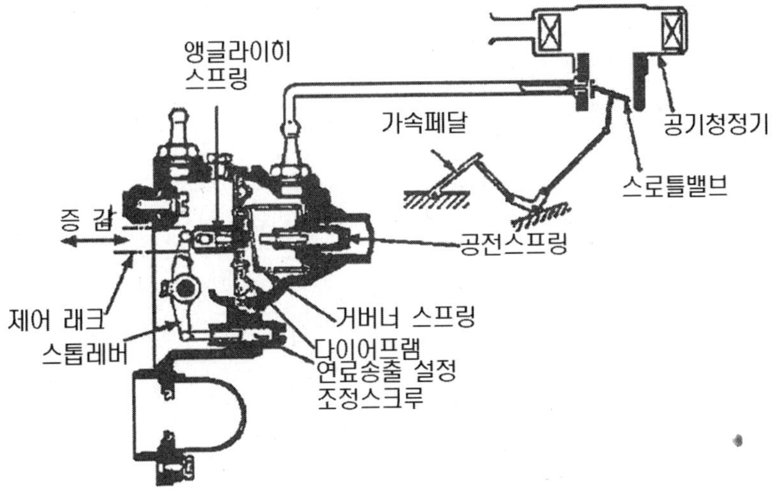

그림 6-19 공기식 거버너의 구조

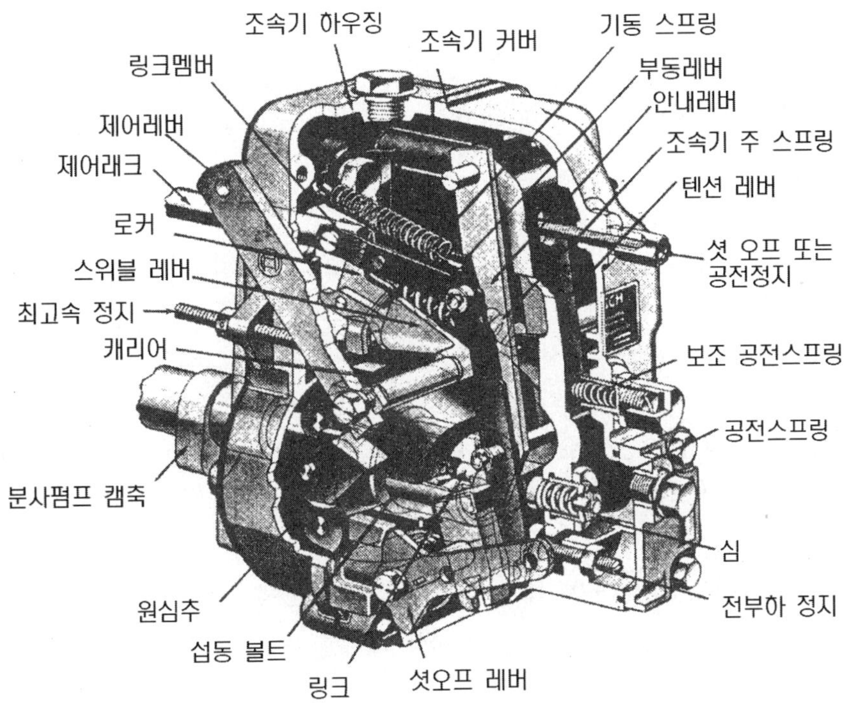

그림 6-20 기계식 거버너의 구조

표 6-1 거버너의 종류

거버너			
구조상분류		성능상 분류	
공기식 거버너	기계식거버너(원심식)	최고·최저속도 거버너	전속도 거버너

또한 작용상으로 분류하면 최고와 최저 회전수만을 제어하는 최고·최저속 거버너(minimum-maximum speed governor)와 최고, 최저 회전수 및 전범위에 걸쳐서 조속 작용을 하는 전속도 거버너(all speed governor)가 있다.

공기식 거버너는 그 구조상으로 전속도 거버너에 속하지만 기계식 거버너는 최고·최저속 거버너와 전속도 거버너로 나누어진다.

일반적으로 자동차용 디젤기관에서는 공기식은 전속도 거버너가, 기계식은 최고·최저속 거버너와 전속도 거버너가 주로 사용된다.

6.2.3 기계식 거버너

1) 작동원리

기계식 조속기는 6-21과 같이 그림과 같이 분사펌프 구동 캠축에 부착된 원심추(fly weight)가 받는 원심력과 조속기 스프링의 장력이 이루는 변위를 이용하여 연료 분사 펌프의 제어 래크를 움직여서 분사량을 조절하는 것으로서, 원심식 조절기라고도 한다.

따라서, 기계식 조속기는 분사펌프의 회전속도 변화에 따른 원심추에서 발생되는 원심력의 변화를 이용하여 연료의 분사량을 조절한다. 기계식 조속기는 최고·최저속 조속기인 RSVD형, RQ형, RAD형이 있다.

기계식 거버너는 다음과 같은 기능을 가지고 있다.

① 엔진 회전수를 감지하여 목표 회전수와의 차이를 검출

② 목표 회전수와의 차이에 따른 분사량 제어를 위한 컨트롤 래크를 움직이게 하는 작동력을 발생

기계식 거버너는 원심추(fly weight)의 원심력을 속도 검출 신호와 작동력원으로 사용하고 있다. 회전수의 2승에 비례한 원심추의 원심력과 이에 평형을 이루는 스프링을

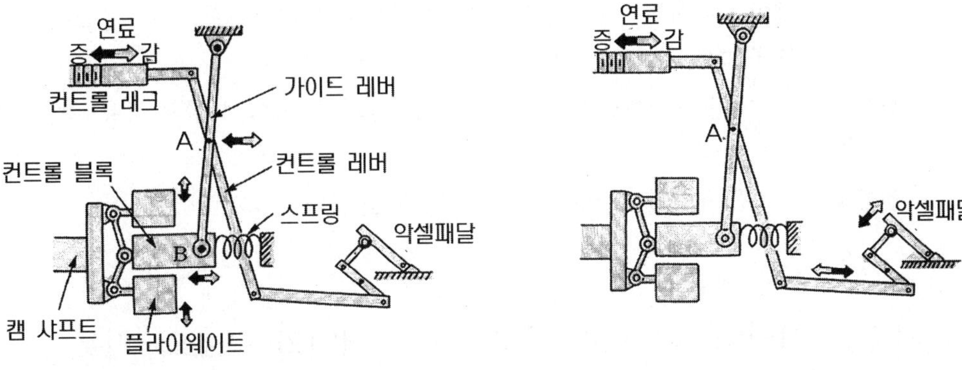

(a) 플라이웨이트 원심력에 의한 제어 (최고 및 최저 속도)

(b) 악셀 페달에 의한 제어 (중간속도)

그림 6-21 기계식 거버너의 작동 원리

설치한 구조로 되어 있고, 평행 위치에 의해 회전수를 감지하는 것과 함께 컨트롤 래크의 위치제어는 거버너 링크로 한다.

회전수가 상승하면 분사량을 감소시키도록 작동시키는 것이 거버너의 기본 원리이다.

2) 거버너의 제어항목

일반적으로 거버너에 요구되는 제어항목은 다음과 같다(그림 6-22).

① 고속제어 : 과회전 방지, 최대출력 부근의 거버너 효능 시작 회전수에서 높은 아이들링 회전수가지를 규정

② 저속제어 : 안정된 아이들링 회전 제어와 엔진 정지 방지를 위한 제어

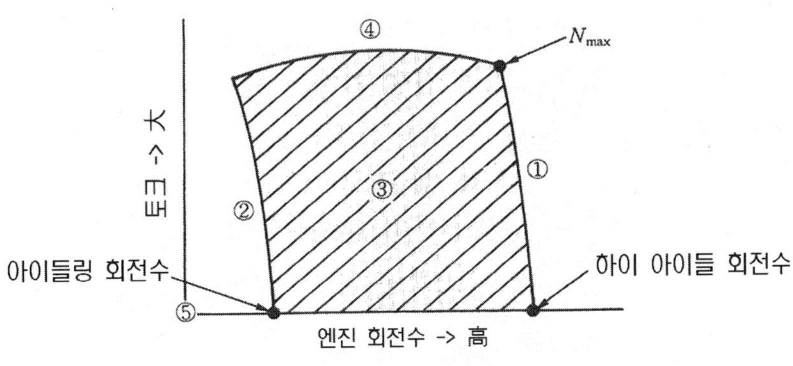

그림 6-22 분사량 제어의 기본기능

③ 중간속도 제어 : 부하에 대해 안정된 회전수에서 운전하기 위한 제어, 용도에 따라 거버너 특성은 다르다

④ 전부하 제어 : 전부하 토크(분사량) 특성을 결정하고, 제어 특성의 자유도는 거버너 형식에 따라 다르다.

⑤ 엔진정지 : 엔진 정지를 위한 연료를 컷(cut)하는 기능

6.2.4 기계식 거버너 중 최고 최저속도 거버너의 구조와 기능

이 거버너는 엔진의 최고 회전수를 규제하는 고속제어와 아이들시(최소 rpm)의 회전수를 원활하게 안정시키는 저속제어를 자동적으로 하는 것으로 그 이외의 중간 범위에서는 운전자 자신이 액셀 페달의 밟는 량을 가감하여 엔진의 회전을 제어하는 것이다.

기계식 거버너 중 최고· 최저속도 거버너인 RQ형과 RAD형 거버너에 대하여 설명한다.

1) RQ형 거버너

RQ형 거버너는 그림 6-23에 나타낸 것과 같이 대형차용 분사펌프에 사용되는 최고· 최저속도 거버너이다.

그림 6-24과 같이 인젝션 펌프의 캠축과 함께 회전하는 2개의 플라이웨이트(원심추)가 있으며, 이 웨이트에서 L형의 벨 크랭크가 장치되어 그 일단이 슬라이딩 볼트에 닿게 되어 있다.

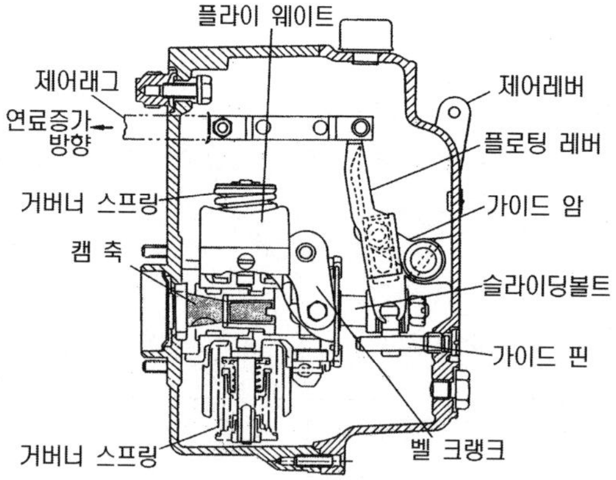

그림 6-23 RQ형 거버너

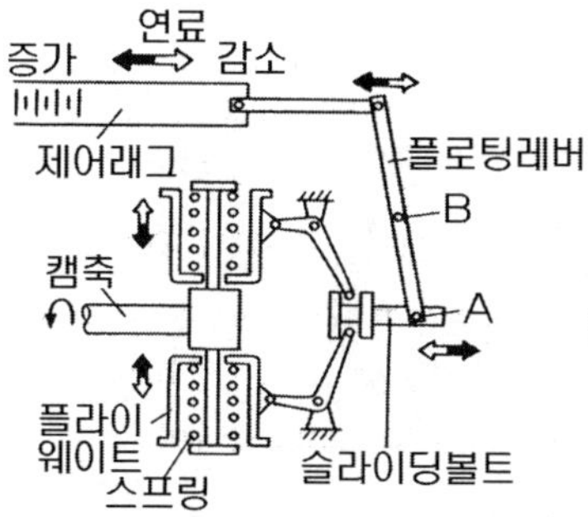

그림 6-24 RQ형 거버너의 구조 원리

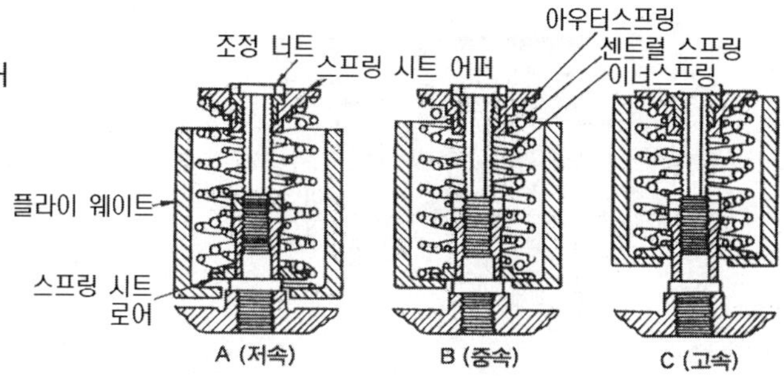

그림 6-25 거버너 스프링의 작동

셀페달의 작동은 제어레버→가이드 암→플로팅 레버→제어 래크의 순으로 전달된다. 이 경우, 가이드 암과 플로팅 레버의 연결점의 위치가 상하로 이동하기 때문에 연결점의 위치에 따라 제어 래크의 이동량을 변화할 수 있도록 되어 있다.

플라이 웨이트(원심추) 내부에는 그림 6-25에 나타내는 것과 같이 3개의 거버너 스프링이 조립되어 있어서 플라이 웨이트의 원심력을 거버너 스프링에서 직접 받도록 되어 있다.

따라서, 각 링크로 전달되는 힘의 작용력이 적고 마찰저항도 작아서 응답성이 좋다. 바깥쪽의 아우터 스프링은 저속제어용, 안쪽의 센트럴 스프링과 이너 스프링은 고속제어용이다. 저속 회전시에는 저속 스프링이, 고속 회전시에는 3개의 스프링이 플라이 웨이트의 원심력을 규제하도록 되어 있다.

거버너 스프링의 기능은 다음과 같다. 그림 6-25에서와 같이 저속시에는 그림 A와 같이 가장 바깥쪽의 아우터 스프링과 플라이 웨이트와 균형을 이루는 작용을 한다. 플라이 웨이트의 밑부분이 로어 스프링 시트에 닿을 때까지가 저속제어 범위이다.

엔진 회전이 상승하여 플라이 웨이트에 작용하는 원심력이 증가하여 그림 B의 상태가 되었을 때는 3개의 스프링력이 플라이 웨이트에 작용하게 되므로 플라이 웨이트는 이 위치에 정지한다. 즉, 저속용 스피링의 작동 끝으로부터 고속용 스프링의 작동이 시작될 때까지는 거버너의 제어작용은 전혀 이루어지지 않으며, 이 사이의 엔진 회전수의 제어는 액셀 페달의 밟는 정도에 따라 제어래크를 움직임으로써 이루어진다.

또, 엔진 회전수가 상승하여 정해진 최고 회전수에 이르게 되면 플라이 웨이트의 원심력은 3개의 스프링력 보다 강해지므로 플라이 웨이트는 다시 바깥쪽으로 벌어져 고속제어를 한다.

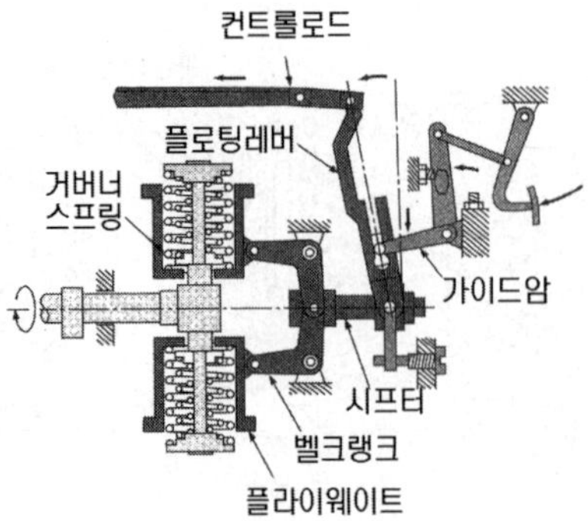

그림 6-26 시동시

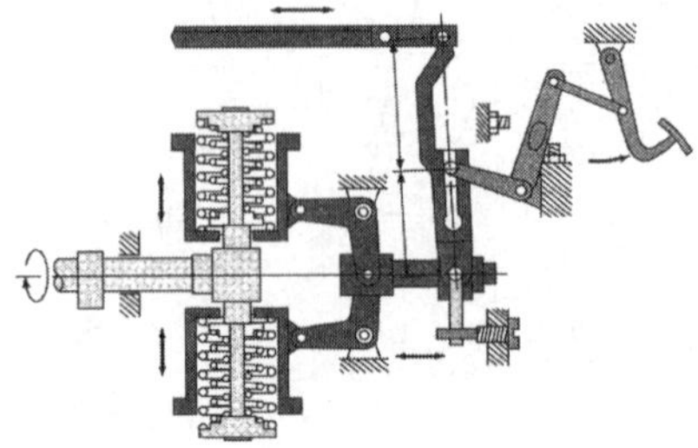

그림 6-27 아이들링시의 제어

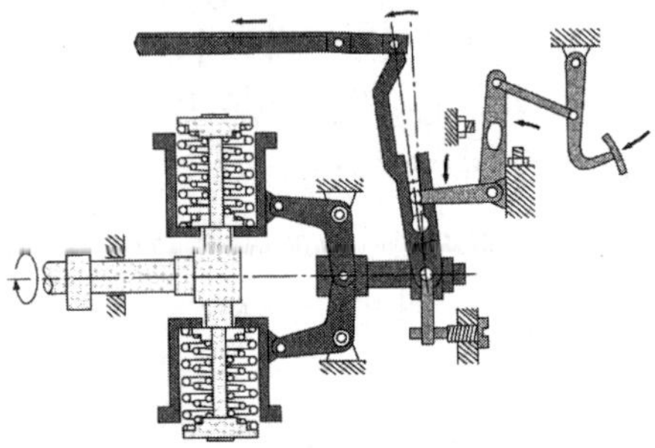

그림 6-28 상용회전시에 제어

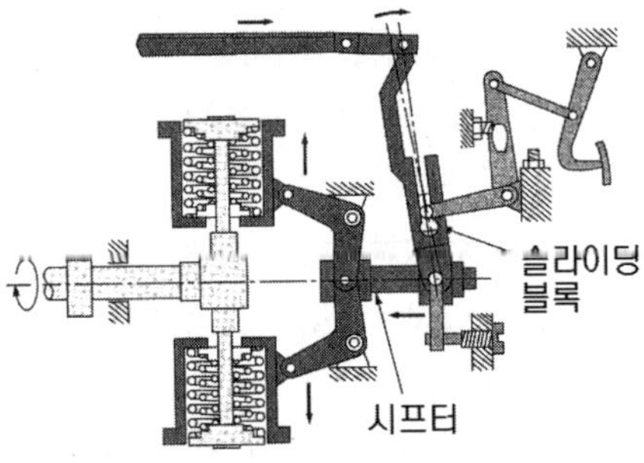

그림 6-29 최고회전속도의 제어

(1) 시동시

그림 6-26와 같이 운전자가 가속페달을 한끝 밟으면 플로팅레버가 경사지게 기울어지면서 컨트롤로드를 연로의 증량방향으로 이동시켜서 최대 분사량의 상태로 된다.

이 때 컨트롤로드는 스톱퍼볼트에 닿게 되고 그 후 가이드 암의 움직임은 슬라이딩 볼트를 밀고 벨크랭크를 거쳐서 아우터스프링을 가볍게 압축한다. 이것은 크랭킹 때의 원심력에 따르는 연료감소방향의 움직임을 멈추게 하여 시동시의 분사량을 확보하기 위해서이다.

(2) 아이들링시의 제어

그림 6-27과 같이 액셀 페달을 밟고 있지 않으므로 연료 분사량도 적으며, 엔진은 저속으로 회전하고 있다. 이때, 엔진의 회전수가 높아지면 플라이 웨이트가 바깥쪽으로 벌어져 이 힘이 슬라이딩 볼트에 전달되며, 플로팅 레버를 거쳐서 제어래크를 분사

량 감소의 방향으로 이동시키므로 엔진의 회전수를 저하시킨다. 이와 같이 하여 아이들 회전을 제어한다.

(3) 상용회전속도의 제어

제어래크는 분사량 증가 방향으로 이동하여 엔진 회전수도 크게 되어 있다. 이 때문에 플라이웨이트의 원심력이 높아지면서 바깥쪽으로 열리나 센트럴스프링, 이너스프링을 바치고 있는 스프링시트에 닿게 되면서 그 이상 열릴 수 없다. 즉, 플라이 웨이트는 바깥쪽으로 벌어져 분사량을 감소하려고 하지만, 플라이 웨이트의 원심력이 거버너 스프링의 스프링력과 균형을 이루고 있는 동안은 플라이 웨이트가 바깥으로 벌여지려는 움직임은 정지되어 있으므로 거버너에 의한 회전제어는 이루어지지 않는다. 따라서 상용회전수는 거버너에 의한 고속제어가 시작되기까지는 모두 제어레버에 의해 제어된다.

(4) 최고회전속도의 제어

엔진 회전수가 다시 커지면 그림 6-29과 같이 플라이웨이트의 원심력이 센트럴스프링, 이너스프링의 스프링 힘을 이겨서 플라이 웨이트는 바깥쪽으로 열린다. 따라서 컨트롤로드는 분사량 감소의 방향으로 이동된다.

이 작동은 플로팅 레버에서 제어래크로 전달되므로 액셀 페달을 최대로 밟은 상태에서도 엔진 회전수가 규정 이상이 되지 않도록 제어한다.

(5) 플로팅레버비

플로팅레버비란 플라이 웨이트의 이동량에 대한 컨트롤로들의 이동량의 비율을 가리키는 것이다. 즉, 그림 6-30에 있어서 B의 길이를 1로 하였을 때의 A의 길이의 비를 말한다. RQ형 거버너의 경우는 플로팅레버의 지점을 달리 하는데 따라 레버 비가 변화되도록 되어 있다. 아이들링 시에는 안정된 회전속도를 유지하기 위해 그림 6-30(b)에 나타내는 것과 같이 레버 비를 작게 하여 플라이웨이트의 이동량에 대한 컨트롤로드의 이동량이 그다지 커지지 않도록 하고 있다.

최대 분사시 부근에서는 신속하게 엔진의 회전속도를 저하시키기 위해 6-30(c)에 나타내는 것과 같이 레버비가 커져서 슬라이딩 볼트의 근소한 움직임에도 민감하게 제어 래크를 움직이도록 하여 플라이웨이트의 이동량에 대한 컨트롤로드의 이동량을 크게 하고 있다.

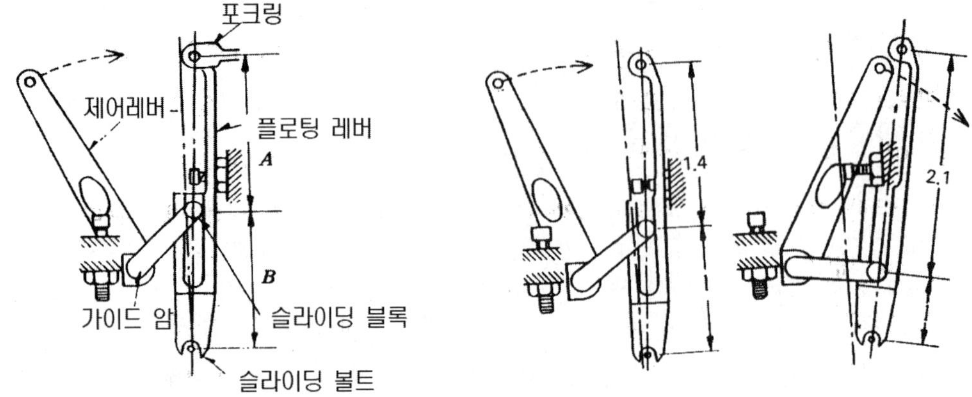

(a) 정지 시 (b) 아이들 시 (c) 최대분사 시

그림 6-30 플로팅레버 비의 변화

2) RAD형 거버너

RAD형 거버너는 그림 6-31에 나타난 것과 같이 RSVD형의 개량형으로 거버너 스프링의 스프링력을 조정볼트로 조정할 수 있는 것, 저속시의 제어래크의 변동이 적은 점 등의 특징을 들 수 있다. 또한 기관이 저속과 고속으로 회전할 때 부동 레버의 레버비를 변화시키는 구조로 되어 있다.

저속에서는 부동 레버비가 적고 플라이웨이트에 발생하는 원심력으로 제어래크를 이동시켜 안정된 회전속도를 유지하도록 한다.

고속에서는 링크의 작용으로 부동 레버비가 크게 변화되므로 속도 변동률을 바꾸어 원하는 최고 회전속도를 구할 수 있다.

RAD형 거버너 구조는 그림 6-31에 나타낸 것과 같이 플라이웨이트 끝의 롤러로 슬리브 윗 부분을 축방향으로 밀도록 되어 있으며, 시프트는 거버너 커버의 핀에 설치된 가이드 레버와 결합되고 가이드 레버 중간에 플로팅 레버가 설치된다. 플로팅 레버의 아래 끝은 서포팅 레버가 설치되어 있다. 이 서포팅 레버는 편심 축을 통하여 제어 레버가 설치되어 있기 때문에 제어 레버를 조작하여 플로팅 레버를 움직이게 된다.

플로팅 레버의 상부에는 스타트 스프링이 있으며, 플로팅 레버를 거쳐서 제어래크를 연료 증가의 방향으로 끌어당기고 있다. 텐션 레버와 스피드 세팅 레버사이에는 거버너 스프링이 설치되어 속도조정볼트에 의해 항상 당겨진다. 따라서 상용 운전 범위에서는 텐션 레버 아래 끝은 스토로크 조정볼트에 접촉되어 있고 텐션 레버의 아래쪽 측면에 핀이 끼워져 있다. 이 핀은 서포트 레버의 상부 홈에 끼워져 있기 때문에 고

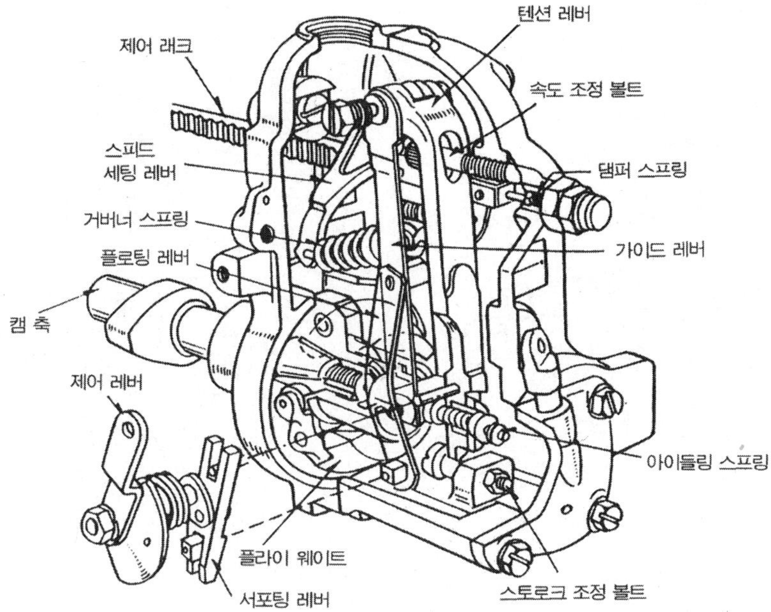

그림 6-31 RAD형 거버너

속을 제어할 때 텐션 레버에 압입된 핀과 서포트 레버 및 플로팅 레버의 링크에 의하여 레버비를 크게 할 수 있다.

(1) 시동시 및 아이들링시의 제어

그림 6-32에서와 같이 엔진의 작동이 정지된 상태에서는 플라이웨이트가 거버너 스프링, 아이들링 스프링, 스타트 스프링에 의해서 당겨지므로 수축되어 있다. 이 상태에서는 연료의 분사량이 증가되는 방향으로 제어 레버를 움직이면 스타트 스프링과 아이들링 스프링의 작동으로 제어 래크가 전부하 위치를 넘어 시동할 때 최고 분사량 위치까지 움직이게 된다.

그림 6-33과 같이 일단 엔진이 시동하여 제어 레버가 아이들링 위치로 되돌아가면 플라이 웨이트는 회전수의 변화에 의해 그의 원심력을 증감하는데, 아이들링의 회전수에 있어서 원심력으로는 아이들링 스프링을 압축하는 정도의 것으로 플라이 웨이트의 원심력과 아이들링 스프링 및 스타트 스프링의 힘이 균형을 이루어 일정한 제어래크 위치를 유지하므로 엔진은 원활한 아이들링 운전의 상태가 된다.

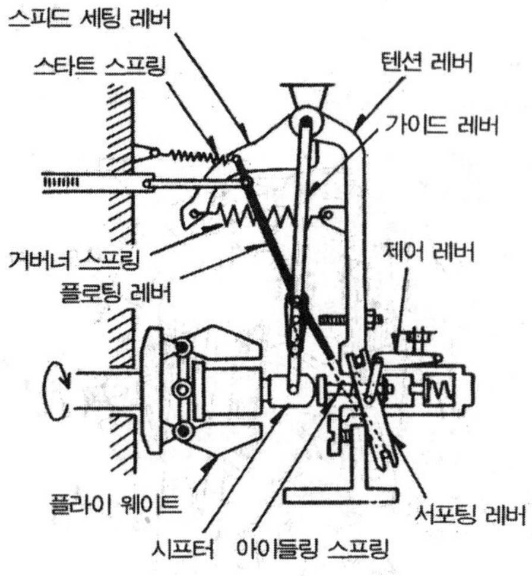

그림 6-32 시동시

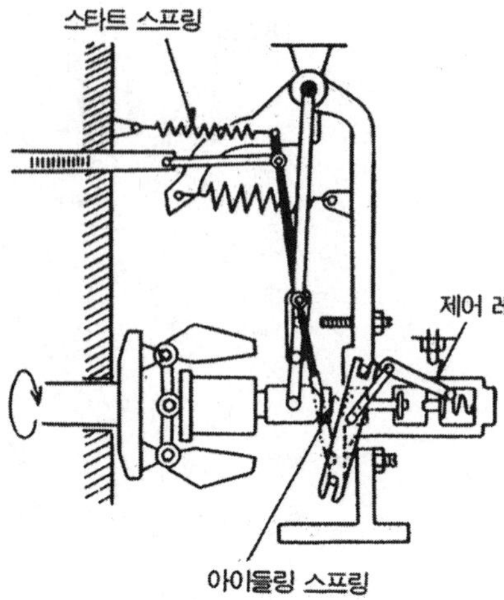

그림 6-33 아이들링 시

(2) 상용회전시

그림 6-34에서와 같이 제어레버를 분사량이 증가되는 방향으로 움직이면 제어 레버에 연결된 편심 축에 의하여 서포트 레버도 지점 A를 중심으로 회전하여 제어 래크를 연료증가 방향으로 밀어 엔진 회전수를 상승시킨다.

회전이 상승하면 아이들링 스프링의 로드는 앵글라히의 로드에 닿아서 앵글라히 스프링의 힘에 플라이 웨이트의 원심력이 우세해 질 때까지의 이점에서 멈춘다. 또다시 회전이 상승하면 플라이 웨이트의 원심력이 앵글라히 스프링의 힘에 이기면 시프트는 앵글라히 스프링을 압축하여 가이드 레버와 일체로 오른쪽으로 이동하여 텐션 레버에 직접 닿게 된다. 그러나 텐션 레버는 거버너 스프링에 의해 강하게 당겨지므로 상용회전수의 범위에서는 지점 A는 움직이지 않고 제어레버의 조작이 편심축을 거쳐서 그대로 제어래크에 전달되어 연료의 증감이 이루어진다.

(3) 최고회전시의 제어

엔진의 부하에 따라 규정된 최고 속도가 되면 플라이 웨이트의 원심력은 거버너 스프링 장력보다 커지므로 벌어지기 시작한다. 플라이 웨이트는 열리기 시작하여 이 움직임은 시프트 및 텐션 레버를 오른쪽으로 움직이게 되며 그림 6-35과 같이 지점 A 점도 이동하므로 연결된 제어 레크는 연료 감소 방향으로 끌어 당겨져 정해진 엔진의 최고 회전수를 넘지 않도록 제어 한다.

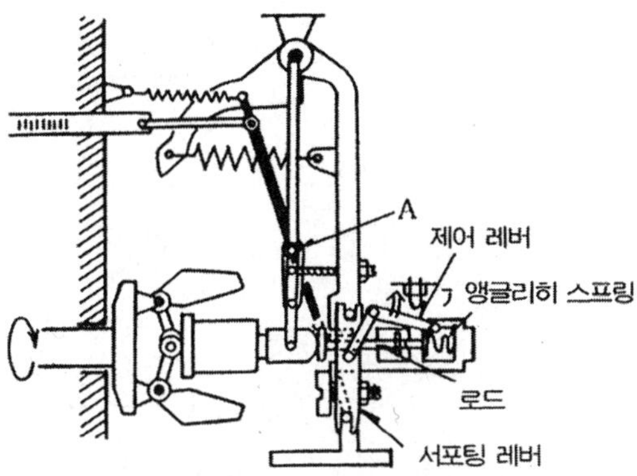

그림 6-34 상용 회전시

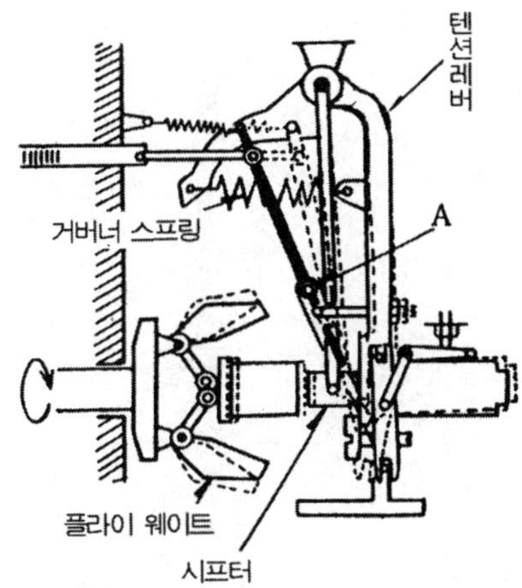

그림 6-35 최고 회전시

3) 앵글라히 기구

앵글라히란 평균이라는 의미의 독일어로 앵글라히기구는 어댑터기구 또는 토크제어기구라고 한다. 앵글라히기구는 연료의 분사량을 흡입공기량에 적합시켜 엔진의 특성에 맞추어서 분사량 특성을 엔진의 회전속도역에서 보정하는 기구이다. 그림 6-36은 앵글라히 장치를 나타내고 있고, 그림 6-37는 앵글라히기구의 특성을 나타낸 것이다. 이 특성은 저회전 속도역을 기준으로 하여 고회전역에서 분사량을 감소 또는 증가시켜서 보정제어를 하는 것이다.

그림 6-37의 A-B와 같이 고속회전역에서 분사량을 감소시키는 방향(혹은, 저속회전역에서 분사량 증가)으로 컨트롤로드의 위치를 보정하는 것을 정앵글라히기구라고 하고 역으로 A-C와 같이 고속회전역에서 분사량을 증가시키는 방향(혹은, 저속회전역에서의 분사량 감소)으로 컨트롤 로드의 위치를 보정하는 것을 역앵글라히기구라 한다.

그림 6-38에 나타낸 것과 같이 저속회전시에 충분한 출력이 얻어지도록 분사량을 A점에 세트면, 고속회전시에는 분사펌프 특성에 의해 분사량은 B점이 되며, 분사량 과다로 공기량 부족이 되기 때문에 불완전연소하여 흑연을 배출하게 된다. 또한 반대로 고속회전시에 완전 연소하도록 분사량을 D점에 세트하면 저속회전시에는 충분한 공기량이 있어도 분사량은 C점이 되며 엔진의 성능을 충분히 발휘하도록 할 수 없다.

이와 같이 엔진의 흡입공기량과 분사펌프의 분사량과의 관계를 적절하게 하여 저속회전역에서는 큰 토크가 얻어지도록 분사량을 A점에 세트하고, 고속 회전역에서는 분사량이 D 점이 되도록 조정하여 흑연을 방지하는 것이 앵글라히 기구의 필요성이다.

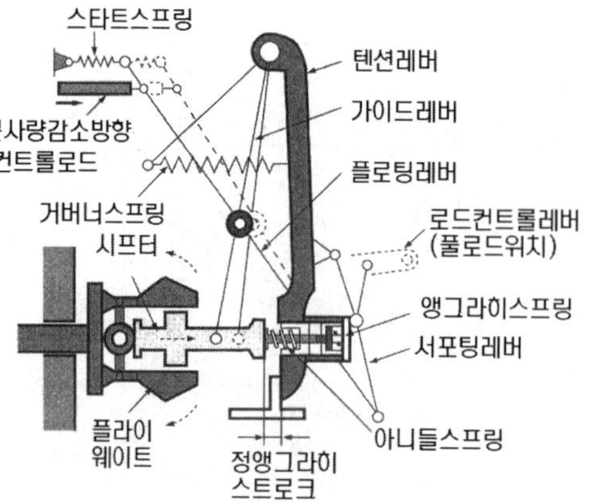

그림 6-36 앵글라히 기구의 작동

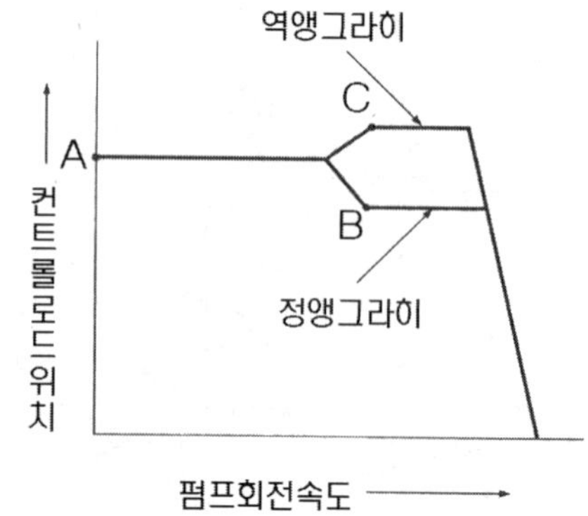

그림 6-37 앵글라히 기구의 특성

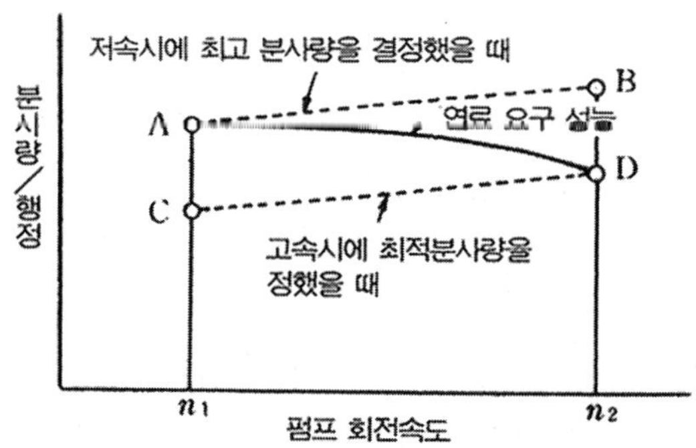

그림 6-38 분사량과 분사펌프 회전속도의 관계

그림 6-39는 앵글라히 기구의 구조를 나나낸 것으로 텐션 레버 하부의 아이들링 스프링에 직렬로 앵글라히 스프링이 설치되어 있다. 엔진의 회전이 낮을 때에는 플라이 웨이트의 원심력보다 앵글라히 스프링의 스프링력이 강하며, 시프트는 앵글라히 스프링을 압축할 수 없다. 이 때문에 앵글라히 장치가 없는 경우와 비교하여 시프트의 위치는 그림 6-39에 나타낸 것과 같이 앵글라히 행정만큼 분사량 증가의 위치가 된다.

엔진의 회전수가 상승함에 따라 플라이 웨이트의 원심력이 점차로 커져서, 앵글라히 스프링의 스프링력보다 커지면, 시프터는 앵글라히 스프링을 압축하여 직접 텐션 레버에 닿게 되어 앵글라히 장치의 작동은 끝난다. 이와 같이 엔진의 회전수가 아이들링에서 상용회전으로 상승해도 시프트가 텐션 레버에 닿지 않고, 최고회전제어를 시작하기까지의 사이에 앵글라히 행정만큼 오른쪽으로 움직여 제어래크를 분사량 감소 방향으로 잡아당겨 흡입공기량에 적합한 분사량으로 조정하는 것이다.

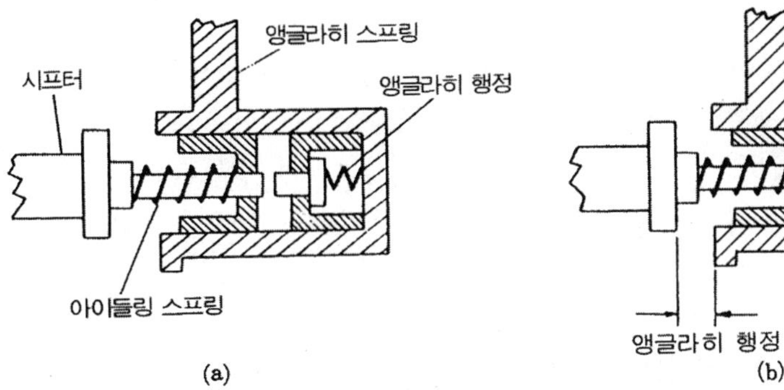

그림 6-39 RAD형 거버너의 앵글라히 기구

6.2.5 공기식 거버너

공기식 거버너는 소형 디젤기관에 사용되는 것으로서, 엔진의 회전속도와 흡기 다기관 진공 변화에 의해 연료 분사량을 조절하며 모든 회전속도 범위를 제어하는 전속도 거버너이다. 구조가 간단하여 값은 저렴하나 부압을 작동원으로 하고 있어서 공기의 밀도가 변화되는데 따라 제어특성이 영향을 받아서 지대가 높거나 낮은 곳을 주행하는 차량에는 적합하지 못한 점이 있다.

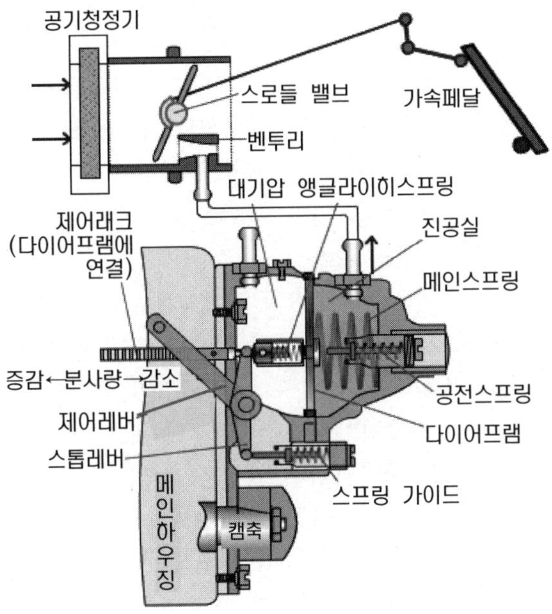

그림 6-40 공기식 거버너의 구조

공기식 거버너는 그림 6-40에 나타낸 것과 같이 제어래크가 다이어프램에 연결되어 있고, 다이어프램에 의해 진공과 대기압실로 형성된다. 진공실은 스로틀 보디의 벤튜리에 연결되어 있고, 대기압실에는 스톱레버 및 앵글라이이히 스프링을 통해 제어랙을 눌러 최대 분사량 위치에 있게 한다. 기관 회전수가 증가하면 벤투리부의 진공실(부압실)의 진공도가 증가하여 메인 스프링 장력을 이기고 제어래크를 감소 방향으로 이동시킨다.

6.2.6 자동차용 거버너의 특징

현재 사용하고 있는 자동차용 기계식 거버너는 중간 속도 제어 특성이 다른 최고·최저 속도 제어식 거버너와 전속도 거버너(all speed governor)가 많이 사용되고 있다.고·저속 거버너는 주로 대형 엔진에 사용되고 있다. 이 거버너의 중간 회전수 영역은 직접 외부에서 컨트롤 래크를 제어하고, 거버너는 컨트롤 래크 위치를 제어하지 않는다.

올 스피드 거버너(전속도 거버너)는 건설기계나 특장차에 사용되며, 자동차용 중 소형 엔진에도 널리 사용되고 있다. 이 거버너는 중간 회전수 영역에서도 회전수 제어를 하고, 부하가 변동해도 동회전수를 일정하게 유지할 필요가 있는 차량에 사용되고 있다.

전부하 분사량 특성이 자유도가 많은 캠 기구(torque cam)에 의해 결정되고, 액셀 패달에 거버너 스프링의 반력이 직접 작용되지 않도록 되어 있어 운전성 측면에서 우수하게 되어 있다. 고·저속 거버너와 올스피드 거버너의 엔진토크 특성을 그림 6-42와 비교하면 다음과 같다. 일정차속으로 주행하고 있는 상태에서 가속하는 경우, 가속에 필요한 여유 토크는 엔진이 발생하는 토크와 주행 저항의 차이가 되지만, 올스피드 거버너의 경우는 목표 차속에 맞추어 액셀 개도까지 밟으면 전부하 토크로 엔진은 전력 가속되고 나서 목표 차속으로 안정된다.

한편 고·저속 거버너는 액셀을 밟아도 액셀 개도에 맞춘 부분부하 토크에서 밖에 가속되지 않는다. 올스피드 거버너와 같은 가속을 하는 데는 한번 액셀을 전부하 위치까지 밟을 필요가 있다. 즉 고·저속 거버너는 액셀을 약간만 밟으면 여유 토크가 작기 때문에 가속 응답성이 나빠진다. 이에 반해 올스피드 거버너는 가속 응답성이 좋지만, 속도 변동률을 너무 작게 하면 액셀 조작이 민감해지고, 가속시 쇼크(shock)가 커진다. 또 정숙 주행을 하고 있을 때 도로 구배가 증가하면 주행 저항이 증가하여 엔진 회전수가 떨어지지만, 이 경우에는 올스피드 거버너 쪽이 회전수 저하가 적어 운전하기 쉽다.

한편, 고·저속 거버너는 조작레버에 컨트롤 래크를 움직이는 저항만 작용하기 때문에 일반적으로 조작력은 가볍다.

종류	올스피드 특성	고·저속 특성
제어특성	전회전수 영역에서 조속(調速)을 한다.  분사량 -> 大 엔진 회전수 -> 高	중간회전수 영역에서는 조속(調速)을 하지 않는다.  분사량 -> 大 엔진 회전수 -> 高

그림 6-41 기계식 거버너의 종류와 제어특성

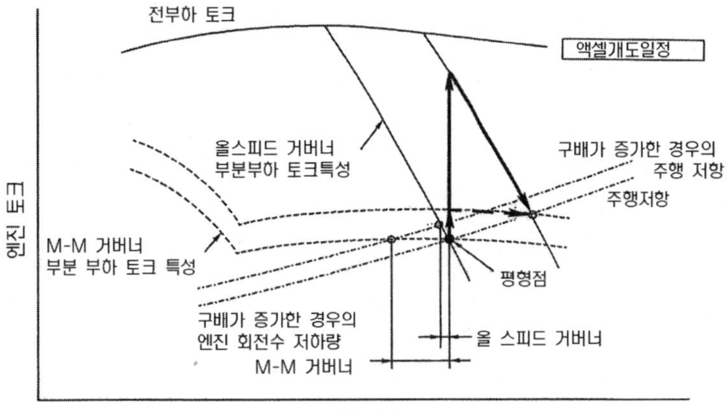

그림 6-42 고·저속 거버너와 올스피드 거버너의 토크 특성 비교

6.3 타이머(분사시기 조정장치)

6.3.1 개요

디젤엔진의 연소에 있어서 실린더 내에 분사된 연료가 착화 연소하여 피스톤에 유효한 일을 할 때에는 어느 정도의 시간을 요하게 된다. 디젤엔진의 연료전달의 경우는 분사펌프에 의해 가압된 연료는 분사관을 통해 분사노즐로 압송되는데 이때, 연료 압송의 개시시기와 실제 분사노즐로부터 연료가 분사되는 시기에는 반드시 시간적인 지연이 생긴다. 따라서 타이머는 노즐로부터 연료의 분사가 개시되는 시기를 일정하게 하기 위해서 엔진의 회전속도가 상승하는데 따라 연료의 압송개시시기를 그에 상응하는 것만큼 앞당기게 하는 기능을 한다.

디젤엔진의 연료계통은 분사지연과 아울러 착화지연도 발생한다. 분사지연은 플런저가 플런저배럴의 퓨얼 포트를 닫은 다음, 고압의 연료가 분사노즐에서 분사되기까지는 압력 도달시간을 요하는데 지체되는 시간을 말한다. 그리고 착화지연은 연료가 연소실 내에 분사노즐을 통해 분사되고 나서 착화되기까지의 지연되는 시간을 말한다.

따라서, 이러한 분사지연과 착화지연으로 말미암아 엔진의 회전속도가 높아질수록 크랭크각도가 커지면서 최적의 착화시기를 얻어지지 못하게 한다. 그러므로 적정의 착화시기를 얻기 위해서는 플런저의 상승시기, 즉 연료의 분사개시를 빠르게 하여 엔진의 회전속도가 상승되는데 따라 연료의 압송개시시기를 그에 상응하는 만큼 앞당기게 하는 역할을 하는 필요하다. 이러한 역할이 타이머이고, 타이머는 분사지연과 착화지연을 보상하기 위해 고압연료 송출개시 시점을 기관의 회전속도에 따라 진각시키는 장치이다.

타이머는 기관의 작동 중 분사펌프 구동축을 기관의 크랭크축에 비해 상대적으로 더 회전시켜 분사펌프의 송출 시기를 진각시킨다. 그림 6-43과 같이 엔진측의 구동축과 분사펌프 측의 피동축의 회전방향에 위상차를 줌으로써 분사펌프의 분사시기를 조절하는 역할을 한다.

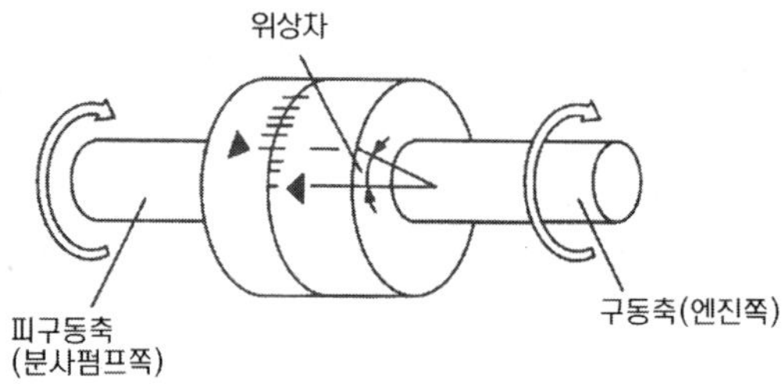

그림 6-43 타이머의 구조

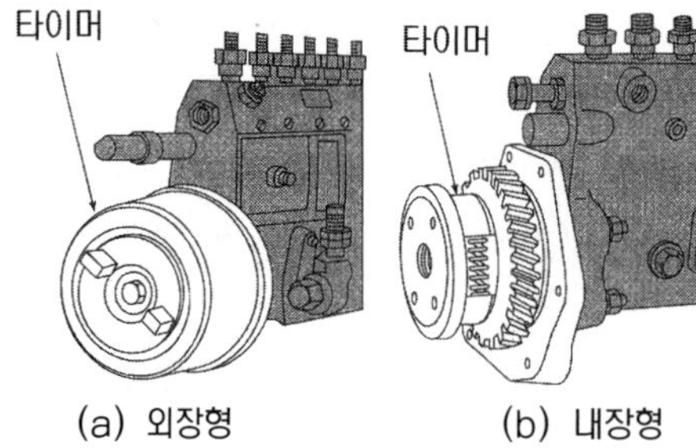

그림 6-44 타이머의 구동방식

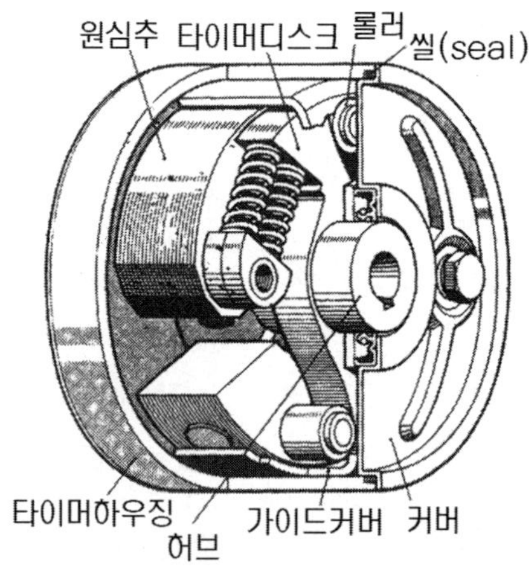

그림 6-45 분사타이머(Injection timer)

엔진과 분사펌프의 구동축간의 위상을 바꾸어 회전속도가 빠르면 분사시기를 빠르게 하고, 속도가 떨어지면 분사시기를 늦추는 작용을 하는 것이다. 종류는 외장형과 내장형이 있다. 외장형은 엔진 구동축의 선단에 부착된 커플링에 의해 구동되고, 내장형은 타이머에 기어가 부착되어 엔진쪽의 기어와 직접 물려서 구동된다.

타이머는 고속기관인 자동차엔진이거나 고압 파이프의 길이가 긴 기관들에는 반드시 설치한다. 이러한 타이머는 그림 6-45와 같이 원심력을 이용한 원심식 분사 타이머가 주로 사용되고 있다. 이 형식의 타이머 진각량은 분사펌프 구동축 회전각으로 약 3~10°정도가 대부분이다.

6.3.2 구조

그림 6-46과 같은 원심식 타이머는 원심력에 의해 회전속도에 따라 작동한다. 타이머 스프링은 원심추 홀더에 고정된 베어링 핀과 구동 플랜지의 저널 사이에 설치되며 플랜지의 저널은 원심추 곡면에 접촉되어 있다. 원심추는 베어링 핀을 중심으로 움직일 수 있도록 되어 있으며 저널을 사이에 두고 타이머 스프링에 의해 밀착되어 있다.

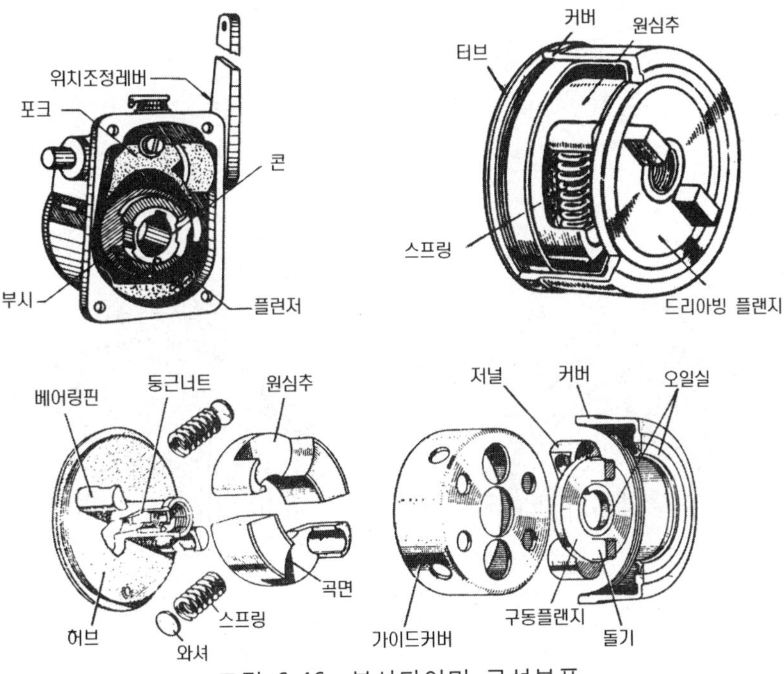

그림 6-46 분사타이머 구성부품

하우징 내에는 가이드커버가 회전할 수 있는 구조로 설치되어 있고, 가이드 커버와 디스크 및 허브는 서로 간에 고정된 상태로 연결되어 있다. 허브에는 분사펌프 구동 캠축이 너트 조립되어 있다. 디스크는 원심추에 설치된 스프링과 롤러 사이에 끼워진다. 따라서 스프링은 디스크를 롤러에 밀착시키게 된다. 디스크의 롤러 접촉면은 곡면으로 되어 있다.

엔진의 회전 속도가 증가되면 원심추에 작용되는 원심력이 커져 스프링을 압축한다. 이에 따라 저널은 원심추면을 섭동하여 베어링핀이 당겨지면 베어링 핀은 분사펌프 캠축을 어느 각도만큼 회전시켜 분사시기를 진각 한다.

6.3.3 작동원리

그림 6-47(a)는 정지 또는 저속으로 회전할 때 플랜지의 저널은 타이머 웨이트, 베어링 핀을 거쳐 캠축을 구동하고 있다. 저널은 원심추를 안쪽으로 밀어 붙인다. 기관의 회전속도가 상승하면 6-47(b)와 같이 원심추의 원심력이 증가되어 타이머 스프링을 압축하여 베어링 핀이 당겨진다. 이때 베어링 핀의 움직임을 분사펌프의 캠축을 구동축에 대하여 어느 각도 만큼 회전시켜 분사시기를 빠르게 한다.

원심력이 스프링장력보다 커지면 디스크는 분사시기가 진각되는 방향으로 회전하게 된다. 디스크에 고정된 허브, 허브에 고정된 분사펌프 구동축도 동시에 진각방향으로 회전한다. 회전속도가 낮아져 원심력이 스프링장력보다 낮아지면 원심추는 다시 초기위치로 복귀한다.

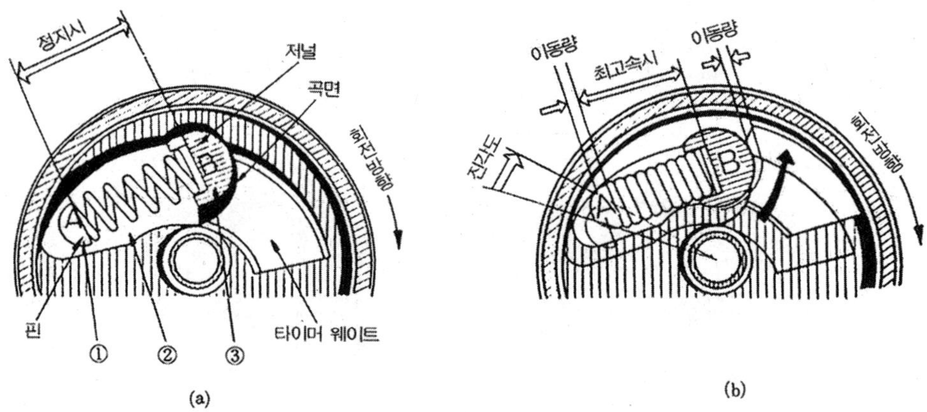

그림 6-47 타이머의 동작원리

타이밍기어 커버 외부에 설치하는 타이머는 윤활목적 뿐만 아니라 진동을 감쇠시키기 위해 타이머 내부에 일정량의 오일(oil)을 주입한다.

타이머의 최대 진각도는 원심추의 뒷면이 구동 플랜지 안쪽면에 접촉된 위치로 결정되며, 분사시기는 진각도는 600 rpm 이상이 되면 작용되며, 진각량은 10~15°이고, 100 rpm 증가 될 때마다 0.5~0.7 °가 증감된다.

6.4 분사노즐

6.4.1 개요

분사노즐은 분사펌프에서 공급된 고압의 연료를 미세한 안개모양으로 연소실 내에 분사하는 것으로, 연소실 내의 공기와 잘 혼합하기 위하여 무화, 관통, 분포의 연료 분사 요건이 만족되도록 연소실의 크기나 형상에 맞추어서 적합한 것이 선택되어야 한다. 또한 연료의 분무상태가 연소상태에 크게 영향을 미치게 되므로 다음의 조건을 만족하여야 한다.

1) 무화(atomization)가 좋아야 한다.

연료입자가 작을수록 기화나 연소가 빠르게 진행되므로 연료입자는 가능한 작을수록 좋지만 너무 작으면 관통도가 불량하게 된다. 연료입자의 직경은 분사압력, 노즐의 직경, 형상, 연소실내의 온도, 공기의 와류 등에 의해 결정된다.

2) 관통력(penetration)이 적절할 것

연료입자의 운동량은 질량에 비례하므로 관통력이 커지려면 연료입자가 큰 것이 유리하다. 하지만 미립화와는 상반된다. 또한, 관통력이 지나치게 클 경우는 분사가 연소실의 벽면에 부착, 응축되면서 불완전연소를 일으킬 수 있다. 그러므로 이 관통력은 연소실의 형상이나 압축공기의 스월, 스퀴시 등의 강도에 알맞은 크기의 것이어야 한다. 관통력은 일반적으로 연료입자 지름의 3승과 진행속도의 2승에 비례한다,

3) 연료의 분포 및 분산도가 알맞아야 한다.

연소실내 분사된 연료입자들이 연소실 공간에 균일하게 분포되지 않고 노즐 끝이나 다른 특정부분에 밀집하게 되면 산소부족 등으로 불완전연소가 일어난다. 노즐에서 분사되는 연료의 입자는 노즐의 형상, 분사압력, 노즐로부터의 거리, 입경 등에 따라 분포가 달라지게 된다. 따라서 연료의 분무는 연소실 전체에 알맞게 분산되어야 한다.

6) 분사율이 일정하여야 한다.

분사율(Q_d)이란 노즐로부터 분사되는 분사량의 시간적인 변화비율을 말하며 다음과 같이 정의한다.

$$Q_d = dQ_d/dt(cm^3/s)$$

분사율은 분사범프에서 발생되는 압력이 분사관으로 전파하여 노즐로부터 분사되는 시간적인 분사량으로 일정하여야 한다.

5) 노즐 유량계수가 적당해야 한다.

노즐 유량계수는 분사노즐의 고압쪽 압력, 저압쪽 유출 연료속도, 노즐유효길이 등의 관계에 의해서 나타나므로 분사펌프, 분사노즐의 종합성능 또한 유량계수의 적부로 결정된다.

분사노즐은 노즐홀더에 조립된 상태에서 실린더헤드에 끼워지고 홀더는 분사압력의 조정과 분사율의 제어를 하게 된다. 분사노즐은 혼합기형성과 연소진행 과정, 기관출력, 배기가스 성분조성과 그 수준, 연소소음 등에 큰 영향을 미친다.

6.4.2 노즐의 작동원리

노즐은 니들과 바디의 2개의 부품으로 구성되어 있다. 니들은 노즐홀더에 내장된 1개 또는 2개의 스프링에 의해 니들시트에 밀착되어 있다. 그림6-48은 노즐의 작동원리를 나타내고 있다.

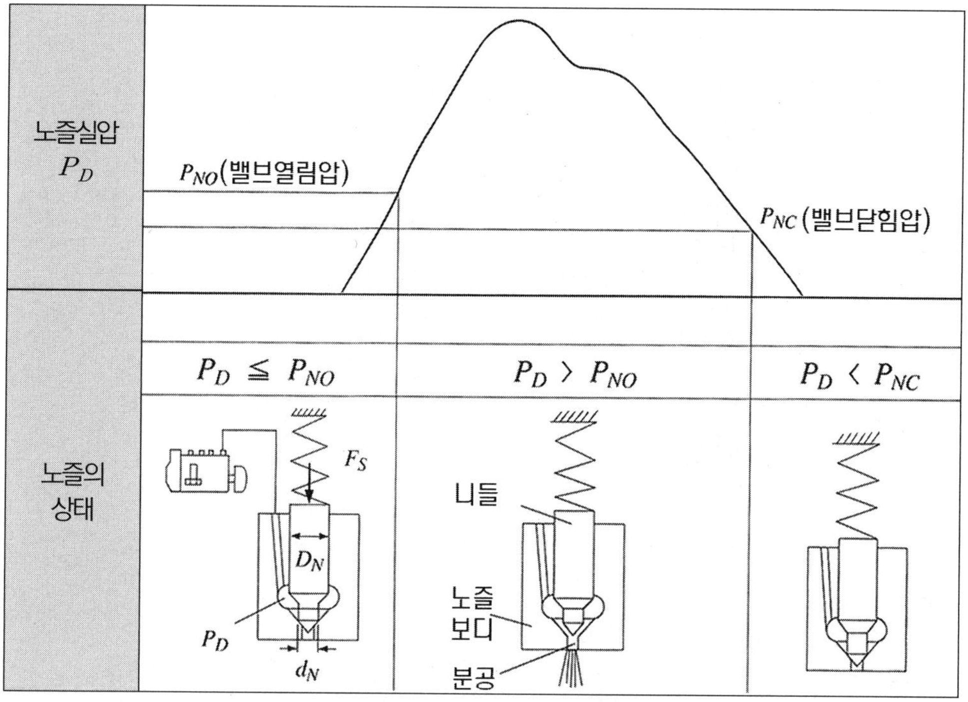

그림 6-48 분사노즐의 작동원리

분사펌프로부터 연료가 압송되면 노즐실의 압력 (PD)이 상승된다. 노즐실 압력이 니들밸브의 열림 압력보다 커지면 니들이 위쪽으로 밀려 올라가면서 보디에 마련되어 있는 분공을 통하여 연료가 무상으로 분사된다.

분사펌프로부터 연료압송이 종료되어 노즐실의 압력 PD가 밸브의 닫힘압 PNC보다 작아지면 니들은 하강을 시작하고 착좌되면서 분사가 종료된다. 니들은 자신의 시트에 밀착되게 된다.

6.4.3 분사노즐의 종류

디젤기관의 분사방식과 연소실 형식에 따라 홀형 노즐 또는 핀틀형 노즐이 사용된다. 홀형노즐은 직접분사식 기관에 사용되며, 핀틀형 노즐은 예연소실식과 와류실식에 주로 사용된다.

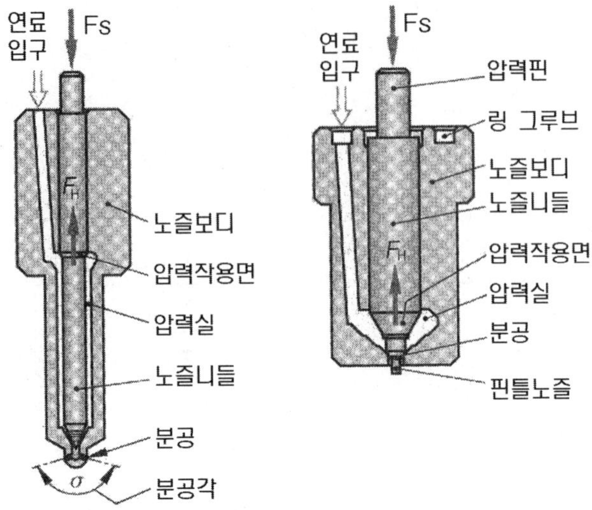

그림 6-49 홀형노즐과 핀틀형 노즐

1) 홀형 노즐(hole nozzle)

홀노즐은 그림 6-50에 나타낸 것과 같이 니들밸브의 끝부분이 축모양이 아닌 원추형으로 되어 있다. 홀형은 시트 하부에 색(sac)부라고 하는 공간이 있고, 색 중심을 향해 노즐 구멍이 가공되어 있다. 색부의 용적이 크면 미연 연료가 HC로 배출되는 양이 증가하고, 작으면 분무특성에 영향을 미친다.

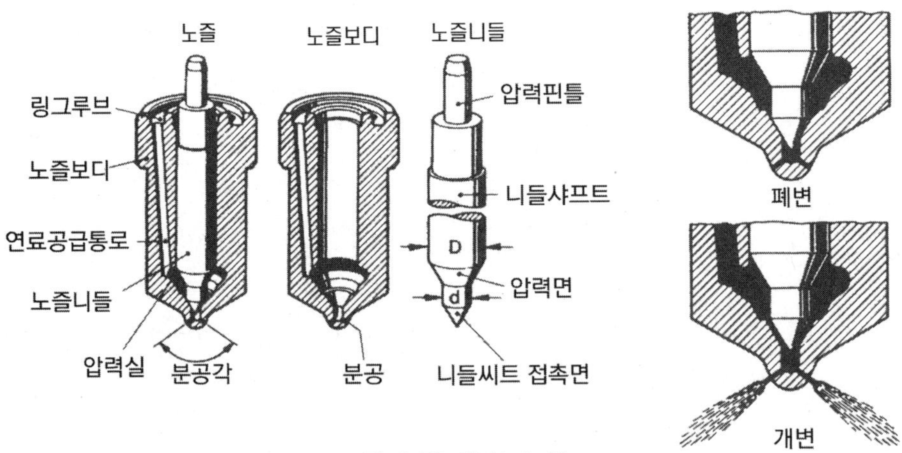

그림 6-50 홀형 노즐

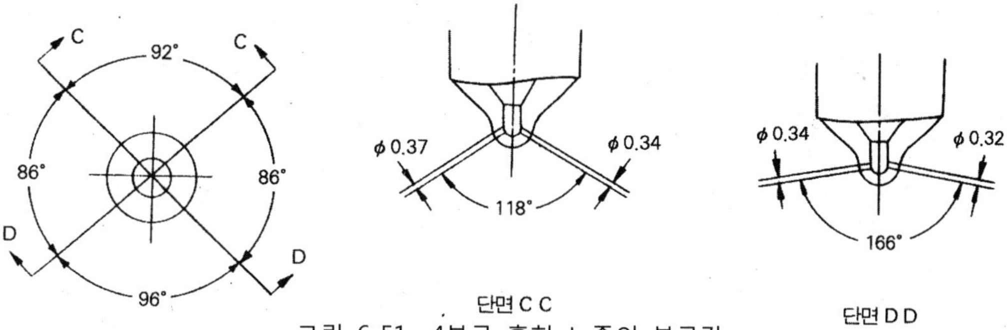

그림 6-51 4분구 홀형 노즐의 분구각

노즐형식	홀형노즐	핀형노즐
외관 형상	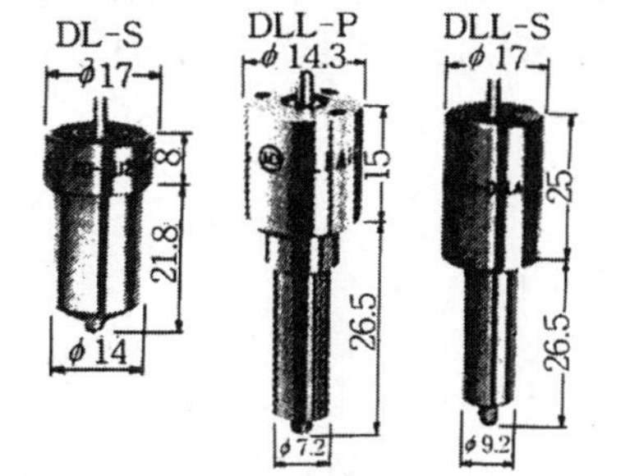	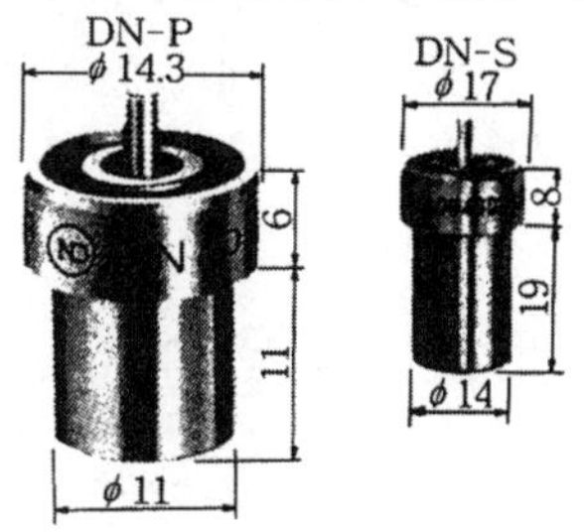
분공부 형상	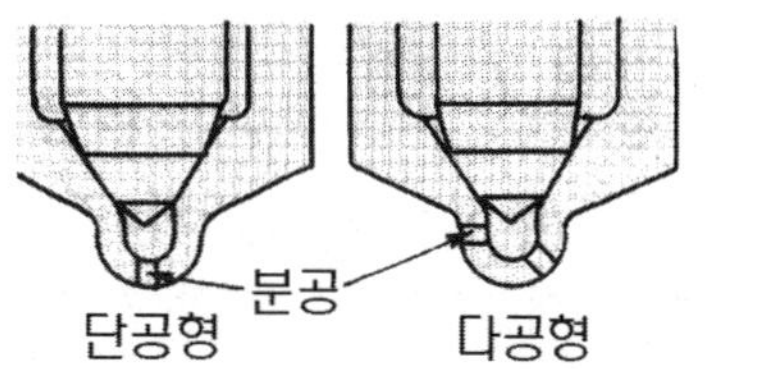	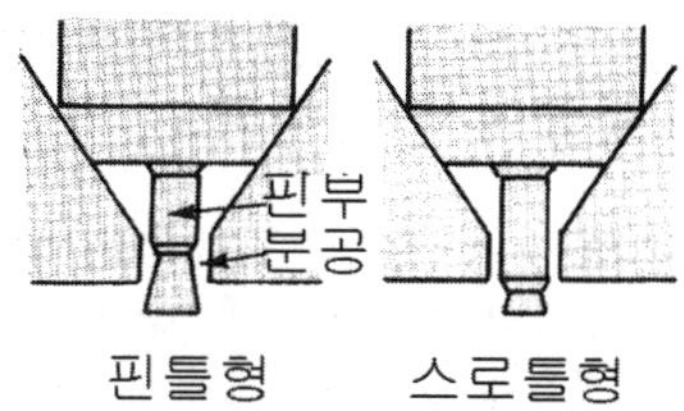
분공면적 특성	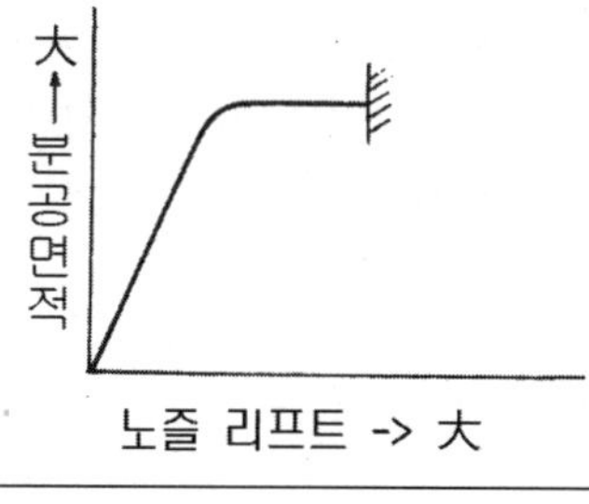	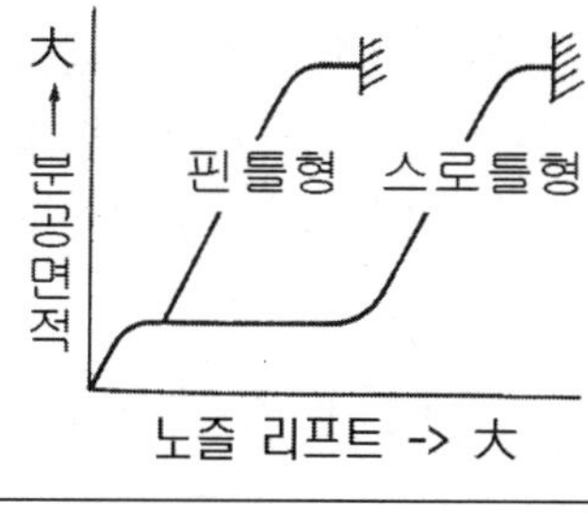

그림 6-52 분사노즐의 종류

노즐보디에 뚫린 분공의 길이는 0.6~1.0 mm정도이다. 일반적으로 분공의 길이는 분무의 퍼짐이나 관통력에 영향을 미친다. 분공의 길이도 필요이상으로 길게 하면 미연 연료의 배출량 증가를 가져온다. 따라서 분공의 길이가 짧으면 매연이 감소하는 것으로 보고되고 있어 분공의 길이를 짧게 하는 경향이 있다.

분출구멍의 개수에 따라 1개인 단공노즐과 여러 개인 다공노즐로 구분할 수 있다. 일반적으로 다공형(4~7개)이 사용되는데, 다공형 노즐은 분사각을 크게 할 수 있어 직접연소실에 주로 사용되고 있다.

다공형 노즐은 분공을 대칭 또는 비대칭으로 설치할 수 있는데, 대칭되는 분공간의 분공각은 약 160° 정도에 이른다. 분공의 직경은 약 0.15 mm~4.0 mm 범위가 대부분이다. 분공의 직경이 클수록 대형차에 적용된다.

그림 6-51는 분구가 4개인 다공노즐을 보여주고 있다. 분사구멍의 직경, 방향, 연소실형상에 따라 가장 좋은 연소상태가 얻어지도록 가공되어 있다. 따라서 홀형 노즐은 연소실에 대하여 장착하는 위치를 정할 필요가 있기 때문에 노즐바디 위치를 정해서 노즐홀드에 조립하도록 되어 있다.

2) 핀틀형 노즐(pintle nozzle)

핀틀형 노즐은 시트 아래에 분공이 1개 설치되어 있고, 니들 선단의 형상에 따라 니들이 리프트함에 따라 보디와 니들의 틈새(분공면적)가 변하는 구조로 되어 있다. 니들 선단의 형상을 변경함에 따라 분무의 퍼짐각이나 분공 면적의 특성이 바뀐다.

노즐의 개변압력은 홀노즐은 200~300bar인 반면 핀들형노즐은 대부분 80~125bar정도로 홀-노즐에 비해 낮다. 분사압력은 개변압력과는 다르다. 분사압력은 기관부하와 회전속도에 따라 변화하는데 최대분사압력은 전부하 최고 출력시에 2000bar까지 올라가기도 한다.

그림 6-53과 같이 노즐니들의 하단은 원통형 또는 역원추형으로서 노즐보디의 분공에 끼워진다. 이 형식은 홀형에 비해 연료의 분무각이 적으므로 그다지 큰 분무각을 필요로 하지 않은 와류실식이나 예연소실에 사용된다.

3) 스로틀형 노즐(throttling-pintle nozzle)

와류실식이나 예연소실식을 사용하는 엔진에서는 주로 스로틀형이 사용되고 있다. 스로틀형 노즐은 핀틀형의 변형으로 노즐의 니들밸브 끝을 콜크-병마개를 거꾸로 한 것과 비슷한 형상으로, 분사되는 연료의 흐름을 교축하는 노즐이다.

스로틀형은 밸브의 리프트 변동에 따라 노즐의 분사 개구면적을 정밀하게 제어할 수 있다. 이것은 분사가 시작된 초기에는 니들밸브의 원뿔부분과 분출공과의 간극이 작기 때문에 연료분사량이 작게 되고, 연료분사기간 후기에 연료분사량이 증가되어 디젤 노크를 방지할 수 있는 특징이 있다.

그림 6-54와 같이 노즐의 분사공은 개변초기에는 즉, 연료압력에 의해 노즐니들이 상승하기 시작하는 순간에는 아주 가는 링 형상의 좁은 단면적만 열리게 되어 연료분사량이 작다. 연이어 연료압력이 더욱 상승하여 노즐니들이 더 올라가면, 분사유효단면적은 점점 증가하여 노즐니들의 상향행정 종료 무렵에 분사유효단면적이 가장 크게 되어 주 분사가 이루어진다.

스로틀링 핀틀노즐의 개변압력은 역 100~150 bar 정도이다. 그림 6-55는 핀틀형과 스로틀형의 니들 리프트량에 따른 분구의 면적을 나타낸 것이다.

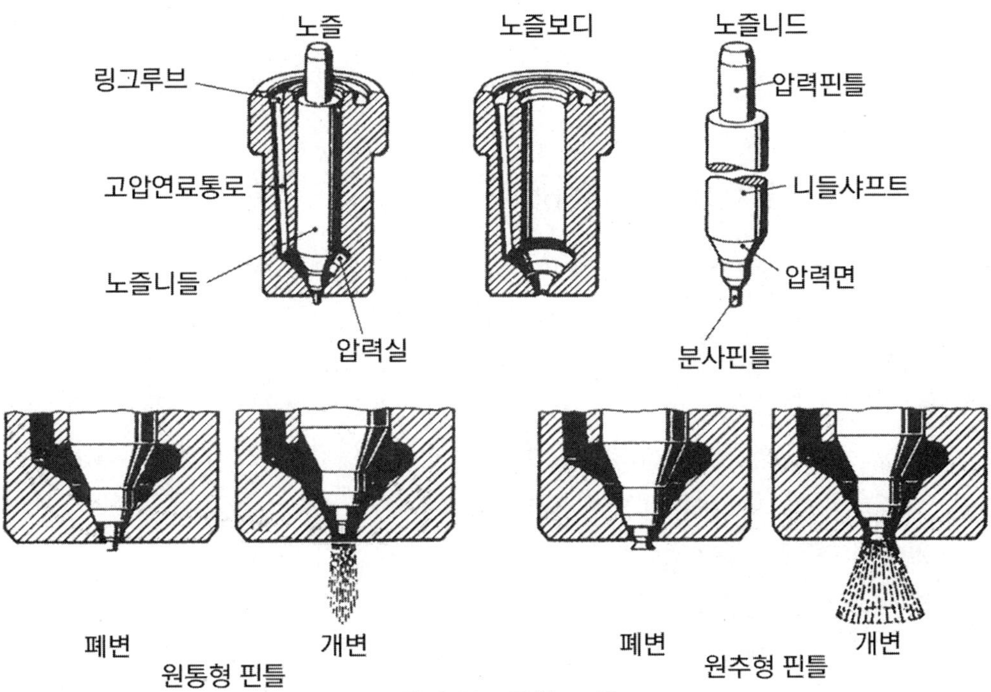

그림 6-53 핀틀 노즐

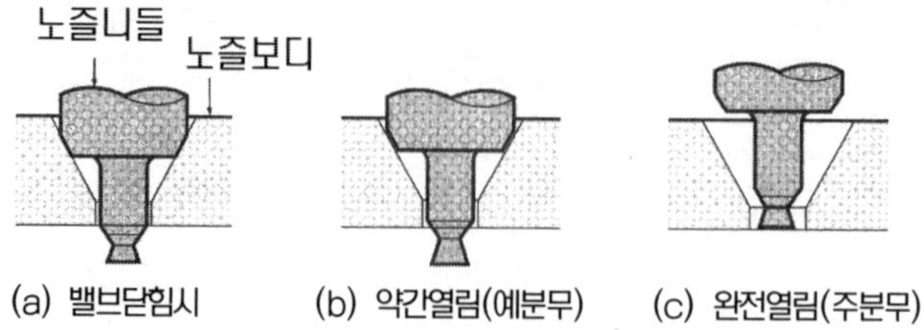

그림 6-54 스로틀형 노즐의 분사상태

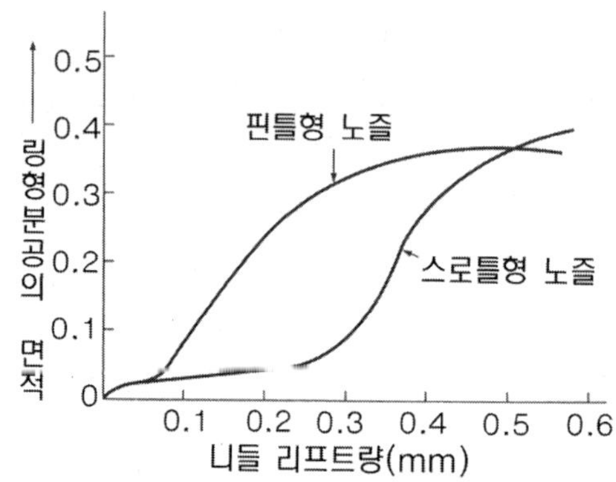

그림 6-55 스로틀형 노즐과 핀틀형 노즐의 분구면적의 변화

6.4.4 노즐홀더(nozzle holder)

노즐홀드는 노즐의 작동을 원활하기 위하여 노즐의 위치와 방향을 고정하고 니들밸브가 어느 압력 이상이 되면 열리도록 조정하는 장치이다. 노즐홀드는 노즐을 실린더헤드에 장치함과 동시에 노즐까지 연료를 보내는 통로의 역할을 하며, 노즐의 분사개시압력을 조정한다.

노즐홀드는 다음의 기능을 담당하고 있다.

1. 분사노즐을 엔진의 지정된 위치에 조립한다.
2. 분사노즐에서 분사되는 연료에 압력을 조정한다.
3. 연소실내의 기밀을 유지한다.
4. 노즐바디와 니들밸브 사이에 누출된 연료를 연료계통에 복귀시킨다.

그림 6-56은 노즐과 노즐홀드의 구조를 나타낸다. 분사개시 압력의 조정방식에 따라 내부조정식(조정심에 의한 조정)와 외부조정식(조정나사에 의한 조정)으로 나눌 수 있다.

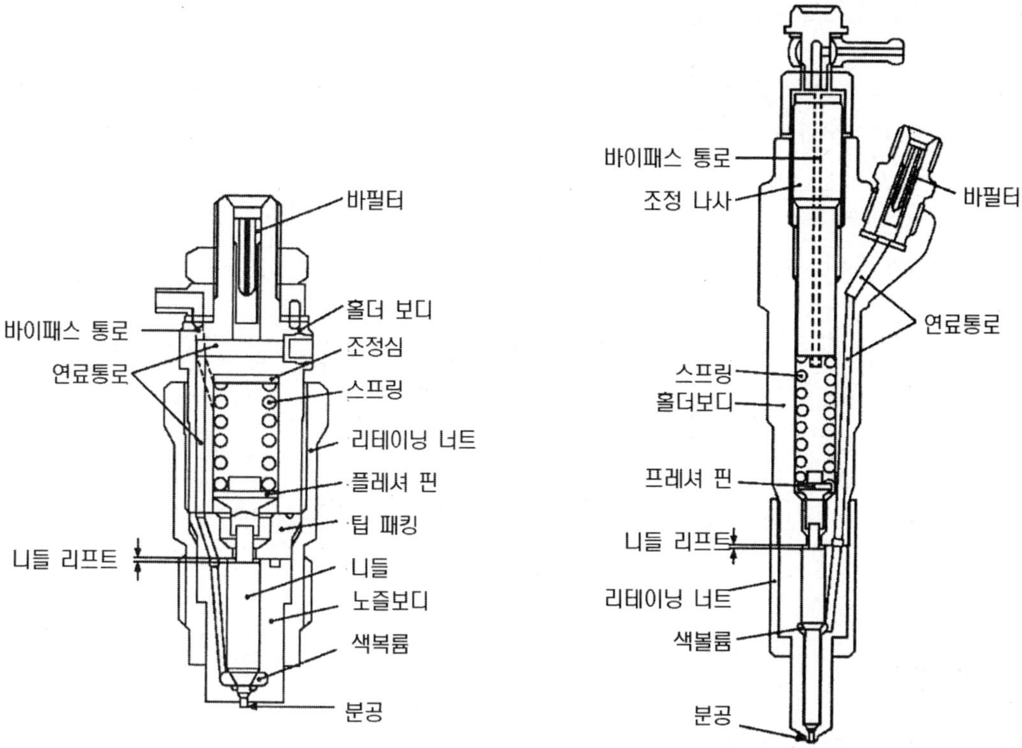

(a) 내부 조정식　　　　　　　　(b) 외부 조정식

그림 6-56 노즐과 노즐홀드의 구조

그림 6-56(b)에서 조정나사를 조여주면 분사압력이 증가하고, 조정나사를 풀어주면 노즐스프링의 장력이 약화되어 분사압력이 낮아진다.

분사펌프로부터 압송된 연료는 홀드바디의 연료통로에서 노즐바디의 연료챔버에 공급되어 압력이 분사개시 압력보다 높아지면 니들밸브가 상승되어 분공에서 분사가 이루어진다. 연료의 압력이 분사개시 압력보다 낮아지면 니블밸브는 제자리로 리턴되어 연료의 분사가 완료된다. 노즐의 니들밸브 개폐시의 응답성은 니즐밸브, 프레셔 핀, 스프링의 관성질량에 영향을 받는다.

6.4.5 분사량의 불균율

실린더 수가 많은 기관에서 각각의 실린더에 공급하는 연료 분사량의 차이가 생기면 폭발압력의 차이가 발생하여 진동을 일으킨다. 불균율의 허용범위는 전부하 운전에서는 ±3%, 무부하 운전에서는 10~15%이다. 따라서 각 플런저의 분사량은 제어래크의 모든 위치에서 똑같은 것이 바람직하며 각 실린더의 분사량을 측정하여 불균일을 규정범위로 조정하여야 한다. 분사량 불균일은 다음의 공식으로 산출한다.

$$\text{평균분사량} = \frac{\text{각 분사노즐의 분사량 합}}{\text{실린더수}}$$

$$(+)\text{불균율} = \frac{\text{최대분사량} - \text{평균분사량}}{\text{평균분사량}} \times 100\%$$

$$(-)\text{불균율} = \frac{\text{평균분사량} - \text{최소분사량}}{\text{평균분사량}} \times 100\%$$

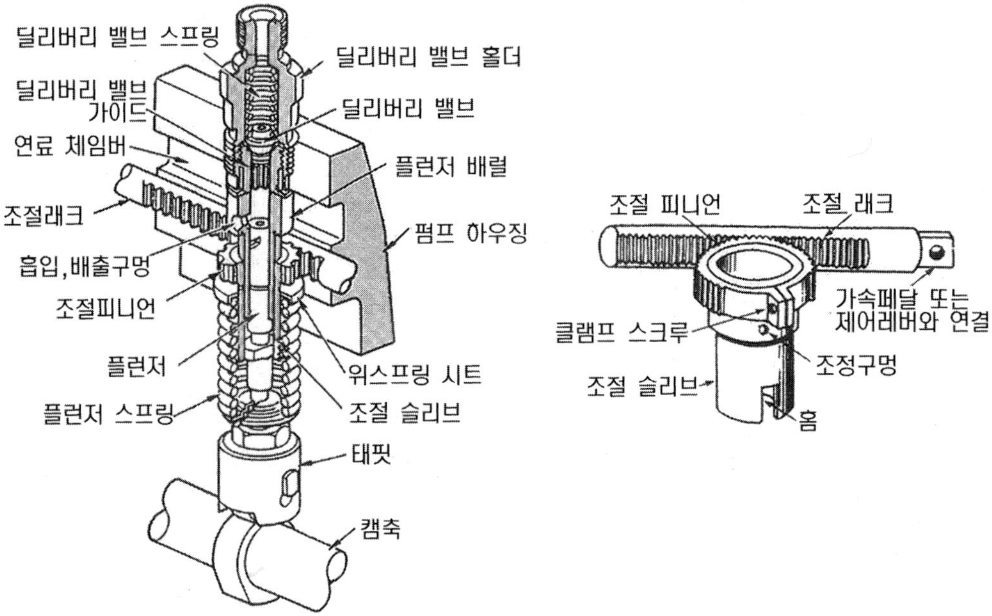

그림 6-57 분사량 조정 방법

표 6-2 리드의 방향과 분사량

리드의 방향	회전방향과 분사량	
	회전방향	분사량
왼쪽리드	우측	분사량 증가
오른쪽리드	좌쪽	분사량 증가

분사량 불균일 조정은 조절 피니언과 슬리브의 위치를 바꾸어 조정한다. 조절 피니언의 클램프 스크루를 가볍게 푼다. 다음 조절 슬리브를 렌치나 펀치로 조정구멍을 좌우로 타격하여 회전시킨 후 조인다.

6.5 분배형 분사펌프

6.5.1 개요

분배형 분사펌프는 승용차 등의 소형 디젤엔진에서 주로 사용하는 형식으로, 하나의 펌프 엘리먼트에서 연료를 각 실린더로 공급되도록 한 형식이다. 즉, 열형 분사펌프는 실린더수에 따른 각각의 독립된 플런저를 가지고 있는 것에 비하여, 분배형 분사펌프는 실린더 수와는 무관하게 1개의 플런저에 의해 연료를 각 실린더에 압송, 분배, 공급하도록 되어 있다. 따라서 엔진은 소형, 경량으로 만들 수 있고, 고속화가 가능한 것이 특징이다. 주로 6기통 이하의 소형 엔진용 기관에 사용된다.

분배형 분사펌프의 특징은 다음과 같다,

① 소형, 경량이고 고속회전이 가능하다
② 기관시동이 용이하다(최대분사량의 2배 이상 과잉 분사가 가능하다)
③ 불균일이 2% 이내로 연료 분사량이 균일하다
④ 펌프윤활을 위한 특별한 윤활유가 필요 없다.
⑤ 엔진의 흡입효율이 양호하다

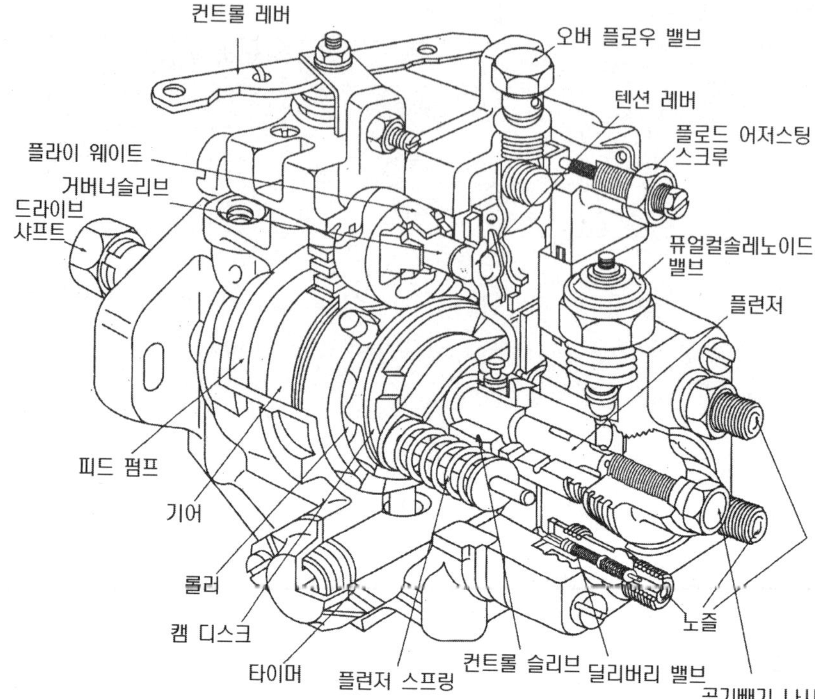

그림 6-58 분배형 분사펌프

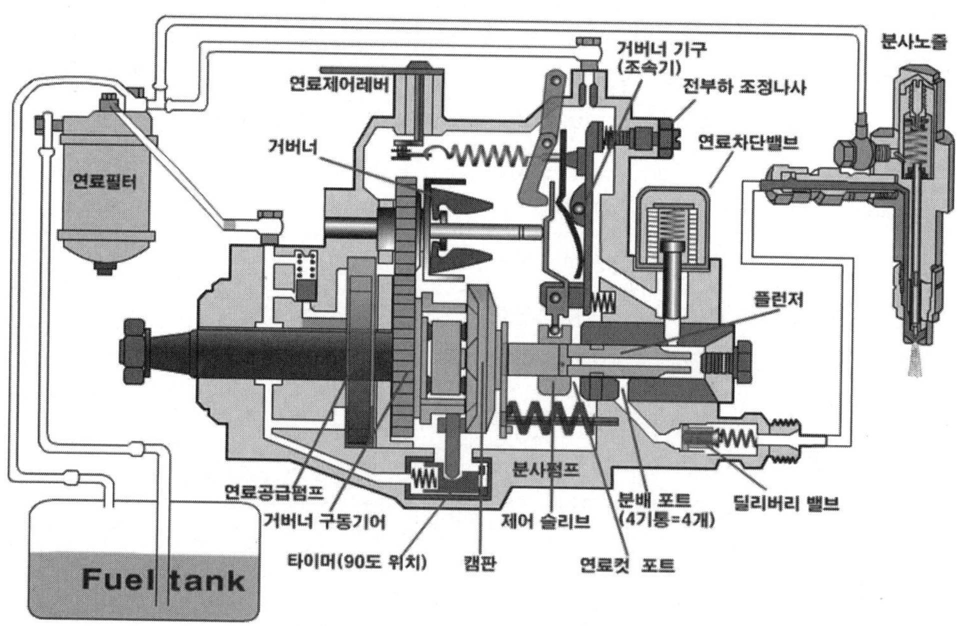

그림 6-59 분배형 분사펌프의 구조

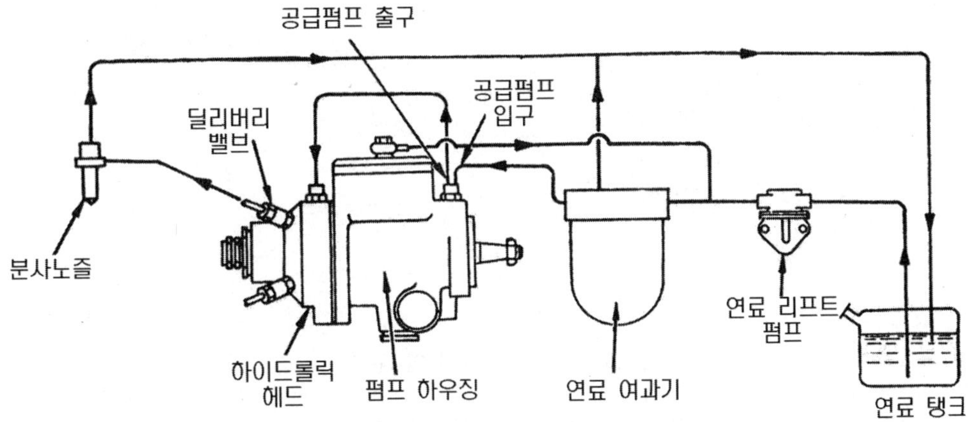

그림 6-60 분배형 분사펌프 연료계통도

6.5.2 연료계통의 구성

연료는 연료탱크에서 빨아 올려져 수분분리기(세디먼트)와 연료여과기를 거쳐 분사펌프로 들어와 펌프 내부에 마련된 공급펌프에 의해 가압되어 펌프실로 들어간다. 그리고 구동축 하우징에는 압력조정 밸브(레귤레이트 밸브)가 설치되어 있어 회전속도에 따른 펌프실 내의 연료압력을 조정한다. 연료는 분배기 헤드 통로를 경유하여 흡입구멍을 거쳐 플런저 상부의 펌프 고압실에 도달한다. 플런저는 연료를 분사순서에 의해 노즐을 통하여 높은 압력으로 분사시킨다.

펌프하우징 내 및 노즐의 접동부분의 윤활은 연료가 순환하는 것으로 이루어지며, 펌프실내의 과잉연료와 분사펌프 내부의 온도상승을 억제하기 위해 연료의 일부를 오버플로 오리피스를 거쳐서 연료탱크로 되돌아간다. 이와같은 연료순환에 의하여 분사펌프는 냉각과 윤활이 이루어진다.

6.5.3 분배형 분사펌프의 구조와 작용

분사펌프의 구성은 분사압력을 형성하고 고압연료를 분배하는 고압펌프, 연료분사량을 변화시켜 회전속도를 제어하는 기계식 거버너(governor), 회전속도에 따라 분사시기를 진각하는 유압식 타이머, 연료탱크의 연료를 고압펌프에 공급하는 베인식 연료공급펌프 및 고압펌프로 공급되는 연료를 차단하는 연료차단기구 등이 있다.

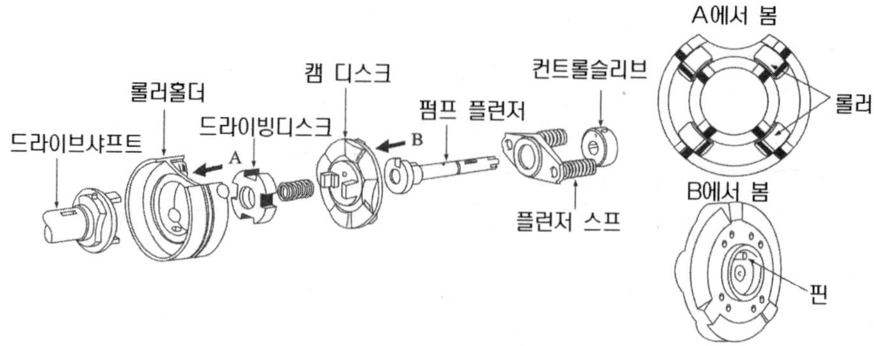

그림 6-61 구동축의 구조

분사펌프의 구동축은 베어링에 의해 펌프하우징에 지지되어 있다. 구동축에는 베인식 연료공급펌프가 설치되어 있으며, 축의 선단부에는 캠 플레이트를 구동하기 위한 러그(lug, 돌기부)가 가공되어 있다. 캠 플레이트는 구동축에 끼워진 십자형의 요크(yoke)에 자신의 러그가 끼워지는 형태로 연결된다. 십자형 요크 외측에는 펌프하우징에 지지된 롤러 링이 있다.

1) 구동축

분사펌프의 구동은 구동축에 의해 이루어지며, 캠 디스크와 구동디스크가 접촉되어 구동된다. 이 캠 디스크는 엔진 실린더수와 같은 수의 캠이 있으며, 구동과 동시에 롤러홀더에 고정되어 있는 롤러에 의해 캠이 리프트하면서 왕복운동을 한다. 플런저 스프링에 의하여 플런저가 캠 디스크를 누르면 구동축이 구동되면서 동시에 작동한다. 따라서 플런저가 회전운동을 하면서 동시에 왕복운동을 하여 연료를 흡입, 분배 및 압송한다.

2) 연료공급펌프(feed pump)

연료공급펌프는 그림 6-62에서와 같이 구동 축 하우징 내에 설치되어 있으며 베인형(vane type)을 사용한다. 작동은 구동축에 의하여 구동되며 연료를 연료탱크로부터 빨아 올려 펌프실 내로 압송한다. 즉, 구동축에 의하여 로터가 회전하면 로터가 원심력에 의하여 바깥쪽으로 벌어져 베인과 베인사이에 작은 공간을 형성하여 연료가 흡입된다. 로터가 더 회전하면 체적이 커졌다가 점점 작아지면서 연료는 압축되어 배출구멍을 통하여 펌프실로 배출된다. 분사펌프의 각 부분은 연료에 의해 윤활 된다.

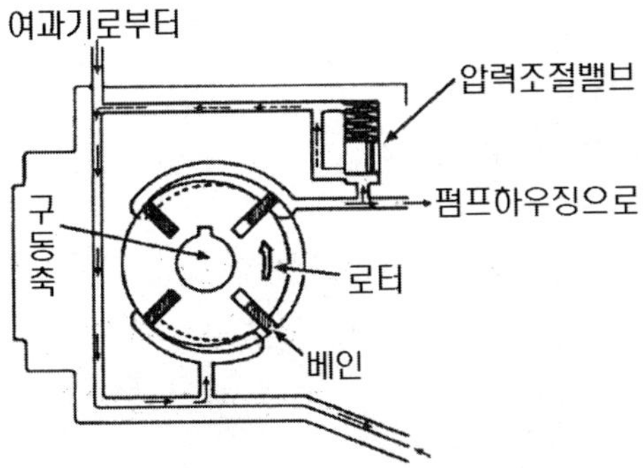

그림 6-62 연료공급펌프 구조

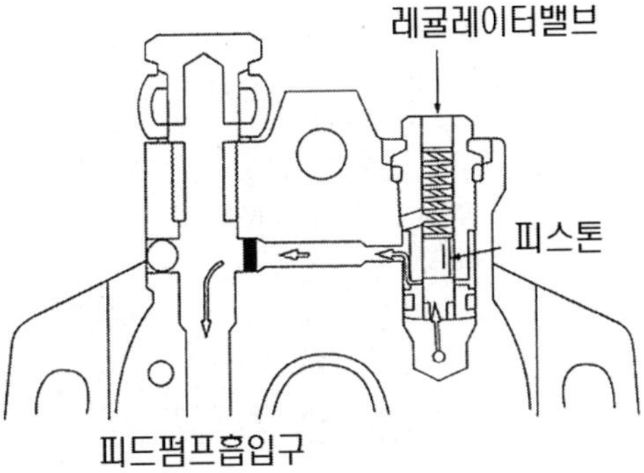

그림 6-63 압력조정밸브의 작동

3) 압력조정밸브(regulating valve)

공급펌프의 연료 배출량은 분사량보다 많으므로 이 과잉의 연료는 압력조정밸브를 거쳐 공급펌프의 흡입 쪽으로 되돌아간다. 공급펌프의 회전속도에 대한 연료 배출압력은 압력조정밸브 스프링 장력으로 정해지며, 연료의 배출압력으로 타이머 피스톤을 작동시킨다.

그림 6-63에서와 같이 공급펌프의 회전속도가 높아 송유압력이 높아지면 조정밸브 스프링을 압축하고 피스톤을 밀어올려 연료를 공급펌프의 배출쪽에서 흡입쪽으로 바이패스 시킨다.

4) 플런저

구동축은 공급펌프, 캠 디스크, 플런저를 동시에 구동한다. 캠 디스크가 회전하면 롤러의 회전운동으로 플런저가 회전하면서 회전운동을 한다. 연료의 배출은 플런저의 운동에 의하며, 분배는 플런저 중앙에 있는 분배기에 의해 이루어진다.

플런저에는 그림 6-64에서와 같이 흡입슬릿과 분배슬릿 및 연료량을 조절하기 위한 스필포트가 마련되어 있다. 플런저는 플랜지부 노치와 캠 디스크핀이 끼워 맞추어지면서 그 위치가 결정되고 플런저스프링에 의해 캠 디스크에 압착, 결합된다.

플런저의 왕복운동은 연료를 흡입한 다음 고압으로 압축, 이를 분사노즐로 압송하는 역할을 하며 회전운동은 플런저의 선단부분이나 중앙부에 마련된 슬릿이나 구멍을 통해 각 실린더의 노즐에 고압 연료를 순차 분배하는 역할을 한다.

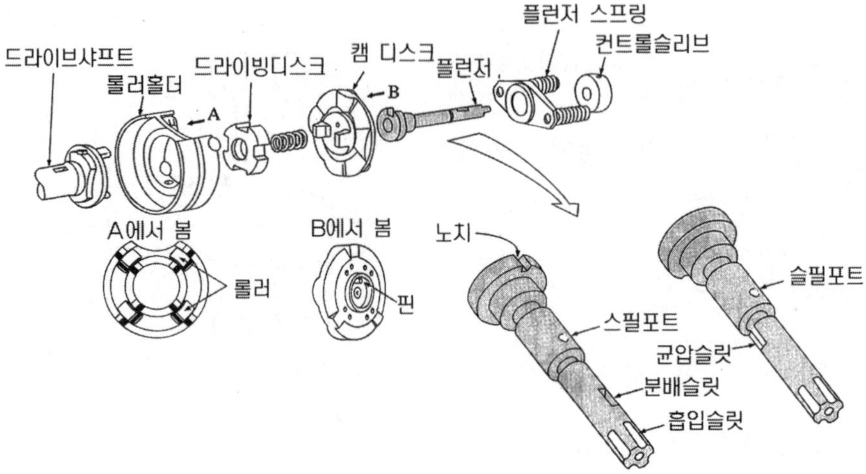

그림 6-64 플런저 구성 부품

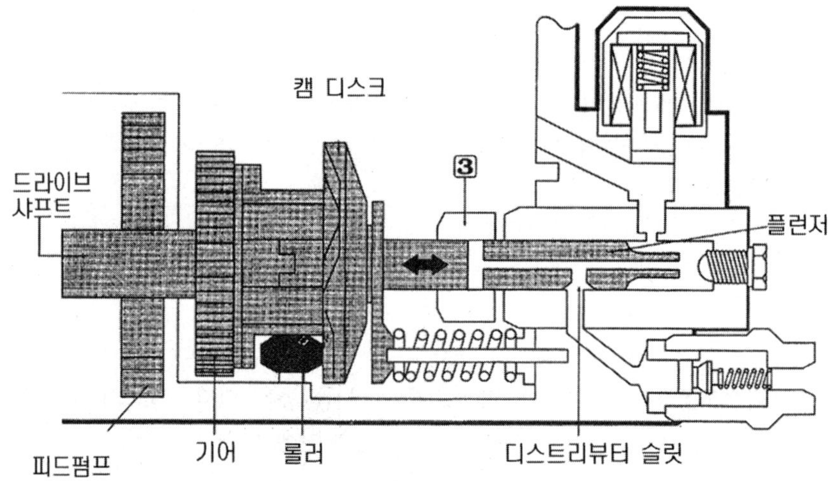

그림 6-65 분배형 플런저의 작동

(1) 연료의 흡입행정

그림 6-66과 같이 플런저가 회전하면서 그림의 왼쪽방향으로 이동하면 연료 흡입구와 플런저의 흡입 슬릿이 일치되었을 때 공급펌프에 의해 가압된 연료가 고압 챔버와 플런저 내부에 흡입된다.

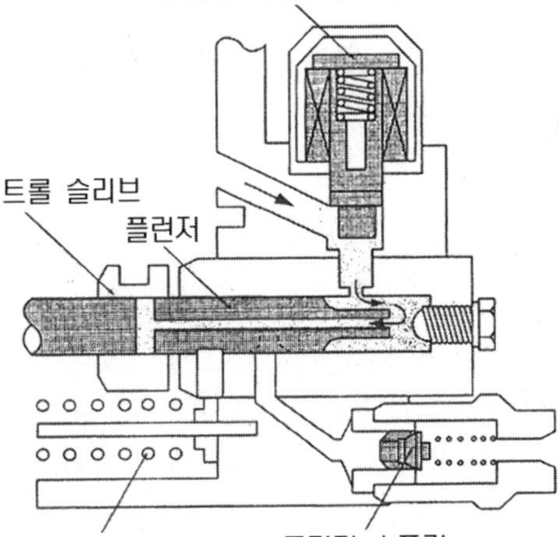

그림 6-66 플런저의 흡입

(2) 연료의 분사행정

플런저 내부에 흡입된 연료는 플런저의 회전으로 흡입구가 막히면서 압축되고, 가압된 연료는 분배기 토출구, 딜리버리밸브를 거쳐 분사노즐로 공급된다.

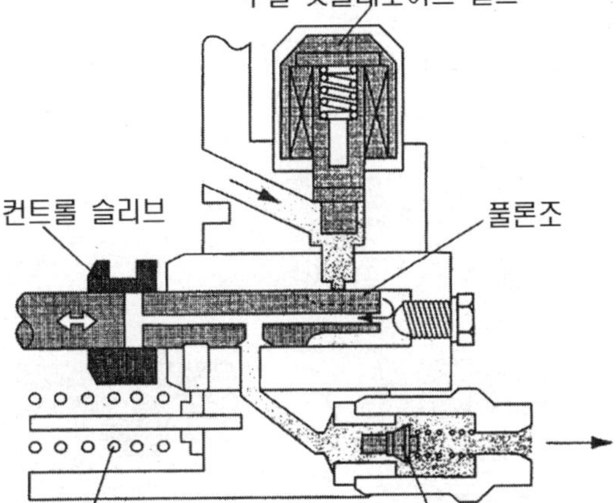

그림 6-67 분사행정

(3) 분사완료

플런저의 회전으로 플런저의 컷 오프 포트가 펌프실 내와 통하게 되면, 플런저 내부의 고압연료는 펌프실 내로 배출되면서 압력이 급격히 저하되면서 연료의 압송이 종료된다.

(4) 균압행정

연료분사가 끝나고 그림 6-69에서와 같이 플런저가 다시 180° 회전하면 플런저의 균압슬릿이 토출구와 일치해 딜리버리 밸브까지의 통로 내 압력은 송유압력으로 되돌아간다. 이 작용으로 각 실린더로의 분사량의 불균율을 적게 할 수 있으며 안정된 분사가 이루어질 수 있다.

(5) 분사량 조절작용

연료의 증감은 컨트롤 슬리브의 이동으로 유효행정(연료 압송 시작부터 종료까지의 플런저 행정)이 변하여 변동된다. 그림 6-70과 같이 좌측으로 컨트롤 슬리브가 이동하면 유효행정이 작아지며 분사량이 감소된다. 또 역으로 우측으로 이동되면 유효행정이 커지게 되고 분사량이 증가한다. 이와 같이 컨트롤 슬리브를 이동시킴으로서 연료량을 변화시켜 조절한다.

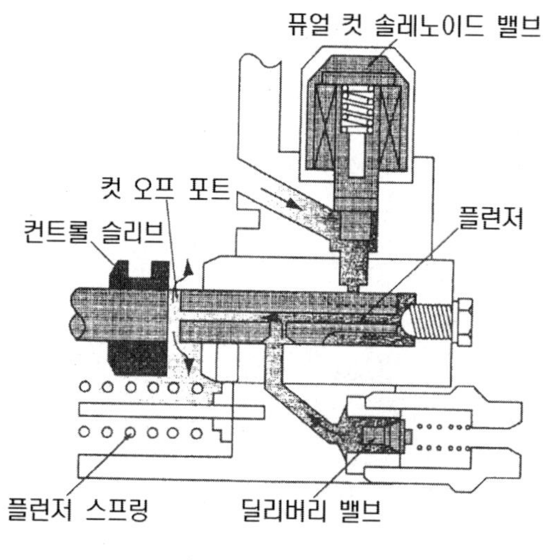

그림 6-68 분사완료

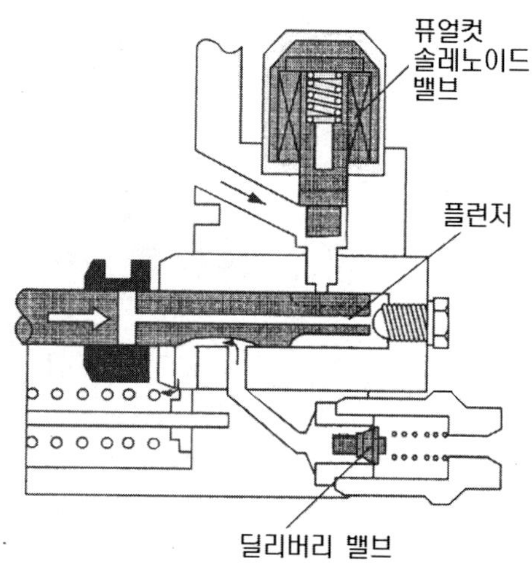

그림 6-69 균압행정

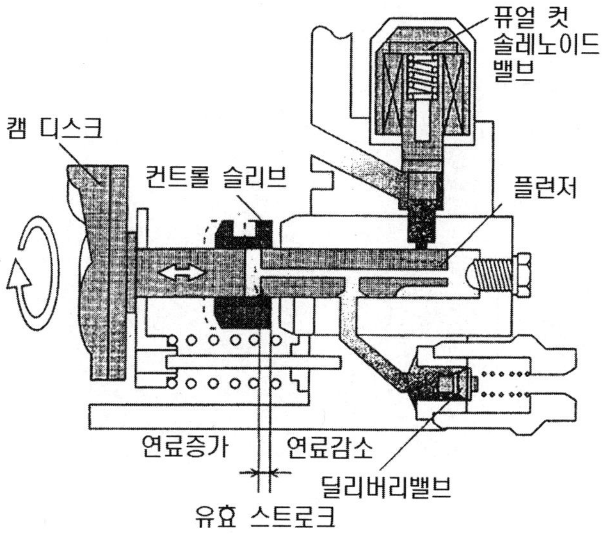

그림 6-70 분사량 조절

(6) 역회전 방지작용

기관이 역회전하면 플런저가 상승할 때 흡입구멍이 열리므로 압력이 높아지지 않고 연료가 분사되지 않아 기관의 역회전을 방지한다.

5) 거버너(조속기, governor)

거버너는 기관의 회전속도 및 부하 변동에 따라 자동적으로 분사량을 제어하는 것으로 자동차에 사용되는 분배형 분사펌프는 일반적으로 전속도거버너와 하프 전속도 거버너가 주로 사용된다.

(1) 전속도 거버너 (all speed governor)

분사 펌프의 윗부분 안에 기계식 전속도 거버너가 들어 있다. 기어와 일체로 된 원심추 홀드는 거버너 축에 설치되어 있으며, 구동축 기어에 의해 증속되며 원심추를 구동한다. 원심추 홀더 안에는 4개의 추가 결합되어 있고, 원심추 홀더가 구동되면 원심력이 발생하여 거버너 슬리브를 밀어낸다.

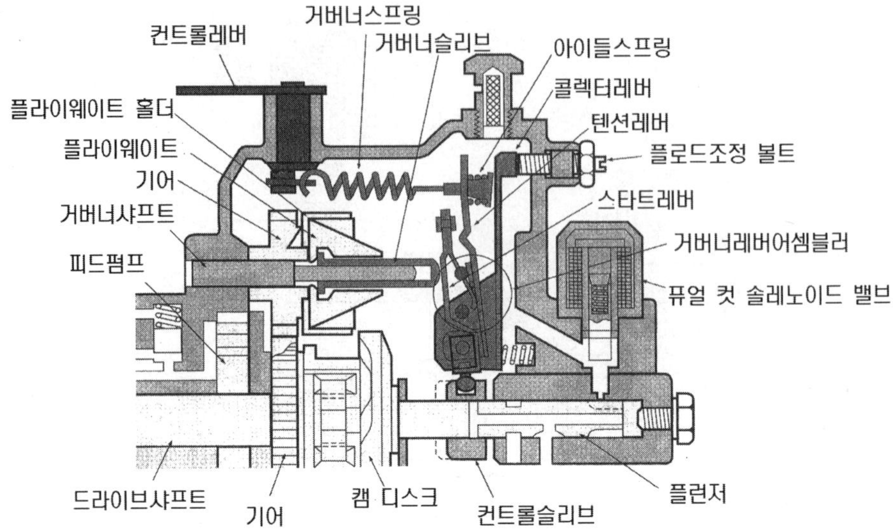

그림 6-71 전속도 거버너의 구조

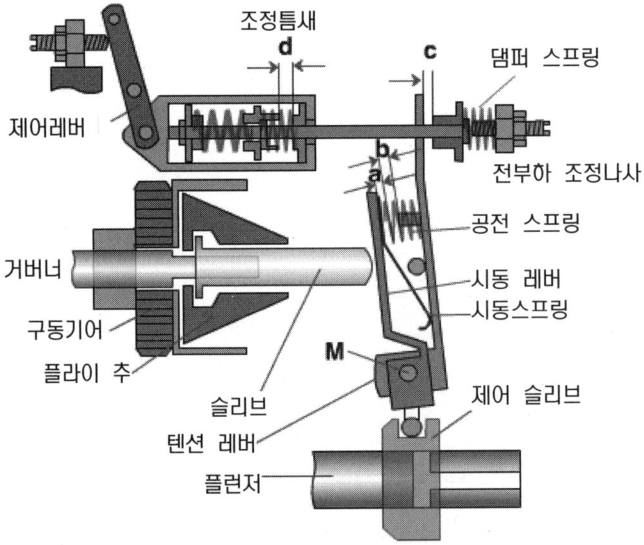

그림 6-72 전속도 거버너의 작동

거버너 레버 어셈블리는 하우징 바깥쪽에서 2개의 피벗핀(m1)으로 지지하고, 접촉 레버의 하부는 2개의 스프링으로 눌려 있고, 상부는 전부하 조정 나사에 눌려져 있다. 접촉 레버의 안쪽에는 텐션 레버와 시동레버가 결합되어 그 하부는 공통된 축으로 지지 하고 있다. 텐션 레버와 시동레버 사이에는 시동 스프링(판 스프링)과 시동 공전 스프링이 부착되어 있다. 거버너 레버 어셈블리 아랫 부분에는 볼 헤드 핀(ball head pin)이 달려 있어, 플런저 위를 접동하는 제어 슬리브의 핀 구멍 에 끼어 있으므로, 거버너의 작동이 제어 슬리브에 전달되어 분사량을 제어한다.

볼 헤드 핀(ball head pin)이 달려 있어, 플런저 위를 접동하는 제어 슬리브의 핀 구멍 에 끼어 있으므로, 거버너의 작동이 제어 슬리브에 전달되어 분사량을 제어한다.

(2) 하프 전속도 거버너(Half all speed governor)

하프 전부하 거버너는 가솔린 자동차의 운전감각에 근접되도록 하는 거버너로서 거버너스프링 대신 그림 6-73에서와 같이 거버너스프링과 파셜로드(부분부하)스프링이 사용되고 있다. 이 거버너는 부분부하(중속회전 부근)의 범위에 있어서는 파셜로드스프링을 사용, 컨트롤레버의 움직임에 대하는 컨트롤슬리브의 움직임을 둔하게 한다. 이에 의해 가속페달에 의한 엔진의 회전변동을 적게 하여 엔진의 회전변동을 완화, 원활화를 도모하고 있다.

그림 6-74은 하프 전속도 거버너의 제어 특성도를 나타내고 있다.

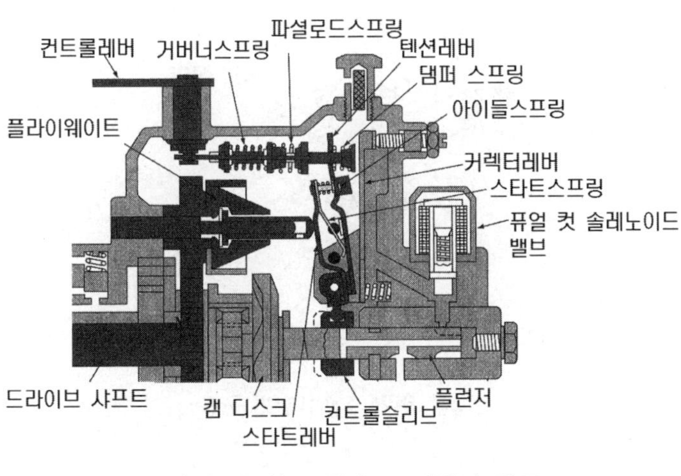

그림 6-73 하프 전속도 거버너 구조

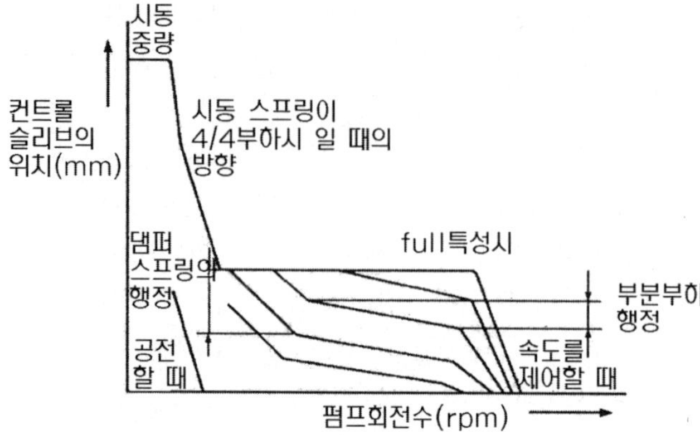

그림 6-74 하프 스피드 거버너의 제어 특성도

6) 타이머

타이머는 피스톤의 압축행정 상사점 전에 있어서의 연료분사개시의 시기를 조절할 목적으로 분사펌프의 구동축과 펌프 캠축의 위상각을 변화시키는 기구로서 유압식 타이머를 주로 사용한다. 그림 6-75은 일반적인 타이머구조를 나타낸다.

타이머의 작용은 그림 6-76과 같이 피스톤의 작동은 슬라이드 핀을 통해 원통형 롤러 링크를 회전시키는 원운동으로 변화시킨다. 타이머의 분사시기의 조정은 캠 디스크와 접촉하고 있는 롤러홀더의 상대위치를 달리하는데 따라 실현 된다.

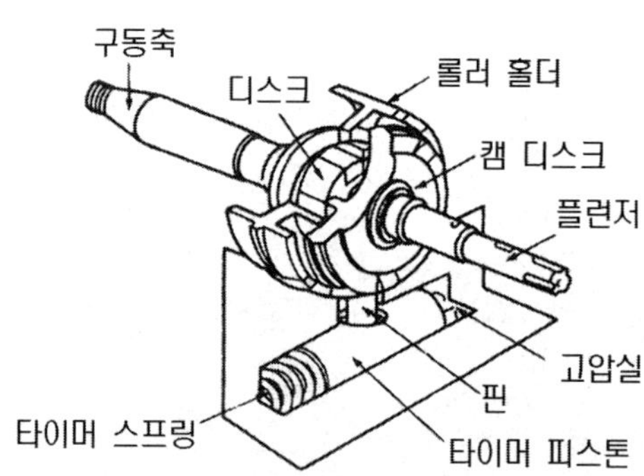

그림 6-75 타이머의 구조

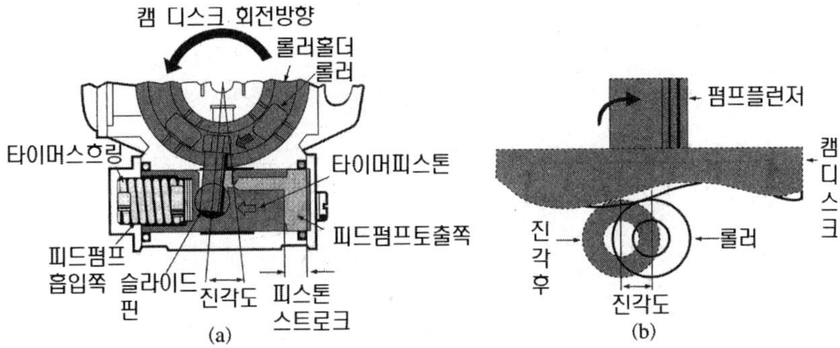

그림 6-76 엔진회전속도에 따른 타이머의 작동

즉, 롤러홀더가 캠 디스크(구동축)의 회전방향과 역방향으로 회전하면 분사시기가 빨라지고 같은 방향으로 회전하게 되면 분사시기는 늦어진다.

작동원리를 설명하면 다음과 같다.

① 기관의 회전수가 상승하여 연료공급펌프의 송유압이 상승하면 타이밍 피스톤이 타이밍스프링의 힘을 이기고 좌측으로 이동한다.

② 타이밍 피스톤이 좌측으로 이동하면 조정핀으로 연결되어 있는 롤러 하우징을 구동축 회전방향과 반대방향으로 회전시켜 캠 디스크와 롤러의 만남을 빠르게 하므로 연료송출시기가 빨라진다.

③ 타이머에 의한 진작 가능 각도는 캠 각으로 약 12°정도이다

7) 부스트 컨벤세이터(과급보상장치,booster compensator)

부스트 컨벤세이트는 그림 6-77에서와 같이 분사펌프 본체의 상부커버에 설치되어 있으며, 기관의 회전속도가 상승할 때 과급기의 작용에 의해 기관의 실린더내로 공급하는 흡입공기량을 강제 압송시켜 분사량을 증가시키는 기구이다.

과급기가 부착한 엔진의 경우는 자연 흡기 방식의 엔진보다 더 많은 공기량이 연소실에 유입되므로 이에 따른 연료량을 증가시켜야 한다. 따라서 부스트 컨벤세이트는 전부하 분사량을 과급압력에 대응하여 조정하는 일을 하는 장치이다.

작동은 다음과 같다.

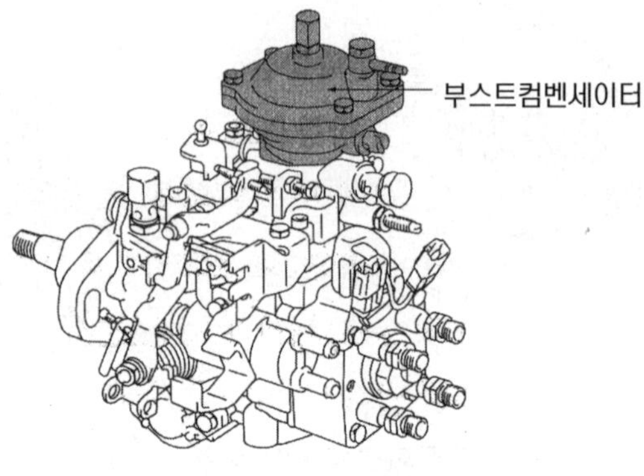

그림 6-77 부스트 컨벤세이터 부착위치

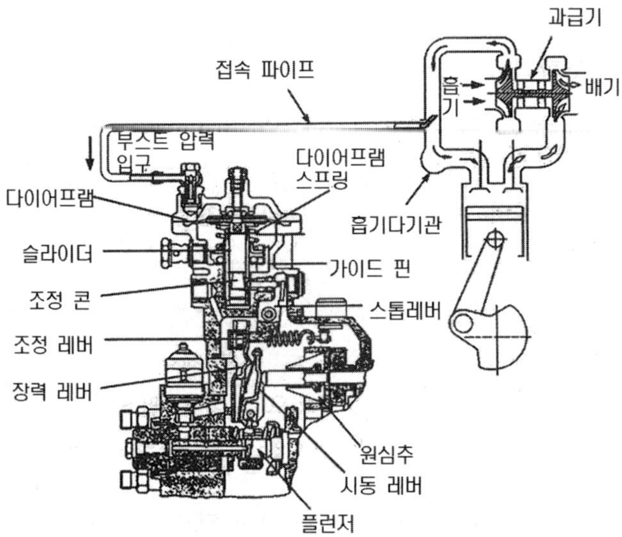

그림 6-78 부스트 컨벤세이터의 작동

기관 회전속도가 상승함에 따라 흡기다기관의 압력도 증가되며, 이 압력이 부스트 컨벤세이트의 다이어프램을 누른다. 과급압력이 규정값을 초과하여 다이어프램 스프링 장력을 이기면 슬라이더가 아래로 내려간다. 이때 가이드 핀이 조정 콘을 따라 움직이며 스톱레버가 오른쪽으로 이동한다. 이에 따라 장력레버와 시동레저가 왼쪽으로 이동하며, 제어슬리브는 오른쪽으로 이동한다. 이러한 방법으로 흡기다기관 가급압력의 증가에 대응하여 연료분사량을 증가시킨다.

8) 연료차단 솔레노이드 밸브(fuel cut solenoid valve)

디젤엔진은 압축착화 방식이므로 기관 작동을 정지하기 위해서는 연소실내로의 연료공급을 차단하여야 한다. 연료차단 솔레노이드 밸브는 시동스위치와 연동하여 작동하도록 되어 있다. 작동은 그림 6-79에서와 같이 시동스위치 ON에서는 솔레노이드 밸브에 전류가 공급되면 밸브에 설치된 앵커 로드를 잡아당겨 플런저 흡입구멍의 통로를 연다. 또 시동스위치를 OFF 하면 전류공급이 차단되어 솔레노이드 밸브 내의 스프링장력에 의하여 흡입구멍을 막아 플런저로 연료가 공급되지 않도록 하여 기관의 작동을 정지시킨다.

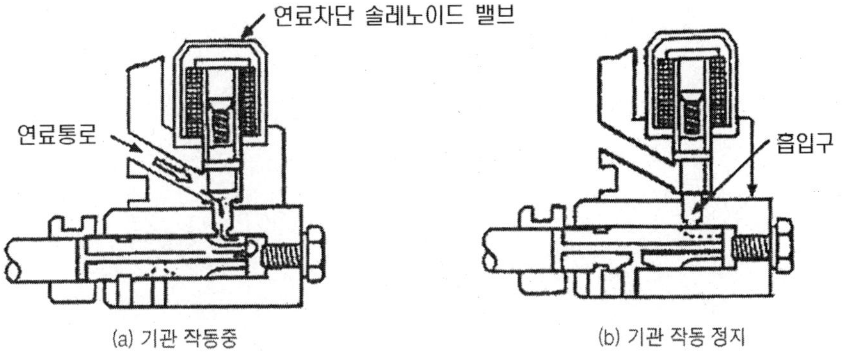

그림 6-79 연료차단 솔레노이드 밸브의 작동

7 CHAPTER

디젤엔진 배기가스

7.1 배기가스의 종류와 생성

디젤엔진으로부터 배출되는 유해 배출물은 기체 상태의 배출물과 입자 상태의 배출물로 크게 구분할 수 있다. 이들은 혼합되어 배출되고 있는데 이를 유해 배출물(emission)이라고 표현한다. 이 유해배출물의 종류에는 다음과 같다.

7.1.1 가스상의 유해 배출물

디젤엔진에서는 공기의 과잉상태(λ>1)에서 연소가 진행되기 때문에 일산화탄소(CO)의 배출량은 크게 문제가 되지 않는다. 하지만, 저부하운전시나 냉간 운전시에 발생하는 미연탄화수소(HC)는 문제가 된다. 질소산화물(NO_x)은 대기 중의 질소(N_2)와 산소(O_2)가 열에 접촉하여 생성하며 접촉하는 열의 온도가 높을수록 많은 양이 생성된다고 볼 수 있다. 즉, 완전연소를 할수록 많이 생성되는 경향이 있으며, CO나 HC와는 전혀 다른 반대현상에 의해 발생하는 물질이다. 따라서 디젤기관에서는 주로 흡입공기의 과잉상태에서 연소가 진행되기 때문에 NO_x의 생성량은 많아질 수 있다. 바로 이런 점이 디젤엔진의 유해 방출물을 줄이는데 어려운 점이라고 할 수 있다.

1) 일산화탄소(CO)

무색, 무미, 무취가스로 피부나 점막에 대한 자극이 없어 감지가 어렵다. 일산화탄소는 연료가 불완전 연소시 발생하며, 가솔린엔진에서는 발생량이 많지만 디젤엔진에서는 공기의 과잉상태에서 연소가 되기 때문에 발생량이 적다. 일산화탄소가 인체 내에 흡입되면 혈액중의 헤모글로빈(Hb)과 결합하여 체내에서의 산소운반 능력이 떨어지게 하여 조직의 저산소증을 유발하여 중독내지 사망에 이르게 된다.

2) 탄화수소(HC)

자동차에서 배출되는 탄화수소는 연료의 불완전연소에 의해서 발생된다. 석유는 탄화수소의 집합체로서 이 연료가 불완전연소하게 되면 연소의 증발가스가 되는데 이것이 HC이다. HC가 저 농도에서는 호흡기계통을 자극하는 정도이나, 산화되어 알데히드가 발생하면 눈, 점막, 피부 등을 심하게 자극하기도 하고, 고분자성 탄화수소인 경우 발암성 또는 돌연변이를 유발할 수 있다. 또한, HC는 대기중에서 오존(O_3)과의 반응으로 광화학 스모그를 발생하게 한다.

3) 질소산화물(NO_X)

질소산화물(NO_x)은 질소(N_2)가 고온에서 산소(O_2)와 반응하여 생기는 것으로 NO와 NO_2를 통칭해서 사용된다. 자동차에서 배출되는 것은 NO가 90%이상이고, 대기 중에 산소와 결합하여 NO_2가 된다. NO_2는 적갈색의 기체로서 물에 녹기 쉽고, 호흡시 체내의 폐세포에 침투하여 호흡기질환을 유발시키기도 하고, 다량 흡입 시 사망에 이르게 된다. 또한 탄화수소와 함께 광화학 스모그의 원인이 된다.

4) 아황산가스(SO_X)

아황산가스는 자극성 있는 기체로서 공기에 대한 비중은 2.26정도이다. 산성비의 가장 중요한 원인으로 연료중 유황성분의 연소에 의해 발생한다. 아황산가스는 이산화황(SO_2)과 삼산화황(SO_3)등이 있는데, 가솔린에서는 거의 유황성분이 없지만 디젤에서는 약간의 유황성분이 있어 이황산가스가 배출되기도 한다. 체내에 들어가면 위장장애를 일으키기도 하고 기관지염이나 천식을 유발하기도 한다.

5) CO_2

인체에는 무해하지만 지구온난화의 원인이 되는 물질로 알려져 있다. 1992년에 채택된 기후변화협약이후 CO_2도 국제적 규제가 본격화되었고, 2008년부터 EU에서는 자동차배출물로서의 CO_2의 규제시행을 결정하였다.

7.1.2 입자상 유해 배출물(PM, Particulate Matter)

배출되는 입자상물질의 종류에는 주로 매연이라고 알려진 그을음(soot), 황산화물, SOF(Soluble Organic Fraction), 미연소된 연료분과 오일성분 등이 있다. 이러한 떠돌아다니는 입자상 입자들을 통칭 PM(Particulate Matter)이라고 한다. 입자상 유해물질은 가솔린기관보다 디젤기관에서 훨씬 더 많이 생성된다. PM은 대기 중으로 방출되면 시계

(視界)를 흐리게 하고, 인체에 흡입하면 다양한 호흡기 질환을 유발하며 폐암의 원인이 되기도 한다.

7.1.3 생성

1) 일산화탄소(CO)

CO의 생성은 기본적으로 산소공급의 부족으로 불완전연소 할 때 발생한다. CO는 통상 산소량이 풍부한 상태에서는 배출량이 작다. 디젤엔진에서는 공기과잉률이 대체로 1.2이상에서 연소되기 때문에 가솔린엔진에 비하여 CO의 배출량을 아주 작다.

2) 탄화수소(HC)

연료가 연소되지 않은 상태에서 증발하거나, 착화의 불량으로 실화되어 혼합기가 그대로 배출될 때, 혹은 연소중 산소의 부족현상이 생기거나 역으로 충분히 있어도 온도가 낮아서 연소가 불확실할 때 등의 이유로 발생한다. 또한, 혼합가스가 극히 희박한 부분에서는 소염 때문에 미연 HC가 배출되기도 하고, 후적 등의 무화가 잘 되지 않은 연료에서도 HC가 배출되기도 한다.

디젤엔진에서는 연소가 산소의 과잉상태에서 이루어지기 때문에 가솔린엔진에 비해 HC의 발생은 거의 없다고 할 수 있다. 연료증발에 있어서도 가솔린은 휘발성이 강하여 증발하기 쉽지만 디젤연료인 경유는 휘발성이 낮고 증발에 의한 HC의 발생은 대단히 작다고 볼 수 있다.

3) 질소산화물(NO_X)

NO_x의 생성은 공기 중의 질소(N_2)와 산소(O_2)가 연소과정 중 고온에 의해 결합되어 NO가 발생하고, 이것이 대기 중으로 방출되면서 산소와 결합하여 NO_2 및 다른 질소산화물로 변화한다. NO의 발생량은 연소온도가 높을수록, 연료와 반응하지 않은 산소량이 많을수록 NO_x의 배출량은 증가한다. 또한, 완전연소에 가까울수록 많이 생성되는 경향이 있으며, CO나 HC와는 반대의 현상에 의해 발생되는 물질이다.

디젤기관에서는 NO_x의 생성이 많아질 수 밖에 없는 이유도 흡입공기의 과잉의 상태에서 연소가 이루어지고, 이것이 결국 산소와 질소가 충분히 존재하고 있는 상태에서 연소가 이루어지므로 NO_x의 생성량은 많아진다.

NO_x의 기관변수에 의한 배출량의 영향은 열효율이 높을수록 NO의 배출량은 증가하고, 이와 반대로 점화시기가 늦을수록, 혼합비가 농후할수록 감소한다. NO_x의 배출량을 줄이기 위해서는 농후한 혼합기의 공급이 필요하지만, 이것이 CO와 HC의 배출량을 증가시키는 결과를 초래하기 때문에, 이러한 점들이 디젤엔진의 유해 배출물을 줄이는데 어려운 점이라고 할 수 있다.

NO_x의 생성 및 분해반응은 다음과 같다.

$$N_2 + O_2 \rightleftarrows 2NO$$

$$N_2 + O \rightleftarrows NO + N$$

$$O_2 + N \rightleftarrows NO + O$$

$$OH + N \rightleftarrows NO + H$$

이 반응은 온도가 1200℃ 부근 이상에서 일어나며 온도가 높을수록 반응은 더 활발하다. NO 입자가 대기 중으로 방출되어 산소를 만나면 다음의 반응식에 같다.

$$2NO + O_2 \rightleftarrows 2NO_2$$

NO_x의 배출을 감소시키기 위해서는 O_2와 N_2가 결합될 수 없도록 연소온도가 낮게 유지되거나, 또는 O_2의 수를 줄이는 수 밖에 없다. 하지만 ,이 방법들은 모두 열효율을 저하시키기거나 불완전연소의 위험을 초래하는 불리한 방법이기 때문에 극히 곤란하여, EGR이나 촉매의 부착방법 등으로 제거방법이 채택되고 있다.

4) SO_x

연료에 함유된 유황분이 주원인이며, 연소 중 황성분이 연소하여 SO_2 및 그 화합물이 발생한다. 그리고 배출정량은 연료의 유황함량에 의해 결정된다. 가솔린 연료는 유황함량이 극히 적으므로 무시될 수 있지만, 디젤엔진에서는 경유와 중유에 0.5%이상 함유되어 있으므로 무시할 정도는 아니다. 따라서 SO_x의 배출을 줄이는 가장 좋은 방법은 연료의 유황함량을 최소한 줄이는 것이 합리적이다.

5) PM

PM의 주성분은 연소에 의해 생성되는 검은 그을음이고 여러 가지의 성분으로 이루어지는 혼합물이다. 이 그을음은 유기용제에 녹는지 여부에 따라서 불용분과 가용분(SOF, Soluble Organic Fraction)으로 나누어진다.

- 입자상 물질 (PM)
  - 불용분
    - 흑연(그을음)
    - sulfate(황화합물)
  - 가용분 (SOF)
    - 미연 연료분
    - 미연 oil분

여기서, SOF(Soluble Organic Fraction)는 가용 유기 성분으로 주로 카본 숯(carbon soot)에 부착되어 있는 HC(탄화수소)로서 연료나 엔진오일의 미연소분이 대부분을 차지한다.

PM의 구성성분 대부분은 매연입자(그을음)와 유황화합물이지만 미연 연료분과 윤활유 성분도 들어 있다. PM의 발생은 공기가 부족한 상태, 즉 공연비의 조성이 균일하지 않은 상태에서 연소할 때 복잡한 반응을 동반하면서 생성된다. 다시 말하면 연료의 분자들이 열분해에 의해 탈수소반응을 일으키고, 이 때 미립자의 핵(그을음의 전물질)이 생성, 이것이 다시 응집, 합체되면서 PM이 생성한다.

디젤엔진에 있어서의 연소는 확산연소 중에 많은 양의 PM이 생성된다. 확산연소시에 연료입자는 기연 고온가스 중에 분사되지만 연료분자 중의 수소원자는 산소와 결합력이 강하기 때문에 수소만 산화되어 탄소는 미연의 그대로 남아 있고 이것이 집합되어 흑연으로 된다. 그러나 연소 후기 화염 중에 공기의 도입으로 재연소가 실현되면 PM은 급속하게 감소된다.

그림 7-1의 연소관찰사진에서 연소 중에 보이는 휘염(희게 보이는 부분)은 그을음이 가열된 상태를 나타내는 것으로 볼 수 있다. PM의 생성은 연소 중에 국부적으로 약 1500 K 이상의 온도에서 연료 성분인 탄화수소분자들이 열적 분해 반응을 할 때 수소는 이탈하여 산화되고 탄소만 남게 된다. 이를 통해 점차적으로 흑연과 비슷한 매연입자 즉, 매연 핵(core of soot)이 형성하게 된다. 이 핵들이 점점 큰 덩어리로 뭉쳐지며 응집하게 되면서 직경이 대부분 50~100 nm 범위의 고형 미립자(PM)가 생성된다.

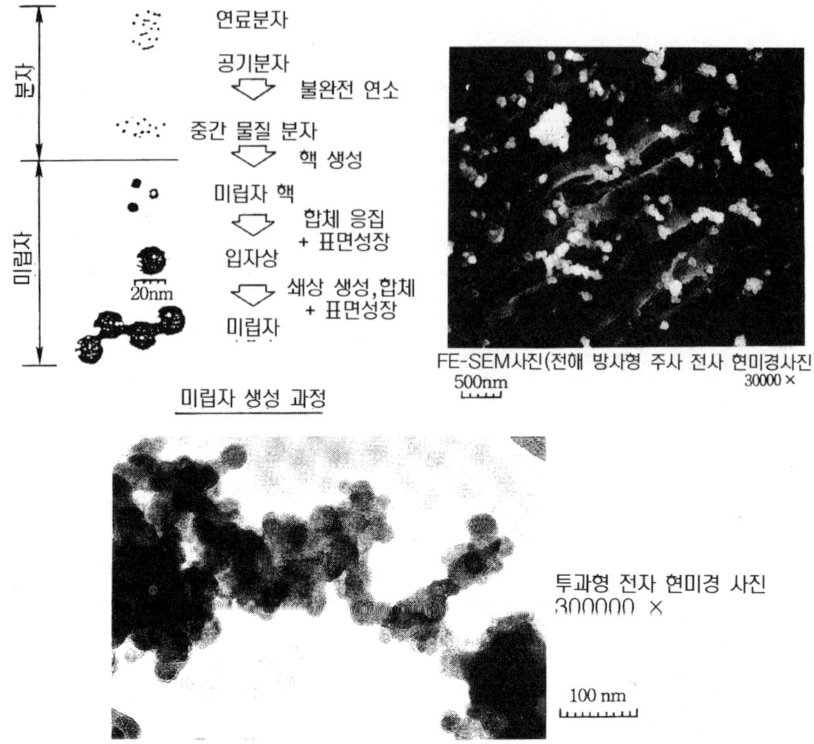

그림 7-1 PM의 생성

설페이트(sulfate)는 연소 중에 유황성분이 산화한 것으로 물과 결합한 황산미스트(mist)의 상태로 되어 있다.

SOF분은 액상의 미연 HC이지만 연료의 미연분과 연소실내에 혼입한 오일의 미연분으로 나눌 수 있다.

매연 핵에는 연료에 포함된 유황에 의해 결정되는 황산화물, 응축된 연소 수분, 유기 용해성인 미연 탄화수소 등이 매연 핵에 흡착되어 배출되기도 한다.

7.2 가솔린엔진과 디젤엔진의 배출물

7.2.1 가솔린엔진과 디젤엔진의 배출물 비교

가솔린엔진의 경우에는 CO, HC의 배출량이 많았으며 한때 도시에서의 CO배출량의 90%는 자동차로부터 배출되는 것으로 보고되었다. 하지만 가솔린엔진의 경우는 촉매장치의 부착으로 그 유해물질을 화학적으로 대부분 처리하여 실제로 대기 중에 방출되는 양은 지극히 작아졌다.

디젤엔진의 경우에 있어서는 근본적으로 항상 공기의 과잉의 상태에서 운전되므로 HC 및 CO의 배출량은 적어 크게 문제가 되는 것은 아니다.

그런데, NO_x는 디젤엔진에서 많이 배출된다. 가솔린엔진에는 그 생성을 제한하기 위하여 EGR장치가 부착되어 있고, 이 EGR장치는 고부하 때 연소 과정에서 연소실 내의 온도가 고온, 고압으로 되면서 NO_x의 생성이 촉진될 경우 배출가스의 일부를 연소실로 재유입하여 연소 온도를 강제적으로 저하시키는 역할을 한다. 여기서의 배출 가스는 수증기 및 CO_2가스로서 연소되지 않는 불활성의 물질이다. 이와 같이 하여 연소온도가 저하되면 NO_x의 생성을 억제하게 되고 그 나머지는 배출되는 약간의 NO_x는 3원촉매에 의해 충분히 환원(산소와 질소로 분리)된다.

그러나 디젤엔진의 경우는 EGR을 하게 되면 배출가스 중의 PM이나 SO_x가 엔진에 좋지 못한 영향을 미치고, 또한 부식을 촉진시키게 되어 엔진 자체의 내구성에 문제가 된다. 또한 디젤엔진에서는 3원촉매를 사용해도 큰 효과를 보지 못한다. 그것은 디젤엔진은 항상 공기량이 풍부한 상태에서 운전되므로 배출가스 중에는 산소가 잔존, NO_x의 환원이 불가하다. 또한 3원촉매는 이론공연비 하에서의 연소에서 정화율이 높으며, 그리고 배출되는 가스의 온도가 어느 온도 이상으로 높아지지 않으면 반응을 하지 않게 된다. 그런데 디젤엔진의 경우는 배출가스의 온도가 낮기 때문에 지금까지의 촉매의 부착이 적합하지 않는 것으로 되어 있다.

표 7-1 가솔린엔진과 디젤엔진의 배출물 비교

종 류	CO	HC	NO_x	PM	SO_x	삼원촉매	EGR
가솔린기관	배출	배출	배출	.	.	-대부분처리(CO, HC,NO_x)	NO_x감소
디젤기관	미소량	미소량	다량	배출	배출	효과가 없음	NO_x감소

PM의 경우에는 가솔린차에서는 거의 배출되지 않으나 디젤차에서는 문제가 된다. 이 PM은 가스 상태의 물질과 달라서 산화가 용이하지 않다. 따라서 디젤차에서의 PM의 저감은 DPF나 PM캐터컨버터 등의 후처리장치나 최근의 코먼레일방식에 의한 연료의 고압분사, 연료분사최적화, 공기유동의 개선 및 연료의 저황화 등으로 PM을 줄이고 있다.

7.2.2 PM과 NO_X의 상반관계

디젤엔진에 있어서 NO_x와 PM은 서로 상반되는 이율배반적인 관계가 있다. NO_x의 저감은 연소온도를 낮추는 것이 가장 확실한 방법이지만, 이것은 불완전연소를 초래하여 결과적으로 PM물질의 배출을 증가시키고 연비의 악화를 초래한다. PM물질을 저감시키기 위해서는 연소온도의 고온화와 연소후기의 공기도입 개선에 의한 재연소의 촉진이 유효한 방법이지만 반대로 NO_x는 증가된다. 이와 같은 NO_x와 PM은 서로 상반(trade off)관계가 있다. 예를 들면, 분사시기를 지연시키면 연소도 늦어져 상사점으로부터 피스톤이 하강되고부터 연소와 연소에 의한 열이 발생하게 된다. 따라서 NO_x의 억제는 가능하나, 동시에 출력의 저하와 연비의 악화를 초래하게 되고, 또한 분사시기 지연에 따른 고온체류시간의 감소는 스모크의 재 연소 기회를 빼앗기 때문에 PM은 증가하게 된다. 연료소비율을 낮추기 위해서는 연소의 촉진이 필요하지만, 이것은 NO_x의 증가로 된다. 또, PM의 저감을 위한 고압분사는 소음의 증대를 초래한다.

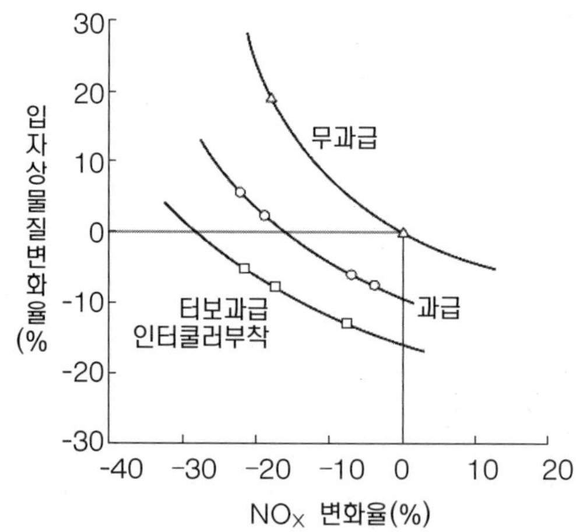

그림 7-2 NOx와 PM의 상반관계

이와 같이 디젤엔진에서의 배출가스를 저감시키기 위해서는 서로 상반하는 현상에 대하여 배출가스는 물론 연비, 소음의 문제도 함께 고려되어야 한다. 이 때문에 각 요인을 해석하여 균형 있는 저감 대책이 강구될 필요가 있다.

7.3 유해 배출물의 저감

디젤엔진의 배출가스 저감 대책은 크게 엔진 연소시스템의 개선, 후처리 시스템의 개발 및 대체연료의 사용에 의한 방법으로 나눌 수 있다. 여기서는 우선 엔진 연소시스템의 개선과 후처리 시스템의 개발에 의한 유해 배출물 저감에 대하여 기술한다.

7.3.1 엔진 연소시스템의 개선에 의한 방법

1) 분사시기의 지연

연료의 분사시기를 지연하는 것이 NO_x 저감의 가장 효과적인 수단이다. 팽창행정하에서 초기연소가 일어나므로 실린더 내의 온도가 낮게 되어 NO_x 저감의 효과가 크다. 그러나, 그림 7-3과 같이 열효율이 저하되어 연료소비율의 증가와 출력 등의 성능이 악화된다. 또 PM, HC, CO가 증대하여 저온시동성의 악화 등으로 연결된다. 이 때문에 압축비를 높게 하는 것이 필요하지만 압축비를 높게 하면 피스톤 상부의 유효한 연소실 체적이 감소하고 연소악화, PM이 증대되기 때문에 최적의 압축비 선정이 필요하다.

2) 노즐 섹부 체적의 감소

연료분사 노즐의 선단부는 가공을 용이하게 하기 위해 복수로 하고, 분사구멍의 유량계수를 크게 하기 위해 자루 모양의 작은 체적이 있다. 이것을 노즐 섹(nozzle sack)이라고 한다. 이 노즐 섹의 체적을 줄임으로써 연료 분사 종료 후의 후적이 감소하여 미연 연료에 기인하는 HC를 저감시킬 수 있다.

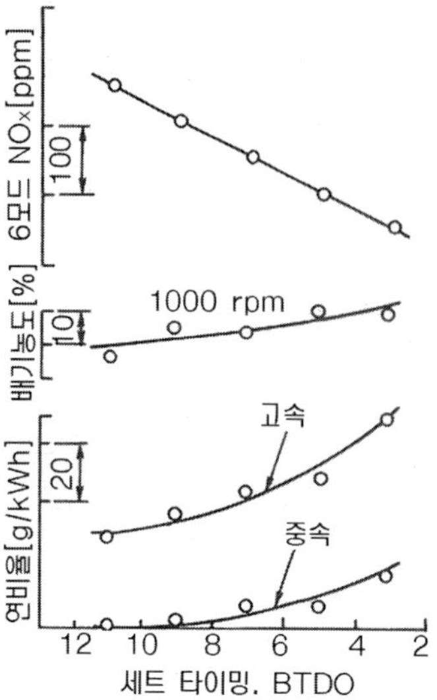

그림 7-3 분사시기이 지연

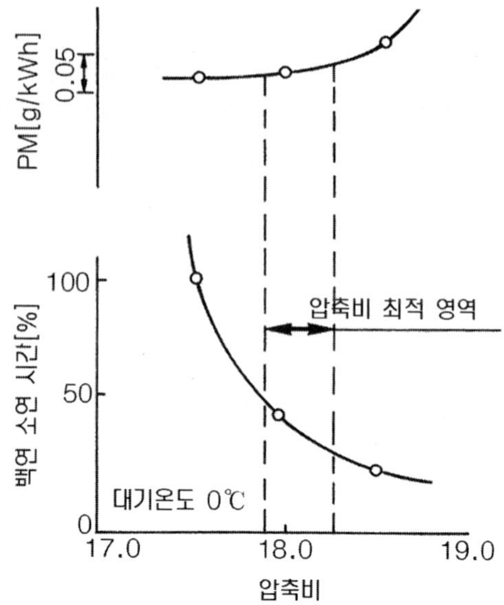

그림 7-4 압축비의 영향

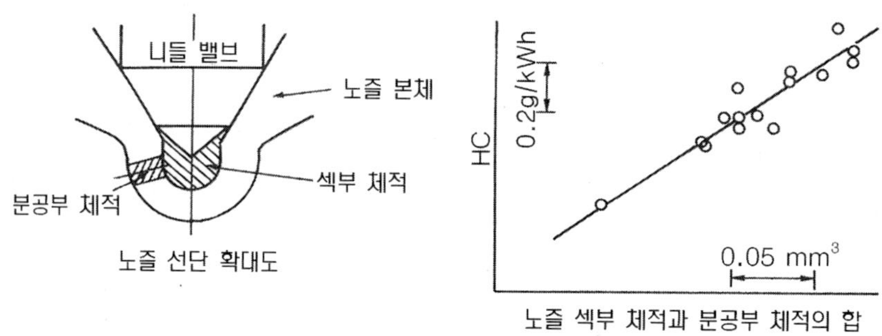

그림 7-5 노즐 섹부 체적의 저감 효과

3) 인터쿨러 사용

터보과급엔진에서 과급기 통과 후 압축된 공기는 100℃를 초과한 고온으로 이대로 연소에 이용하면 연소온도가 상승한다. 이 급기온도를 냉각하는 것에 의해 실린더내의 온도를 낮출 수 있고, NO_x의 저감을 낮출 수 있는 수단이 된다. 또 급기 온도를 낮추면 실린더 내의 공기밀도가 크게 되고, 연소에 관여하는 공기량의 증가와 함께 연소개선, 흑연저감, 연료소비율 저하의 효과가 있다. 동시에 급기온도의 냉각은 연소 후 배기온도의 저하로 되고 엔진의 내구성도 향상시킬 수 있다.

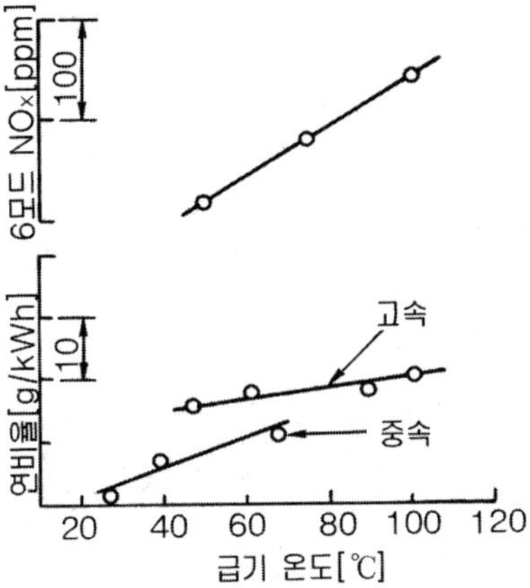

그림 7-6 급기 냉각의 효과

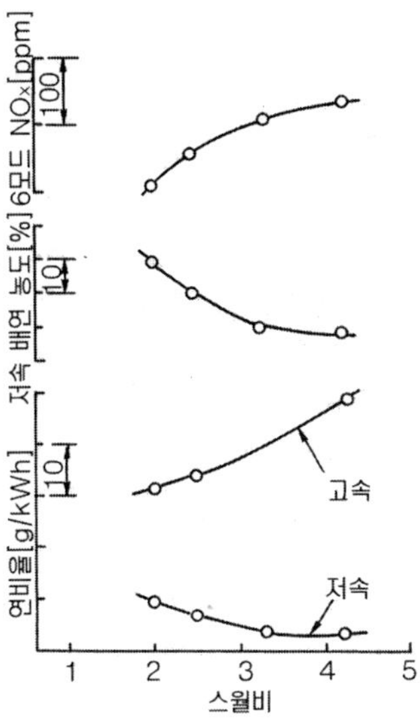

그림 7-7 스월비의 효과에 따른 연비율 및 배연농도

4) 스월(swirl)비의 감소

스월(swirl)비의 저감은 연소 초기에 관여하는 예혼합 연소량을 저하시켜 NO_x를 저감하는 효과가 있다. 그러나 스월비를 저하시키면 고속영역에서의 성능은 개선되지만, 저속 고부하 영역에서는 혼합기의 생성이 불충분하게 되어 매연농도와 CO의 배출이 증가하는 경향이 있다.

그림 7-7에서와 같이 스월비가 낮아지며 따라 고속영역에서는 연비율이 좋아지는 반면 저속 고부하 영역에서는 오히려 연비율이 높아지는 경향을 보이고 있다. 또한 배연농도와 CO의 배출이 증가하는 경향을 보이고 있다. 이 때문에 각 운전조건에 맞도록 관성과급을 이용한 가변 스월 장치도 사용하기도 한다.

5) 연소실의 개량

실린더 내에서는 와류라고 부르는 공기의 선회운동이 있지만, 피스톤의 상사점 부근에서는 공기의 대부분이 소경의 연소실로 들어가서 실제의 연소는 이 연소실내에서 이루어지게 된다. 따라서 연소실의 치수와 형상은 연소에 많은 영향을 미친다. 일반적으로 연소실에 대하여 입구부를 작게 한 리엔트런트 볼(reentrant bowl)형에서는 팽창행정에서 피스톤이 하강하기 시작해도 높은 와류비가 잔존하여 후 연소기의 연소개선, 입자상 물질 저감 효과가 있다. 그러나 이 리엔트런트형 연소실은 피스톤 모서리

(edge)부의 온도가 상승하기 때문에 피스톤 냉각을 충분히 고려하기 위해서 오일 갤러리(oil gallery)형 피스톤을 병행하여 사용하기도 한다.

6) 고압연료분사

연료분사의 고압화는 분사된 연료의 미립화가 촉진되어 공기와의 혼합을 쉽게 하기 때문에 PM 저감에 많은 효과가 있다. 고압화에는 연료분사펌프의 대형화 등에 의해 연료의 송유율을 향상시키는 방법과 노즐 분공경을 작게 하는 방법이 있다. 연료의 송유율을 향상시키면 분사압력이 높게 되고, 분무의 미세화와 혼합기 생성의 촉진에 의해 PM 물질의 저감이 가능하다. 동시에 단위시간당의 연료량이 많아지기 때문에 연소기간이 단축되는 이점이 있지만, 역으로 연소온도의 상승에 의해 NO_x의 배출량 증대와 예혼합 연소의 증가에 의한 소음증가 등의 단점도 있다.

또 연료의 송유율과 분사압력의 향상을 위해서 연료분사장치의 대폭적인 개량 또는 분사펌프만으로는 한계가 있기 때문에 펌프와 노즐 일체형의 유닛 인젝터를 사용하기도 한다.

노즐 분공경을 작게 하는 경우는 노즐에서의 교축효과로 분사압력은 높아지고, 동시에 분공경이 작아짐에 따른 분무의 미세화와 혼합기 생성의 촉진이 가능하여 PM을 저감시킨다. 그러나 예혼합 연소량이 특별히 증가하지 않았는데도 불구하고 분사기간이 길게 되어, 고부하 영역의 후연소 기간에 연소의 악화에 따른 매연증가의 경향이 있다. 또 분사압력의 증대로 인해 연료분사펌프, 배관, 노즐의 강도 향상도 요구된다.

7) 파일럿(pilot) 연료분사

디젤엔진은 통상 연료의 분사가 3~4/1000초 가량 계속되고 분사초기 착화가 될 때까지의 착화지연기간 동안에도 연료의 분사는 계속적으로 이어진다. 그 사이에 연소실 내에 축적된 연료가 착화와 동시에 한순간에 연소하게 되면 급격한 압력상승으로 연소실 온도가 급상승되고 이에 따라 많은 양의 NO_x를 생성하게 된다. 따라서 NO_x 배출에 많은 영향을 미치는 예혼합 연소를 감소시키는 수단으로서 파일럿분사 방법이 있다. 이 파일럿 분사는 2단 분사 방법으로 초기에는 극히 적은 양의 연료를 분사하고 일단 분사를 정지한다. 그 연료의 분사가 정지되는 동안 실린더 내에서는 착화에 의해 화염이 발생되고 그 화염의 발생과 동시에 본분사를 시작하게 되는 2회로 나누어지는 분할분사이다. 이렇게 함으로써 착화지연기간 중의 연료분사량의 감소에 의해

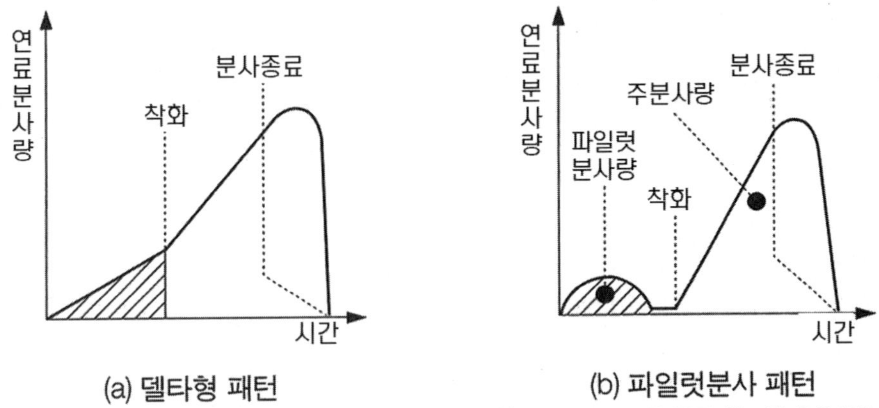

※ (a)와 (b) 모두 ▨ 부인 연료분사량을 억제하여 NO_X의 발생이 적어지도록 하는 데 뜻이 있다.

그림 7-8 파일럿분사와 일반형 분사의 패턴

예혼합 연소량이 감소하고, 이에 따라 NO_x의 생성을 최소화하고 소음 저감 효과가 있다. 그리고 파일럿 분사로부터 본 분사를 하는 사이의 간격을 달리하는데 따라 엔진에 부가되는 고·저부하에 따른 분사율의 제어가 가능하다.

하지만, 소량의 연료를 파일럿분사를 실시하기 위해서는 미세한 분사량의 컨트롤이 필요하고, 실제 다기통엔진의 넓은 회전역에서 안정된 파일럿분사를 실현하는 것은 대단히 어렵다.

8) 배기가스 재순환(EGR ; exhaust gas recirculation)

EGR은 CO_2 등 불활성가스가 많이 함유되어 있는 배출가스를 흡기쪽에 흡입하도록 하여 연소 때의 최고온도를 저하시킴으로써 NO_x의 발생을 저감시키는 것이다. 가솔린 엔진의 경우에 있어서는 NO_x를 저감시키는데 유용한 방법으로 사용되고 있다. 혼합기와 새로이 도입되는 EGR가스와 함께 연소하게 되면 공기의 과잉인 상태와 같이 온도를 저하시키는 효과는 동일하고 이때 과잉의 O_2가 적어짐으로써 NO_x를 저감시키는데 효과가 크다. 하지만 지나치게 EGR율이 높아지면 연소가 불안정하게 되므로 그 비율을 적절히 제어할 필요가 있다.

현재 경량 소형차에는 EGR방식을 주로 사용하고, 대형차에서는 3원 촉매의 채용을 더불어 사용하여 NO_x의 환원과 CO, HC의 산화를 동시에 실현시키고 있다.

디젤엔진에 있어서도 EGR이 NO_x의 대책으로서는 유효하나, 경유 중에 함유되어 있는 유황분에 의한 아황산가스나 배출가스의 재순환에 따른 부작용도 커서 이에 따른

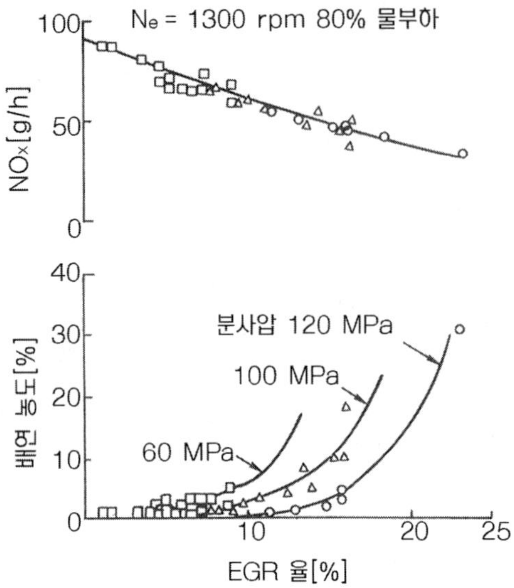

그림 7-9 EGR에 의한 NO_x 저감

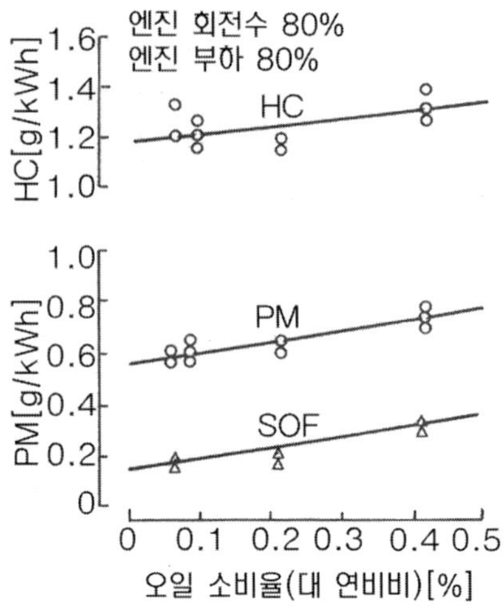

그림 7-10 오일 소비에 다른 PM과 HC의 배출

대책도 함께 고려되어야 한다. 배기중의 흑연과 황산화물은 엔진 내부로 다시 흡입하게 되면 피스톤과 실린더 주위의 마모 내구성 및 엔진오일 수명 등에 좋지 않은 영향을 미치게 된다.

또한, 배기가스를 재순환시 O_2의 농도가 감소하기 때문에 공기가 충분하지 않은 고부하역에서는 배연농도 및 HC가 증가한다. 따라서 EGR은 중·저부하역에서 사용하는 것이 효율적이다.

EGR의 효과를 높이기 위해서는 전자제어 등에 의한 부하, 회전수에 따른 EGR량의 정밀제어가 필요하다. 또 NO_x 저감을 위하여 연료분사시기를 대폭으로 지연시킨 경우에는 HC의 증가도 동반하지만, 이때에 적정량의 hot EGR을 행하면 연소실의 온도를 상승시켜서 HC 악화를 방지하는 효과도 있다.

그림 7-9은 EGR에 의한 NO_x의 저감을 나타내고 있다. EGR율이 높아짐에 따라 NO_x의 배출량은 감소하지만 배연농도는 증가되는 현상을 볼 수 있다.

9) 오일 소비량의 감소

PM은 일반적으로 흑연과 SOF(가용분)로 구성되지만, 디젤엔진의 개량으로 흑연을 감소하면 연소에 의한 것 이외에 오일 소비에 의한 SOF분도 배출가스로서 무시할 수 없게 된다. 엔진 실린더 내 피스톤 링 부분의 오일 상승이나 밸브 스템 부에서의 오일 하강 등에 의해 일부는 연소실에 들어가 연소하지만 나머지는 HC로서 배출된다. HC 중 일부는 흑연에 부착되어 PM이 증가하게 된다.

그림 7-10은 오일 소비에 따른 PM과 HC의 배출 비율을 표시한 것으로 오일 소비가 증가함에 따라 PM과 HC의 배출비율도 함께 증가함을 볼 수 있다.

10) 연료의 개량

일반적으로 사용되는 경유는 디젤용 연료로서 비교적 이상에 가까울 정도의 성상을 가지고 있다. 특히 고출력에서 경제적이고 또한 높은 신뢰성을 확보한다는 점에서는 최적의 성질을 가지고 있다고 할 수 있다. 하지만 원유에 포함되어 있는 황(S)은 탄소, 수소에 이어서 3번째로 많이 함유되어 있는 원소이다. 연소시 황에 포함되어 있는 설페이드(sulfate, 황성분)은 입자상 물질인 PM의 발생에 큰 영향을 미치고 있다.

디젤엔진의 PM은 흑연이나 가용성 유기성분(SOF), 그리고 이 설페이드(sulfate)로 구성되어 있다. 그 가운데에서 흑연이나 SOF는 연소개선에 의해서 어느 정도까지 줄일 수 있지만, 경유 중의 황 성분은 일부는 3산화황(SO_3)으로 되고 그것이 배출가스 중의 물과 결합되어 설페이드(sulfate)로 되어서 흑연(dry soot, 그을음)에 부착하여 PM을 증가시키는 원인이 된다. 또한 황산화물은 촉매 효율의 저하에도 큰 영향을 미치기 때문에 사용연료의 저황화가 요구되고 있는 실정이다. 국내 정유회사에서도 2004년부터 50ppm 이하의 초저황경유의 공급을 개시하고 있다.

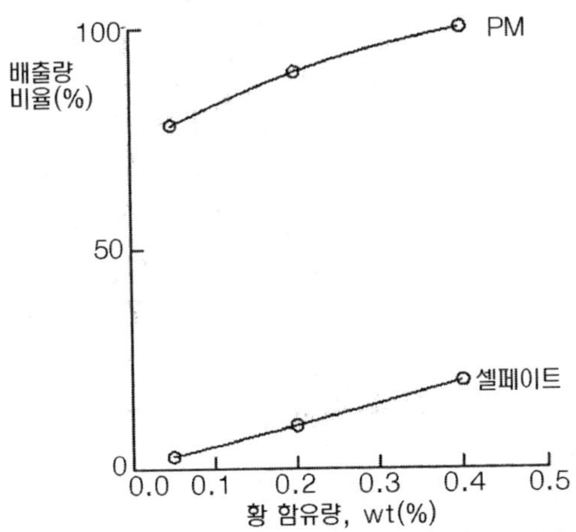

그림 7-11 황 함유향에 따른 PM 배출 비율

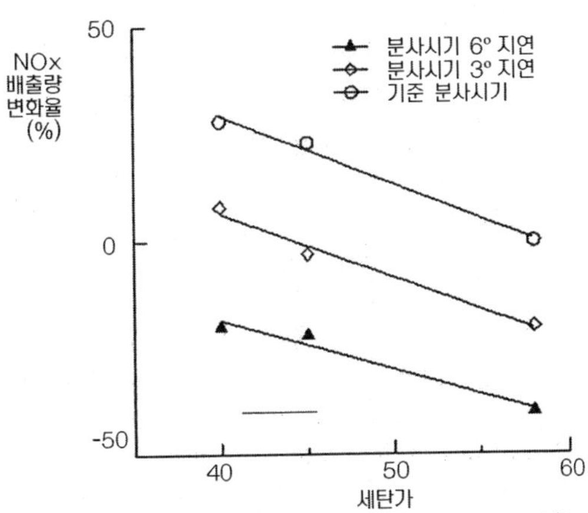

그림 7-12 세탄가에 따른 NOx 영향

그림 7-11은 황 함유량에 따른 PM과 설페이드 배출량을 나타내고 있다. 황 함유량이 많을수록 PM과 설페이드의 배출 비율도 많아짐을 볼 수 있다.

그림 7-12는 세탄가에 따른 NO_x의 배출량을 보여주고 있다. 세탄가가 높을수록, 분사지연시기가 늦어질수록 NO_x의 배출량은 줄어드는 것을 볼 수 있다. 분사시기를 현저히 지연시키면 연소가 완만하게 이루어져서 화염온도가 낮아지고 이로써 NO_x의 생성이 억제된다. 이 경우는 피스톤의 하강을 시작하고부터 연료의 분사가 개시되나 이렇게 될 경우에는 착화가 잘되지 않을 위험이 있고 또한 PM의 발생도 고려되어야 할 점이다.

7.3.2 후처리 시스템의 의한 배출가스의 저감

가솔린 엔진에서는 삼원촉매에 의해 NO_x, HC, CO의 배기가스 대부분을 저감할 수 있었지만, 디젤엔진의 경우는 배기 중에 O_2가 존재하기 때문에 가솔린엔진의 삼원촉매와는 다른 후처리 장치가 요구된다. 특히, 디젤엔진의 후처리 장치는 PM물질 저감이 필수적으로 요구된다. 이에 따라 산화촉매 또는 필터 등의 새로운 대응기술이 연구되고 있다. 이들 후처리장치는 계속적인 연구 개발로 자동차용으로 실용화되고 있는 실정이다.

1) 디젤산화촉매(DOC, Diesel Oxidation Catalyst)

산화촉매기(DOC)를 이용하여 매연이나 CO, HC의 배출농도를 줄일 수 있다. 디젤엔진용 산화촉매는 가솔린엔진의 촉매와 같은 벌집모양의 세라믹담체 또는 메탈담체에 촉매기제와 촉매활성성분을 담지시킨다. 촉매물질로는 백금(), 팔라듐(Pd) 및 로듐(Rh)등이 사용된다. 이 산화촉매는 백금(Pt), 팔라듐(Pd) 등의 촉매효과로 배기중의 O_2를 사용하여 HC와 CO를 산화 제거하는 것이다. 디젤엔진은 HC와 CO 등의 배출은 적지만, 산화촉매에 의해 PM 구성성분인 SOF(주성분 HC)를 감소하여 PM을 15~30% 저감할 수 있다.

일반적으로 촉매기 온도가 170~200℃에 도달하면 촉매반응을 시작하고, 약250℃에 도달하면, 촉매기의 효율은 약90%까지 가능해진다. 따라서 DOC의 온도가 상승함에 따라 PM에 포함된 SOF(주성분 HC)의 연소가 가능하여 HC를 산화시킴으로써 PM을 낮추는 효과를 얻을 수 있다. 그때, 연료중의 유황에 의해 생기는 SO_2 가스도 촉매에 의해 산화되어 설페이드(sulfate, 황산염)를 생성되는 단점이 있다.

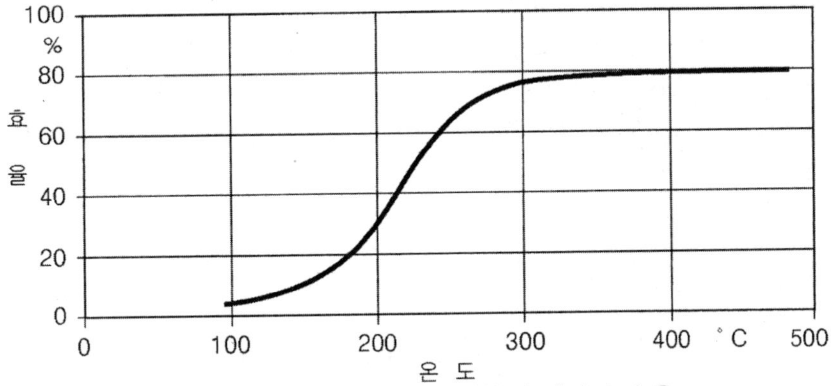

그림 7-13 HC 배출물에 대한 촉매기의 효율

산화촉매기(DOC)에 요구되는 기능은 다음과 같다.

① 높은 SOF 분해 산화활성을 가질 것

② 배출가스온도 500℃까지 설페이드의 생성을 억제할 것

③ HC 등의 저온흡착을 억제할 것

④ 충분한 내구성, 내열성, 내피독성을 가질 것

DOC의 1차적인 기능은 NO를 NO_2로 산화시키는 것이다. NO에서 NO_2의 비율을 높이는 문제는 DPF, NSC, SCR을 위해서 매우 중요하다.

대부분 후처리하기 전의 배기가스에 포함된 NO_x에서 NO_2가 차지하는 비율은 약 1/10정도로 작다. DOC촉매기는 촉매기의 코팅-층 및 배기가스 성분 조성에 따라 약 180~230℃부터 NO_2의 농도를 급격하게 높이는 기능을 한다. 온도가 상승함에 따라 다시 NO_2의 농도가 감소하는 방향으로 진행된다.

NO_2는 산소(O_2)의 존재 하에서, 온도에 따라 NO_2 : NO와의 비율이 달라지는데, NO_2측은 저온(250℃ 이하)일 때 비율이 높아지며, 대략 450℃이상에서는 NO가 증가하는 추세가 된다. 따라서 DOC는 저온에서 NO_2 : NO의 비율을 근접시키는 기능을 한다. 그림 7-13은 HC 배출물에 대한 촉매기의 효율을 나타내고 있다.

한편 DOC의 최대과제는 엔진규제모드에서 배기온도가 높은 영역에 있고, 경유 중의 황성분에 대해서도 산화작용이 되어 설페이드(sulfate 황산염 ; SO_3)의 증가를 초래하고 이것이 오히려 PM의 양을 증가시키는데 있다. 따라서 산화촉매의 사용에는 저황 경유나 완전 탈황시킨 경유의 사용이 필수조건으로 된다.

디젤엔진은 부분부하 영역에서는 배기온도가 낮기 때문에 산화촉매도 저온활성을 좋게 해야 한다. 그러나 저온활성이 좋은 촉매는 저온시부터 설페이트가 발생되기 때문에 PM의 총량이 증가할 수 있다. 따라서 엔진의 실제의 사용부하와 회전수에 맞는 촉매 온도 특성의 선택이 중요하고, 촉매 성분의 조정에 의해 저온활성화 및 설페이트 제어를 할 필요 있다.

2) DeNOx 촉매(catalyst)

NO_x 저감을 위한 가장 이상적인 방법은 추가적인 환원물질을 사용하지 않고 분해촉매기만을 사용하여 열적으로 불안정한 NO분자를 N_2와 O_2로 환원시키는 것이다. 하지만 현재 실용기술로서는 자동차용 디젤엔진에서 후처리를 통한 NO_x 저감은 환원물질을 추가해야만 가능한 실정이다.

현재 연구되고 있는 D_eNO_x촉매로는 산소가 과다한 영역에서 엔진에서 배출되는 HC를 이용하여 NO_x를 NO_2로 변환시키는 LNC(Lean NO_x Catalyst)방식과, 희박한 영역에서 NO_x를 포집하였다가 농후영역에서 배출하고 촉매에 의해 N_2와 CO_2로 변환시키는 NO_x 트랩(trap) 방식이 있다.

LNC방식은 충분히 많은 양의 HC가 요구되기 때문에 디젤엔진에 사용하기에는 아직 실용성이 떨어지고, 효율적인 측면도 15~30% 이하이다. NO_x 트랩(trap) 방식은 고온 내구성이 우수한 장점이 있으나 연료 속에 황성분에 피독되는 단점을 가지고 있고, 가솔린엔진처럼 농후한 공연비에서 연소하지 않고 대부분의 영역에서 공기과잉 상태로 운전되기 때문에 NO_x트랩을 적용하기가 용이하지 않다.

NO_x 환원 촉매는 배출가스 중의 HC, CO, H_2를 환원제로 하여 NO_x를 N_2로 환원하는 것이다. 디젤자동차용 NO_x환원 촉매의 개발이 어려운 것을 다음의 이유로 기인한다.

① 디젤연소에 있어서 산소가 과잉 존재하는 배기가스에서 NO_x를 환원시키야 함.

② NO_x환원 반응이 저온을 포함한 고온영역에서도 실현 가능해야 함.

③ 배기가스 중에 SO_x와 PM등의 촉매 피독 물질이 다량으로 존재

따라서, 디젤자동차용 NO_x환원 촉매는 아직 만족할 만한 실용기술이 확립되어 있지 않은 실정이다.

3) 선택적 환원 촉매법(SCR: Selective Catalytic Reduction)

디젤엔진은 거의 모든 운전영역이 공기 과잉 상태에서 운전되므로 배기가스 중에는 다량의 O_2가 존재하게 된다. O_2의 존재를 근거로 NO_x를 제거하는 2가지 방법이 있다. SCR(Selective Catalytic Reduction, 선택적 환원촉매)법과 SNCR(Selective Non-Catalytic Reduction, 선택적 비촉매 환원)법이 있다.

SCR 촉매에서 선택적(Selective)이라는 말은 배기가스에 비교적 많이 포함되어 있는 산소분자(O_2)와의 사이에서 환원물질의 산화가 아닌, NO_x에 포함된 산소와의 사이에서 우선적으로 이루어진다는 것을 의미한다. SCR법은 암모니아(NH_3)를 환원제로 하고 적당한 촉매를 사용하여 NO_x의 분해 반응속도를 높여 줄이는 방법이다.

NO_x 촉매는 산업용으로 개발되어 사용되고 있으며 촉매로는 T_iO_2, Al_2O_3 계의 세라믹 바나듐(V)을 혼합 또는 도포한 것이 가장 많이 사용되고 있다. 자동차인 대형 디젤자동차에서도 SCR 촉매기를 사용하여 NO_x의 배출수준을 낮추고 있는 연구가 진행되고 있다.

SCR 촉매기의 반응원리는 다음과 같다.

먼저, NO에 작용할 환원제로서 암모니아(NH_3)를 촉매기 전방에 분사한다. 이때의 화학반응은 다음과 같다.

$$4NO + 4NH_3 + O_2 \rightarrow 4N_2 + 6H_2O \qquad (1)$$

$$NO + NO_2 + 2NH_3 \rightarrow 2N_2 + 3H_2O \qquad (2)$$

$$6NO_2 + 8NH_3 \rightarrow 7N_2 + 12H_2O \qquad (3)$$

보통 300℃ 이하의 저온에서는 식(2)에 의한 반응이 주로 이루어진다. 따라서 NO : NO_2의 비율을 1 : 1로 유지하기 위해서는 온도를 낮게 유지하는 것이 중요하다.

자동차에는 아직 암모니아가스(NH_3)의 사용이 일반화되지 않고 있다. 그것은 설치 공간, 안전 등의 이유와 차량용 엔진회전수 및 부하가 광범위하게 변화하기 때문에 과잉 암모니아 배출 등의 문제가 있어 아직 실용화 되지 못하는 실정이다. 따라서 그 대안으로서 위험도가 낮으면서도 암모니아를 함유한 물질인 요소SCR 촉매를 사용하기도 한다. NM요소 SCR(Urea Selective Catalytic Reduction)촉매는 요소($(NH_2)_2CO$) 수용액을 엔진으로부터 배출되는 배출가스에 분출, 반응시키는 방법으로 NO_x의 정화방법 중 가장 정화율이 높다.

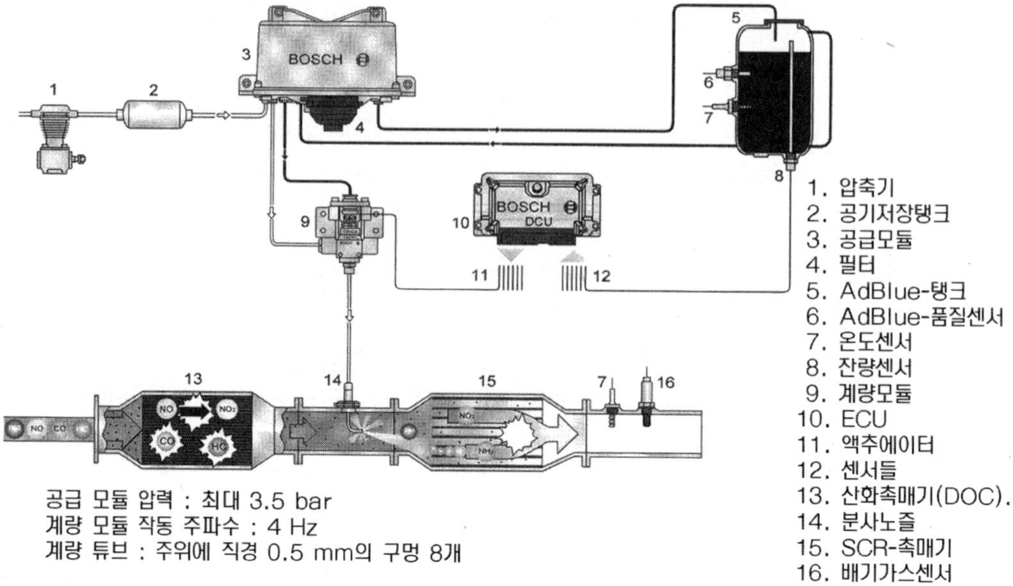

그림 7-14 SCR 촉매기의 한 예

고압 공기를 이용하여 요소 농도 32.5%인 액체를 기관의 부하에 따라 적정량을 배기가스 시스템에 분사한다. 평균적으로, 경유 소비량의 약3%에 해당하는 요소를 분사한다. 현재의 기술로는 지금까지 약70%인 환원률을 온도범위 250~450℃에서 약 90%까지 높일 수 있다.

하지만 이 요소 SCR촉매는 NO_x에 대해서만 유효하고 PM에 대해서는 별도의 정화장치인 DPF 등이 필요하다. 그 밖에 요소액을 공급하기 위한 별도의 장비가 있어야 하고 별개의 시스템인 요소탱크를 탑재하는 스페이스 등의 레이아웃 설정이 쉽지 않은 면을 가지고 있다. 그림 7-14은 SCR 촉매기를 부착한 한 예를 보여주고 있다.

4) 선택적 비촉매 환원법(SNCR : Selective Non-Catalytic Reduction)

SNCR법은 촉매를 사용하지 않은 대신에 950℃ 부근의 높은 온도에서 암모니아 또는 요소와 같은 환원제를 투입하여 NO_x을 N_2와 H_2O로 환원시키는 방법이다. 이 방법은 산업용 디젤엔진에서 널리 사용되고 있다. 차량용 디젤엔진에서는 회전수와 부하의 변동에 의해 운전상태가 항상 변화고, 남은 암모니아 배출 등의 문제가 남아 있어 아직 실용화되지 못하고 있다.

5) 매연여과장치(DPF: Diesel Particulate Filter)

PM물질을 저감하기 위한 방법들이 오랫동안 연구되어 왔으며, 현재 가장 효율적인 기술로는 매연여과장치(DPF)이다. 이 장치는 그림 7-15 에서와 같이 디젤엔진에서 배출되는 PM을 필터로 포집한 후 연소 등의 방법으로 제거하고 다시 PM을 포집하여 계속적으로 사용하는 기술이다.

이 필터는 PM의 포집에 의해 단시간에 저항이 증가하기 때문에 포집된 PM을 제거해야한다. 디젤엔진의 배기에는 O_2함유되어 있기 때문에 고부하 운전 상태처럼 배출가스가 고온이면 자연적으로 PM물질이 연소된다. 매연을 연소시켜 필터를 재생하기 위해서는, 미립자필터를 최고 550℃ 이상으로 가열시켜야 한다. 그러나 항상 이 온도에 도달할 수 있는 운전조건이 아니기 때문에 여러 가지 재생시스템들을 사용한다.

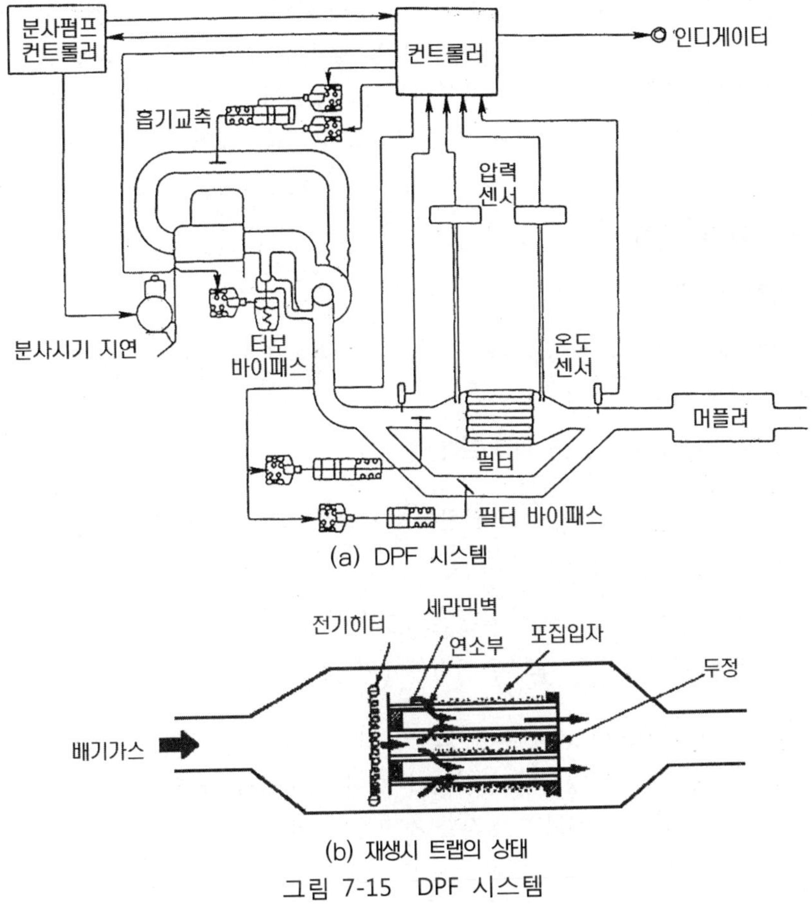

(a) DPF 시스템

(b) 재생시 트랩의 상태

그림 7-15 DPF 시스템

이에 따라 전기히터와 버너를 사용하여 강제적으로 재생시키는 방식과 압축공기를 역방향으로 불어 PM물질을 불어 날리는 역세방식, 필터에 촉매작용을 가지게 하여 자기연소를 꾀하는 방법 등으로 필터에 포집된 PM을 제거하고 필터를 다시 재생시킨다.

또, 매연입자들이 연소될 때, 필터의 온도는 부분적으로 최고 약1,200℃까지 상승하므로 특히 내열성의 재질이 요구된다. 촉매기의 담체로 널리 알려진 세라믹 모노리스(monolith) 외에도, 소결금속이 사용되고 있다. 미립자 필터는 그 재질의 종류에 상관없이, 미립자 전체의 약 95%를 포집할 수 있는 수준에 도달해 있다.

디젤기관에서 배출되는 입자상 고형물질의 크기는 직경 0.1~0.3 μm 정도가 70%를 차지하고 있고, 평균질량의 입자크기는 직경 1μm이하로 아주 작다. 따라서 분리성능이 아주 우수한 미립자 필터를 필요로 한다.

이 DPF기술은 입자상 물질을 70%이상 저감할 수 있지만 가격이 높고, 내구성이 부족하며 입자상 물질이 포집될수록 엔진에 배압이 걸려 출력과 연료소비율이 희생되는 문제점이 있다. 하지만 이 기술은 이미 외국 뿐만 아니라 국내에서도 DPF가 개발되어 다수의 디젤차에 장착, 실용화되고 있고, DPF에 대한 개발연구는 많은 자동차 제작회사 및 관련 연구기관에서 그 진전을 보고 있는 것이 현실이다.

(1) DPF필터의 종류

① 세라믹 필터

미립자 필터는 배기 계통에 장착되어 PM을 트랩(trap)하는 것으로 재료나 구조에는 여러 가지가 있다.

필터는 다음의 기능을 필요로 한다.

ⓐ PM의 포집효율이 높고 압력손실이 엔진성능에 악화를 허용하는 범위에 있을 것
ⓑ 배압이 낮을 것
ⓒ 배출가스나 연소 재생시의 온도변화에 대해 내구성이 높을 것
ⓓ 제품의 신뢰성과 가격이 저렴하여 양산성이 있을 것

필터시스템의 최대 과제는 포집해서 퇴적된 PM을 제거, 재생처리 하여야 한다. 만약 재생처리 되지 않으면 필터에 PM이 퇴적되어 배압이 허용값 이상으로 올라가 연비가 악화되고 엔진의 정지를 가져올 수 있다.

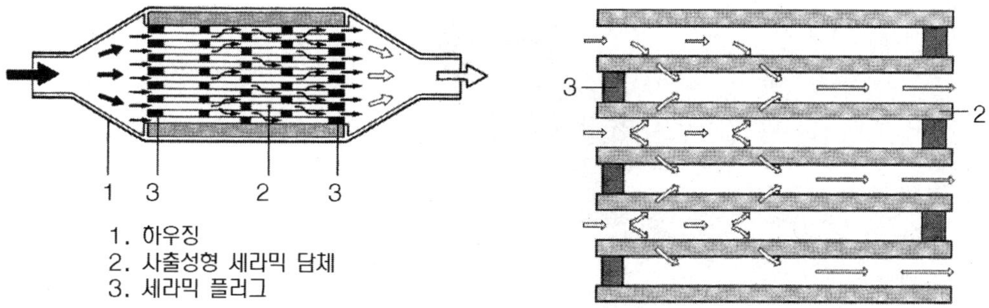

그림 7-16 세라믹 필터(벌집형)

그림 7-16은 세라믹 미립자 필터를 보여주고 있다.

세라믹 필터는 대부분 벌집 형상으로 가솔린기관의 촉매기와 재질과 형상이 비슷하다. 이 필터는 다공질 재료여서 포집효율이 높고 압력손실이 낮은 장점과 콤팩트하고 기계적인 강도 또한 높다. 반면 열팽창률이 높고 재생 때 균열이 발생되기 쉬운 결점이 있다. 구조는 그림 7-16과 같이 벌집 형상의 통로양단을 하나 건너 교대로 세라믹 플러그로 막아 놓았고, 열린 통로로 들어온 배기가스는 세라믹 벽에 뚫린 기공을 통과, 이웃 통로를 거쳐 배기된다. 세라믹 담체의 벽두께는 약300~400μm정도이고, 통로의 크기는 100~300 cpsi (channels per square inch)가 대부분이다.

② 소결금속 필터

독일의 SHW사가 개발한 것으로 와이어와 분말금속(Cr, Ni계)을 혼합, 성형한 판재모양으로 된 판을 겹쳐서 만든 것으로, 필터 표면이 금속담체이며 담체의 그물망은 소결금속가루로 채워져 있다. 필터 표면은 동심(concentric)으로 배열되어 있으며, 배기가스가 통과하는 필터의 판(slat)은 앞쪽이 뾰족한 쐐기형이다. 필터-판(slat)의 뒤쪽이 막혀 있어, 배기가스는 반드시 필터 주머니의 벽의 통과해야 하도록 설계되어 있다. 이때 매연입자는 세라믹 필터에서와 비슷한 원리로 기공의 벽에 퇴적되게 된다.

그림 7-17은 소결금속 필터를 보여준다.

포집효율과 압력손실의 형평에 의해 세공(작은 구멍)의 치수가 결정되며, 포집효율은 세라믹 필터(벌집형)에 비해 다소 떨어진다. 금속계이므로 중량이 다소 무겁고 버너 재생 시 열변형이 쉬운 것이 결점으로 남아 있다.

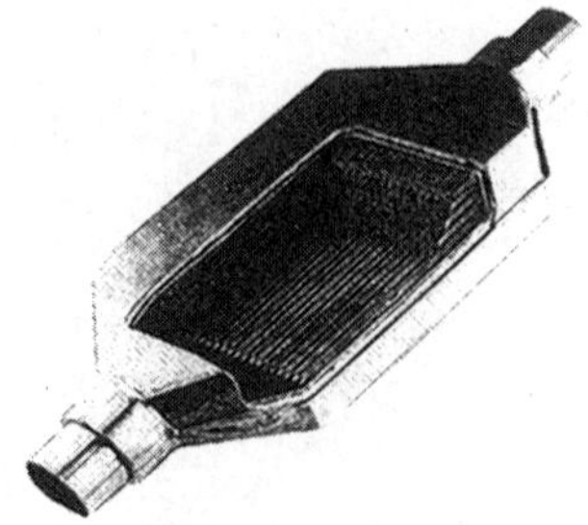

그림 7-17
소결금속
필터(SHW사)

(2) 필터의 재생방법

PM의 조성은 대부분이 드라이 수트(dry soot)나 SOF이며 연소제거에 의한 재생처리는 가능하다. DPF 상부에 퇴적된 PM의 착화온도는 600℃정도로 높기 때문에 통상의 운전조건 아래에서는 자연 재생 연소를 기대하기 어렵다. 일반적인 자동차 배출가스 온도는 300℃이하이기 때문에 강제적으로 착화시키는 시스템이 필요하다. 따라서 현재까지 시도되고 있는 각종 DPF의 재생방법은 아래와 같다.

① CRT 방식(Continuous Regeneration Trap)

Johnson Mattey는 1990년대 PM물질의 제어를 위한 CRT시스템을 상용화하였다. 이들은 세라믹 월플로(wall-flow)필터를 사용하여 필터의 상류에 산화촉매를 위치시켜 이때 발생된 NO_2가 필터를 통과하면서 포집된 PM물질을 연속적으로 산화시키는 원리이다.

CRT매연 여과장치는 캐니스터 내부에 2개의 필터가 있으며, 전단의 백금 산화촉매에는 산화반응으로 NO를 NO_2로 변환시키며 CO와 HC도 저감시킨다.

NO_2를 산화제로 사용할 경우 PM은 300~450℃의 낮은 온도에서도 산화한다. 이 방식은 산업용으로 지속적인 재생-방출(CRT : Continuously Regenerating Trap) 시스템에 사용되고 있다.

NO_2는 탄소입자가 250℃에서 산화할 수 있도록 작용하며, 후단에 설치된 필터에 포집된 PM은 배기가스온도가 250℃이상이면 연속 재생된다. 성능은 PM과 CO, HC를 90%수준까지 저감시키며, NO_x는 3~8%정도 감소하는 것으로 보고되고 있다. 하지만 이 방식은 촉매의 성능 유지를 위하여 디젤의 황성분을 10 ppm이하로 요구하기 때문에 상용화에는 다소 시일이 걸릴 것으로 판단된다.

또한, 이러한 촉매 세라믹 trap은 PM물질 포집에는 우수한 효율을 가지고 있지만 상대적으로 높은 압력손실을 일으킨다는 문제점을 가지고 있다.

② 첨가제 방식(additive system)

디젤연료에 철(Fe), 세륨(Cerium)이나 구리(Cu) 등의 연료첨가제를 첨가하여 soot의 연소온도를 낮추고 필터의 재생을 촉진 시킬 수 있다.

경유에 세륨 등의 첨가제를 첨가하여 600℃인 매연의 산화온도를 450℃ 이하에서 재생이 가능하게 한다. 또한 첨가제만으로는 다양한 운전여건에 만족하기가 곤란한 경우에는 보조 재생방식을 추가적으로 사용하여 400~500 km 주기마다 강제로 재생시킨다. 강제 재생을 위해서는 산화촉매를 전방에 부착하여 미연 탄화수소 연소를 발열시키며, 커먼레일 연료장치에서 후분사법으로 배출가스 온도를 상승시킨다.

이 방법은 첨가제 사용으로 인한 다이옥신과 같은 이차 오염 물질 발생 등의 단점이 있다.

③ 버너 재생 방식

이론적으로는 DPF 상부에 퇴적된 PM을 연소시킬 수 있으나, 실제로는 필터가 막혀 배압이 걸리는 현상이 빈번히 발생되고 있다. 따라서 대형차량의 경우에는 버너(burner)를 이용하여 강제로 필터를 재생시키는 방법을 사용하고 있다.

버너재생 방식으로는 바이패스(bypass)재생 방식과 풀 플로(full flow)재생 방식의 2종류가 있다.

바이패스 재생방식은 2개의 필터를 나란하게 하고 재생과 포집을 번갈아 변환하면서 재생하는 방식이다. 차량의 탑재성과 변환밸브의 내구성 및 신뢰성의 면에서 불리하여 최근에는 풀플로 방식이 주류로 되어 있다.

풀 플로 방식은 그림 7-18에서와 같이 O형은 연소를 위한 공기를 필요로 하지 않고 배출가스 중의 산소를 이용, PM 입자를 연소시키고 있어서 잔류산소의 농도가 높은 엔진의 저·중부하역의 상태에서 운전되는 도시버스 등에 쓰인다.

그림 7-19에서와 같이 M형은 연소에 필요한 공기를 사용하고 있으며, 모든 운전조건 하에서 재생이 가능하다. 그리고 이들 버너는 필터의 전면에 놓인 온도센서의 신호에 의해 연료의 공급량을 조절하여 재생용 가스의 온도를 700℃전후가 되도록 제어한다. 이 버너 재생박식에는 차량에 직접 탑재하는 형식과 차량이 정지되었을 때 기계에 접속하여 재생을 하는 정치형의 2종류가 있다. 이 온도 피드백 버

그림 7-18
버너에 의한
재생(O형)

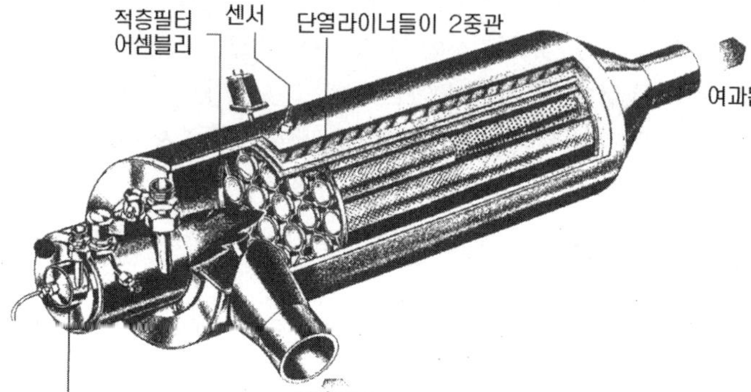

그림 7-19 버너에 의한 재생(M형)

너 재생방식은 재생을 확실하게 할 수 있는 이점이 있으나 시스템이 복잡하고 그에 따른 고가인 것이 단점이다.

④ 플라즈마/촉매 복합시스템 방식

플라즈마를 이용한 디젤엔진 후처리 기술은 1988년도부터 본격적으로 연구결과가 발표되기 시작하였다. 세계적인 자동차 관련업체들이 플라즈마를 이용하여 NO_x와 PM을 동시에 제거하려는 연구를 활발하게 진행하고 있다. 플라즈마를 이용한 시스템에 있어서 플라즈마 기술만으로는 NO_x의 저감에 어려움이 있어서 촉매가 조합된 시스템을 권장하고 이를 사용하고 있다. 두 시스템을 동시에 사용할 경우 플라즈마 사용은 촉매 선택성과 제거 효율을 높일 수 있다고 보고되고 있다.

플라즈마/촉매 복합 시스템의 재생원리는 디젤의 PM물질이 산화성이 강한 NO_2에 의해 보다 낮은 온도인 250℃에서부터 쉽게 산화되는 것을 이용하고 있다. 전단에 위치한 산화촉매는 배기가스중의 NO를 PM의 산화에 필요한 NO_2로 산화시키고, 생성된 NO_2는 플라즈마 반응기에서 포집된 디젤 PM을 연속적으로 산화시키며 NO와 N_2로 변환되고 결과적으로 전체 배기가스 중 NO_2함유량은 저감된다. 이 시스템에 있어서 배기가스 중 PM의 저감효과는 반응기 내부온도와 NO_2의 농도가 증가함에 따라 증가하였고, 반응기내에서 전체 soot량이 증가함에 따라 산화되는 PM량도 증가 한다.

플라즈마 방식은 필터를 사용하는 기존의 매연여과장치의 원리와는 상이하기 때문에 필터방식 수준의 PM저감율 달성은 용이하지 않지만 PM과 함께 NO_x를 동시에 저감할 수 있는 기술로 발전할 수 있을 것으로 기대된다.

6) 미립자형 촉매필터(CPF : Catalyzed Particulate Filter)

PM을 제거하기 위한 배기가스 후처리 장치는 DPF(Diesel Particulate Filter : 디젤 미립자형 필터), CDPF(Catalyzed Diesel Particulate Filter : 디젤미립자형 필터) 또는 CPF(Catalyzed Particulate Filter : 미립자형 촉매필터))로 통칭한다.

CPF란 디젤엔진의 배기가스 중 PM을 필터를 이용해 물리적으로 포집하고, 일정거리 주행 후 PM의 발화 온도(550℃) 이상으로 배기가스 온도를 상승시켜 연소시키는 장치이다. 즉, CPF는 디젤엔진에서 배출되는 PM을 필터로 포집한 후 이것을 태우고

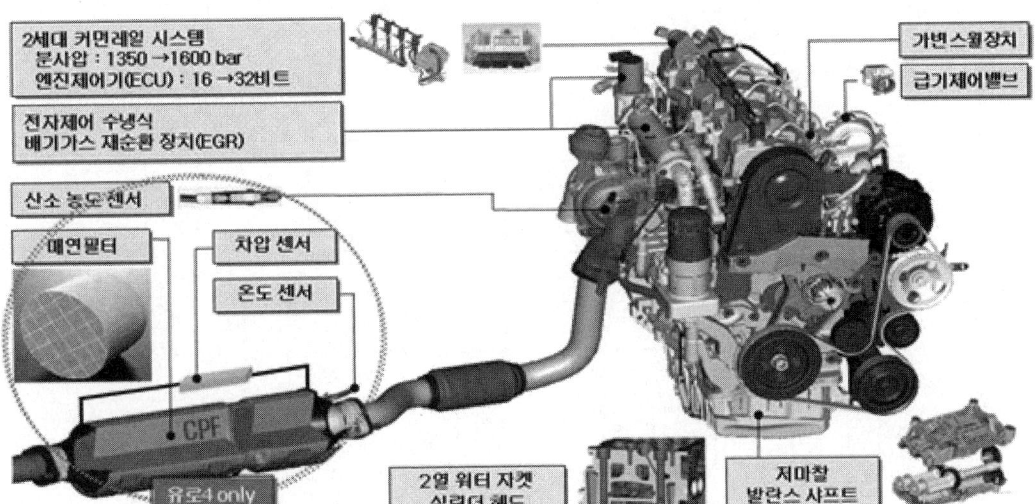

그림 7-20 커먼레일 엔진에서의 CPF장착 예

(재생) 다시 포집하기를 반복하는 기술로써 약 70% 이상 저감할 수 있는 장치이다. CPF는 매연 저감 성능 면에서는 우수하나 PM이 포집됨에 따라 엔진에 배압이 걸리며 이것에 의하여 출력과 연료소비율이 떨어질 수 있는 단점이 있어 제어기술이 중요하다. CPF 기술은 크게 PM 포집(Trapping)기술과 재생(Regeneration)기술로 나누어진다. 시스템은 기본적으로 필터, 재생장치, 제어장치의 3부분로 구성되어 있다.

현재 적용중인 재생방법은 스캐너를 이용한 수동재생 방법과 일정주행 거리를 운행한 후 ECU에서 수행하는 운행거리에 따른 재생, 그리고 운행 중 연소온도 상승 시 자동적으로 수행되는 CRT(Continuous Regeneration trap) 촉매 재생 등이 방법이 있다.

7.4 소음의 발생

자동차의 주요 소음원은 자동차이 종류에 관계없이 엔진, 냉각장치, 흡·배기장치, 구동장치, 타이어, 기타 장치에서 발생된다. 이들 각 음원이 전체 소음에 대하여 어느 정도의 영향을 갖는가의 비율을 기여율이라 하고, 소음저감 대책에 중요한 수치가 된다. 디젤엔진은 실린더 내에서의 폭발압력이 크고 그 압력의 상승이 급격하기 때문에 연소소음의 기여율이 상대적으로 높다. 그림 7-21은 차량용 디젤엔진 소음의 기여율을 나타내고 있다.

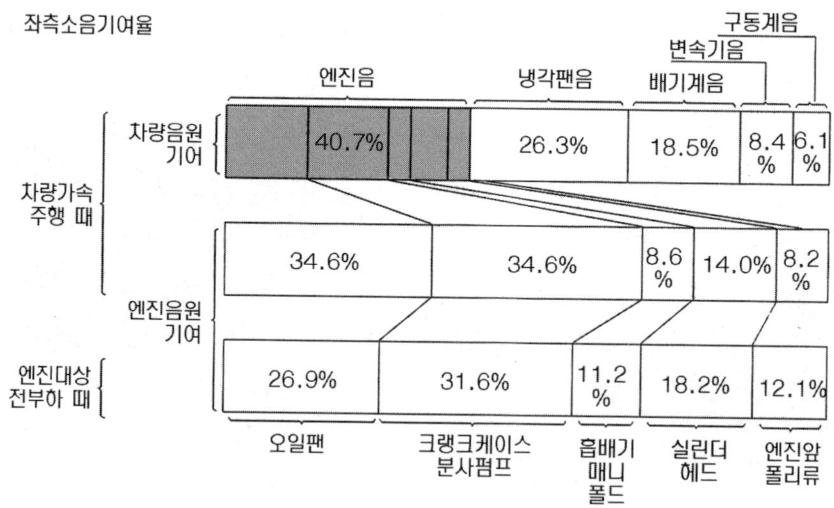

그림 7-21 차량용 디젤엔진 소음의 기여율

7.4.1 엔진소음

엔진소음은 연소에 기인하여 생기는 연소소음과 엔진의 회전에 의하여 기계적인 작동부분에서 발생하는 기계소음으로 나눌 수 있다. 엔진소음은 실린더 내의 연소가스 압력에 의하여 엔진 각부가 여진되면서 그 진동이 공기에 전파됨으로써 발생되며 이 현상은 소음의 발생기구로 볼 때에는 그림 7-22에서와 같이 가진원, 진동전달구조, 발음부의 3개로 크게 나누어 진다. 그리고 이 가운데에서도 가진원이 가장 큰 영향을 미친다.

소음은 연소소음과 기계소음으로 성립되고 있으며 연소소음은 연소가스의 압력과 상관관계가 있다. 연소가스의 압력강도가 높을수록 연소소음의 강도는 높아지는 것을 볼 수 있다.

$$I_c = K \times I_p$$

여기서, I_c : 연소소음의 강도

I_p : 연소가스 압력의 강도

K : 전달함수(구조감쇠)

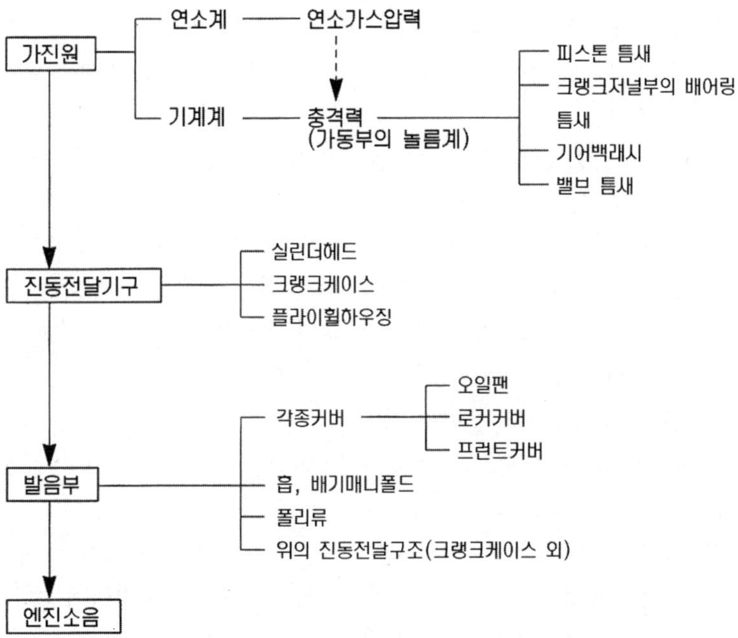

그림 7-22 디젤엔진 소음의 발생기구

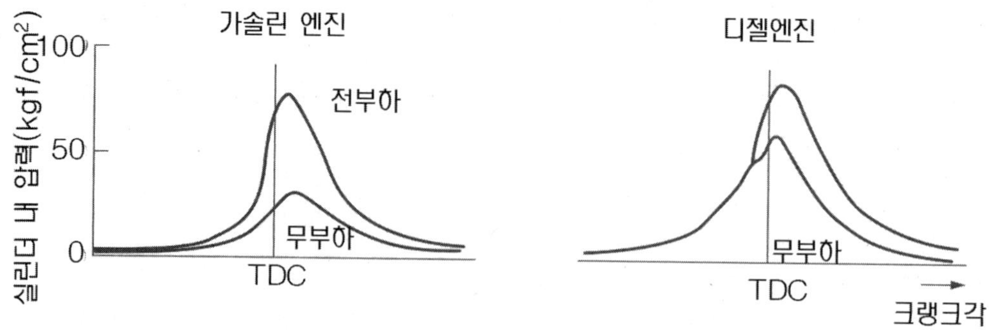

그림 7-23 출력에 따른 실린더 내의 압력 변화

연소소음은 정상연소인 경우 가솔린엔진은 대체로 문제가 되지 않지만, 이상연소인 경우는 노킹음이 분명히 크게 발생하여 소음원이 된다. 디젤엔진은 압축비가 크고 실린더 내의 압력이 높기 때문에 정상연소인 경우에도 연소소음이 커진다.

그림 7-23에서는 가솔린엔진과 디젤엔진의 출력에 따른 실린더 내의 압력 변화를 보여준다. 가솔린엔진의 경우 출력이 낮아짐에 따라 혼합기의 흡기량이 적어지고 이에 따라 실린더내의 압력 또한 낮아진다. 가솔린엔진의 연소는 점화플러그를 중심으로 순차적으로 확산되는 연소이기 때문에 디젤엔진처럼 급상승되지 않는다. 이에 반해 디젤엔진은 작용하는 부하에는 관계없이 항상 공기를 최대 흡입한 상태에서 이를 고압으로 압축한 다음, 고온의 상태에서 연료를 분사하여 착화하기 때문에 실린더내의 압축압력 뿐만 아니라 폭발압력도 높다.

또한, 디젤엔진의 연소에 있어서 이상연소인 노크가 발생하면 이에 따른 특유의 노크음을 발생한다. 디젤엔진은 초기 연소에 있어서 연료의 분사와 동시에 착화가 이루어지는 것이 아니고 착화지연 시간을 요한다. 그사이 연속해서 분사된 연료가 한꺼번에 연소폭발하면서 실린더 내의 압력은 급상승하고, 특유의 노크음을 발생하게 되는데 이를 디젤노크라고 한다. 이 노크음은 시동 직후와 같이 엔진이 냉각되어 있을 때에는 그 착화지연기간이 더욱 길어져 한층 심해진다.

디젤엔진은 연소소음 이외도 실린더 내의 압력상승으로 연소가스의 압력이 실린더 벽에 진동을 가하여 엔진의 각부, 흡·배기 매니폴드나 오일 팬 등에서 진동에 의한 소음이 발생된다.

기계소음은 엔진내부에서 부품들이 다른 부품과 충돌할 때 발생하는 소음이다. 기계소음에는 피스톤슬랩(piston slap)음, 기어 벨트 체인 소음, 분사펌프계 소음, 베어링 임팩트(bearing impact)음, 백래쉬(back lash)음 등이 있다.

피스톤 슬랩음은 피스톤과 실린더 사이에 설치된 간격 때문에 피스톤 스커트부가 실린더와 충돌하여 발생하고 이 충돌력이 진동이 되어 소음이 된다. 기어 벨트 체인소음은 크랭크축이 캠축 또는 연료분사펌프, 디스트리뷰터 등을 구동하기 위하여 발생하는 소음으로서 기어구동방식이 체인이나 벨트구동 보다 소음발생이 크다.

분사계에서 발생하는 소음은 분사펌프 내부의 기계부분의 왕복진동에 의한 소음과 고압의 연료가 급기 측에 급격히 되돌아 올 때 발생한다. 베어링 임팩트 음은 크랭크축의 저널과 베어링의 충돌로 발생하는 소음이고, 백래쉬음은 기어가 상대 기어와 서로 맞물릴 때 이의 맞닿는 소리이다. 엔진소음은 개략적으로 실린더보어의 5승, 엔진회전속도의 3승에 비례하는 것으로 보고되고 있다. 따라서 대형트럭이나 버스 등 배기량이 큰 엔진일수록, 엔진회전속도가 빠를수록 소음은 증가하게 된다.

7.4.2 냉각장치의 소음

냉각장치에서 발생하는 소음은 주로 팬의 회전에 의해 발생하는 것으로서 팬이 공기를 자를 때 발생하는 음과 팬의 주위에 있는 물체에 공기가 부딪쳐 기류가 난류가 되어 발생하는 음이 있다. 냉각계의 소음은 일반적으로 팬의 회전수가 작을수록, 팬의 블레이드 매수가 작아질수록 커지는 경향이 있다.

7.4.3 흡·배기장치의 소음

흡기소음은 배기소음에 비하여 크지는 않지만, 실린더 내로 공기를 흡입할 때 공기의 맥동음이 공기청정기에서 공명하여 비교적 큰 음을 발생하기도 한다.

배기소음은 고온·고압의 연소가스가 배기관부근에서 급격히 팽창될 때 발생하는 소음이다. 배기계 소음은 배기 출구쪽에서 공기의 토출음과 머플러 부근에서의 방산음 등을 발생한다.

7.4.4 타이어 소음

타이어 소음에는 타이어와 노면의 상호작용에 의한 패턴 노이즈(patten noise) 및 도로소음, 타이어 자체의 진동에 의한 소음, 타이어가 공기를 교란시켜 발생하는 소음 등이 있다. 패턴 노이즈는 타이어에서 발생하는 소음의 대부분을 점유하고 있고 이것은 에어 펌핑음과 임팩트음이 있다. 에어 펌핑음은 타이어가 접지할 때 트레드(tread)에 변형이 일어나서 패턴구에 출입하는 공기가 압축, 팽창을 반복하면서 주위의 공기가 진동하여 소음이 되는 것을 말한다. 임팩트음은 타이어가 접지할 때 트레드 고무가 직접 노면을 타격하는 음이다.

타이어 소음을 트레드 패턴(tread pattern)으로 비교하면 러그 패턴은 리브 패턴보다 소음이 크고, 타이어 구조로서 비교하면 접지할 때 트레드부의 변형이 큰 바이어스 구조는 레이디얼 구조보다 소음이 커진다.

도로소음은 노면의 작은 요철부를 타이어가 통과할 때 요철부에 공기가 출입하여 에어펌핑 작용이 일어나 발생하는 소음이고, 타이어 자체의 진동음은 타이어가 노면의 요철(凹凸) 등을 통과할 때 가하여지는 충돌력으로, 타이어가 국부적으로 변형하고 이것이 복잡한 탄성 진동이 되어 발생하는 진동음이다.

❖ 참고

트레드 패턴(tread pattern)이란?

트레드에 새겨진 모양을 말한다. 트레드 패턴은 타이어의 기본적인 기능인 구동, 제동, 선회 성능은 물론 승차감과 소음, 굴러가는 데 대한 저항, 마모 같은 모든 특성에 관계된다. 패턴의 모양에 따라, 러그 패턴, 리그 패턴, 리브 러그 패턴, 블록 패턴 등으로 분류된다. 요즘의 타이어에는 이들을 혼합한 중간적인 패턴을 많이 쓰고 있다.

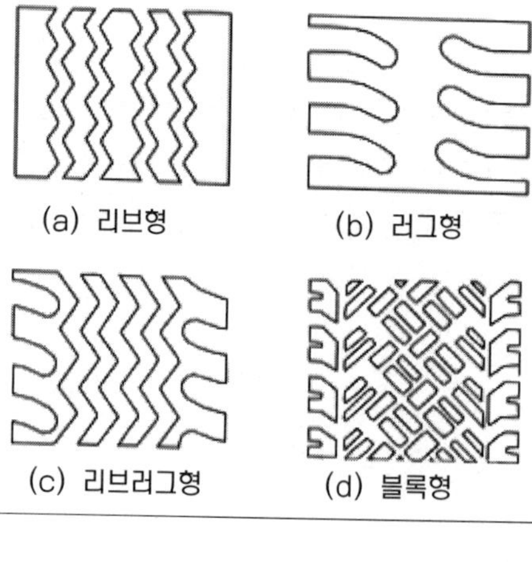

그림 7-24 타이어의 트레드 패턴(tread pattern)

레이디얼 타이어(radial tire)란?

타이어를 이루는 부분을 외형상 크게 나누어 보면, 골격을 이루는 부분인 카커스(carcass)와 지면에 직접 닿는 부분인 트레드(tread), 그리고 타이어의 옆면인 사이드 월(side wall)로 구성된다.
이 중 카커스는 타이어 코드와 고무로 이루어진 층인데. 여기 사용되는 타이어 코드가 바퀴 진행 방향에 수직으로 배열되어 있는 타이어를 레이디얼 타이어라고 한다.

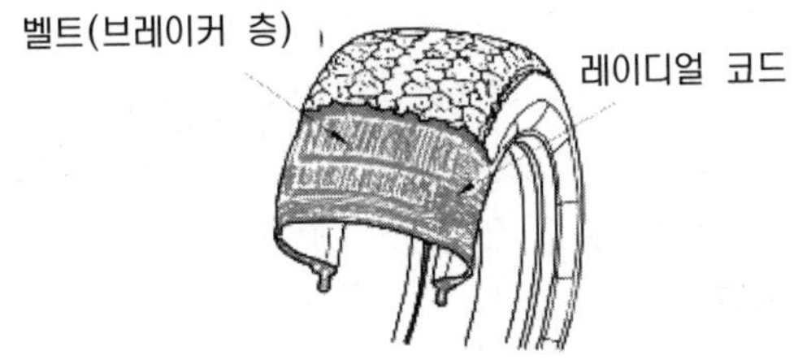

그림 7-25 레이디얼 타이어(radial tire)

바이어스 타이어(bias tire)란?

레이디얼타이어와 대비되는 개념으로 바이어스타이어(bias tire)가 있는데, 이는 타이어코드들이 진행방향에 비스듬하게 배치되어 있는 타이어를 말한다. 레이디얼타이어가 개발되기 전까지는 대부분이 바이어스 타이어였는데, 이 타이어는 방향 전환 시에 반응이 늦고, 오랜 시간 주차했을 경우 타이어에 변형이 생겼으며, 노면 저항이 커서 마모가 쉽게 되어 타이어의 수명이 짧아지는 등 많은 단점이 있었다.

레이디얼타이어가 널리 보급됨으로써 가져온 효과는 대단히 큰 것이었다. 노면과의 저항이 적어져 연료를 절약할 수 있는 동시에 타이어의 수명도 늘어날 수 있었다. 또한 도로와의 흡착성이 우수하여 고속 주행 시 좋고 조종의 안정성이나 코너링능력·제동능력·승차감 등도 향상되었다. 한편 레이디얼타이어의 보급은 그 동안 승차감이 좋지 않은 원인을 타이어에만 돌려왔던 자동차 제작사들에게 경종을 울려 자동차 구조의 연구와 발전을 가져오기도 하였다. 하지만 레이디얼타이어는 도로상태가 나쁜 곳에서는 취약하다는 단점이 있다. 그래서 비포장도로를 많이 달리는 차량 등에는 잘 쓰이지 않는다.

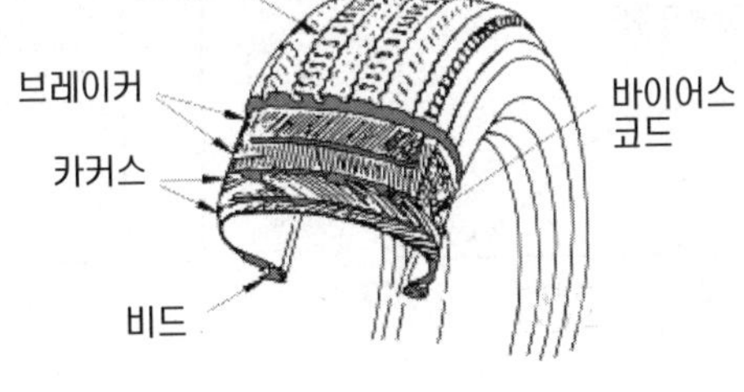

그림 7-26 바이어스 타이어(bias tire)

7.5 소음 저감 대책

자동차 소음을 줄이기 위해서는 먼저 소음을 구성하고 있는 음원의 기여율을 명확히 파악할 필요가 있다. 소음 요인 분석방법은 구하려고 하는 소음 이외의 음원을 제거하여 구한다. 예를 들면, 엔진소음을 측정하는 경우에는 엔진소음 이외의 팬 소음이나 흡·배기계 소음을 제거하면서 행한다. 그런 다음 기여율을 명확히 하였으면, 기여율이 큰 음원의 소음부터 저감시키면서 행한다.

그림 7-27은 엔진 소음의 요인 비율과 엔진의 소음과 실린더 내 압력과의 관계를 나타내었다. 이것은 기여율이 작은 음원의 소음은 저감시켜도 최종적인 자동차 소음저감에는 대체로 효과가 없음을 보여주고 있다.

7.5.1 엔진 소음의 대책

엔진소음을 저감하기 위해서는 연소가 부드럽게 이루어지고 기계적인 작동부분에 충돌음이 발생하지 않는 정숙한 엔진이면 된다. 이를 위한 구체적인 예는 다음과 같다.

1. 디젤엔진 연소소음에서 소량의 연료분사(파일럿분사) 실시하여 연소소음을 저감한다. 이것은 메인분사와 파일럿분사의 분사량 및 인터벌을 조합시킴으로써 착화지연기간을 단축시키고 이것으로 말미암아 연소형태를 평온하게 하게 하는 효과가 있다.

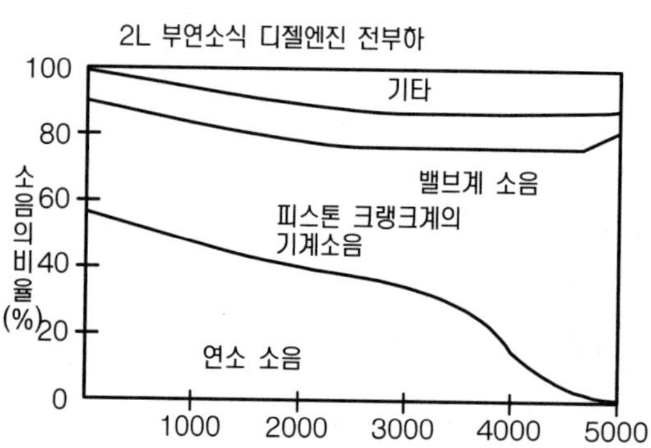

(a) 엔진 소음의 요인

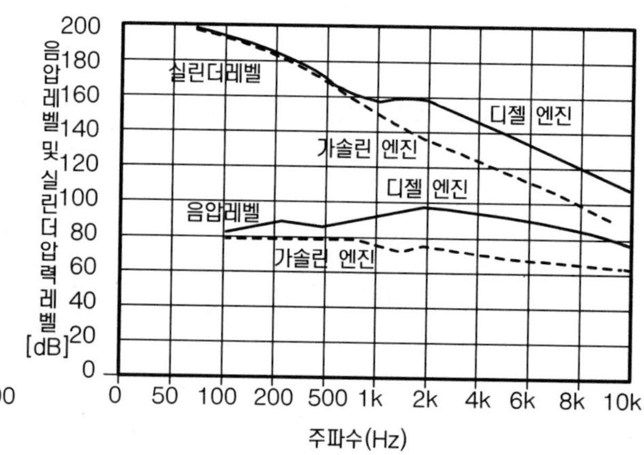

(b) 엔진 소음과 실린더내 압력

그림 7-27 엔진소음의 요인 및 소음 저감 효과와의 관계

2. 피스톤과 실린더의 틈새를 가능한 한 작게 하여 피스톤 슬랩현상을 줄여준다.
3. 실린더블록의 형상, 두께를 검토하고 강성을 향상시킨다.
4. 밸브계끼리의 충돌음을 방지하기 위하여 캠 프로파일(cam profile)의 최적화, 밸브 클리어런스(valve clearance)의 자동조절 등의 대책을 행한다.
5. 크랭크축에 토션 댐퍼(torsion damper)를 설치한다.
6. 방사음을 방지하지 위하여 실린더블록에 차음(車音) 커버를 추가한다. 오일 팬과 실린더헤드 커버 등은 방진, 방음재를 사용하고 이중구조로 한다.

7.5.2 흡·배기계 소음의 대책

흡기소음은 공기청정기의 형상, 장착 위치 등과 관계가 있으며, 공기청정기 내부 면적 S에 대하여 입구관의 면적 S_0가 작을수록(또는 확장비 (S/S_0)가 클수록), 흡기관의 길이가 길수록 소음이 더 커진다.

배기계 소음의 저감에는 배기관 도중에 적절한 구조의 소음기를 설치하든지, 혹은 배기관을 2중으로 하든지, 두껍게 하면 효과가 있다. 또 엔진 진동이 배기계통으로 전달하는 것을 방지하기 위하여 배기관 일부에 플렉시블 파이프를 사용하기도 한다.

7.5.3 냉각장치 소음의 대책

냉각장치 소음의 대부분은 팬의 소음이다. 저감방법은 냉각작용에 필요한 공기 통과량을 가능한 한 적게 한다. 이 원칙에 의한 대책은 다음과 같다.

1. 방열효과가 적은 라디에이터를 사용하여 공기통과량을 가능한 한 줄인다.
2. 회전수가 저하되어도 충분한 풍량이 얻어지도록 팬을 선정한다.(부등 피치팬)
3. 엔진의 회전상태에 따라 효과적으로 냉각팬을 회전시킨다.(전동팬이나 바이메탈에 의한 온도제어식 커플링 팬의 채용)

7.5.4 타이어 소음의 대책

타이어 소음이 커지는 원인으로는 속도 상승, 하중의 증가, 공기압의 감소 때문이므로 소음의 저감에는 차량속도 저하, 하중의 감소 및 공기압을 증가시키면 효과가 있다. 이와 더불어 바이어스보다 레이디얼 타이어를 사용하고, 패턴 형식은 러그 패턴보다 리브 패턴 타이어를 사용하는 것이 효과가 있다.

7.6 소음 표시와 측정법

7.6.1 소음표시 방법

음은 공기의 조밀파이다. 악기는 가장 단순한 정현파를 기본으로 하고, 그것의 상수배의 진동수를 갖고 몇 가지의 정현파가 합성한 것으로서 인간은 쾌음(즐거운 음)으로서 들을 수 있다. 이에 대하여 소음은 구성하고 있는 음의 진동수가 상수배가 아니라 각각 다르고, 더구나 대부분이 연속적이기 때문에 매우 단조롭고, 시끄럽고, 소란스러운 음으로 들린다.

음은 기압의 미묘한 변동이 공기 중을 전파하는 것이지만, 음은 이 변동압, 즉, 음압의 크기로 나타내고, 단위로서는 dB(데시벨) 또는 혼을 사용한다.

1. dB(데시벨) :데시벨은 소리의 크기 또는 세기를 측정하는 단위이다. 벨은 알렉산드 그레이엄 벨의 이름에서 유래하였다. 데시벨은 전기적, 음향적 혹은 다른 전력비의 상용 로그값을 취한 것이다.

$$\mathrm{dB} = \frac{1}{10}\mathrm{Bel}$$

여기서, $\mathrm{Bel} = \log 10(P_{out}/P_{ref})$

벨(Bell)이란 기준 값에 대한 비교 값과의 비의 크기를 대수로 표시한 것이다.

2. 혼: dB(데시벨)에 대응하여 레벨을 표시하는 용어이다. 예를 들면 등감도 곡선상에서 100 Hz, 50 dB의 음압레벨을 갖는 음은 1000 Hz, 20 dB의 순음과 동일한 크기로 들리기 때문에 20혼이라고 표시한다. 따라서 1000 Hz의 기준음의 음압레

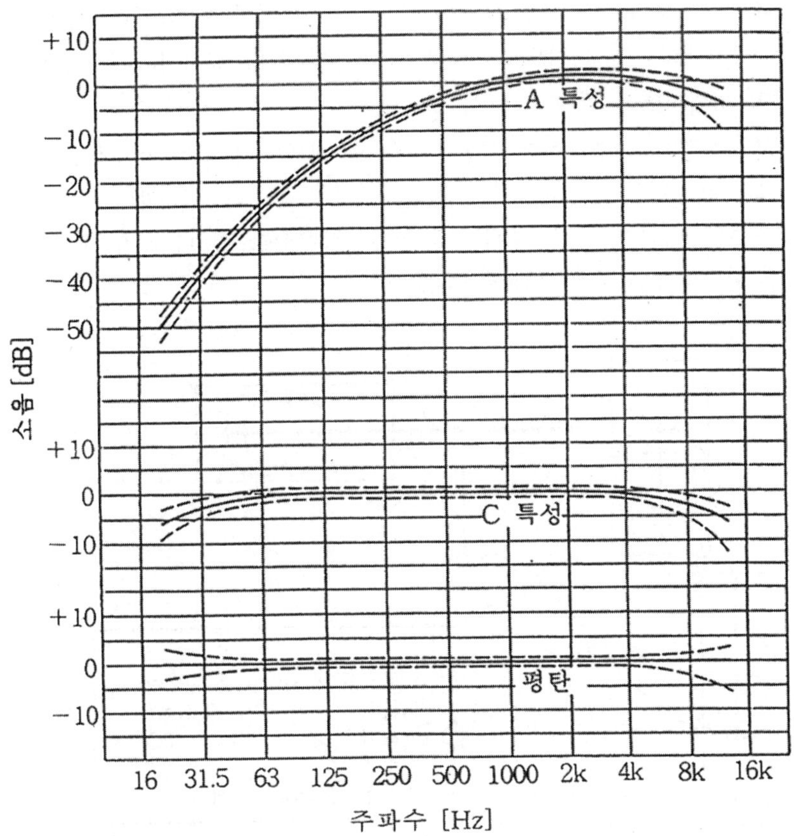

그림 7-28 소음계의 청감 보정 특성(점선은 정밀 소음계의 허용범위)

벨(dB) 과 동일한 음으로 들린 경우, 그 데시벨(dB)수가 소음의 혼수가 된다.

소음의 평가는 인간의 귀 감도에 맞춰 주파수에 대한 신중함을 더하고 있다. 현재 주로 사용하고 있는 것은 A특성이다. 그림 7-28은 소음계의 청감 보정 특성을 나타낸다.

7.6.2 소음의 측정

소음 측정법에는 그림 7-29에 나타내었다. 소음 측정에는 주위조건에 영향을 미치지 않고, 벽면으로부터의 음반사를 무시할 수 있는 자유 음장의 무향실이 바람직하다.

옥외 등의 확산음장에서 소음 측정을 실시할 경우에는 암소음(暗騷音; 측정 대상의 소음 이외에서 발생하는 소음)이 대상 소음레벨보다 10dB이상 낮고, 시험실 벽면 등으로부터의 반사영향을 조사하여 음원으로부터의 거리(r)와 음의 세기 J[W/m^2]사이에 역 2승 법칙(J/r^2)이 성립되어야 한다.

자동차 소음의 측정에는 소음계를 사용한다. 소음계에는 음압을 전기신호로 변환하는 방법에 따라 크리스털 마이크로 혼, 다이내믹 마이크로 혼, 콘덴스 마이크로 혼 등이 있다. 이중 바깥지름이 비교적 작고, 주파수 특성이 평탄하며, 자기유도의 영향을 받기 어려운 콘덴서 마이크로 혼을 많이 사용하고 있다.

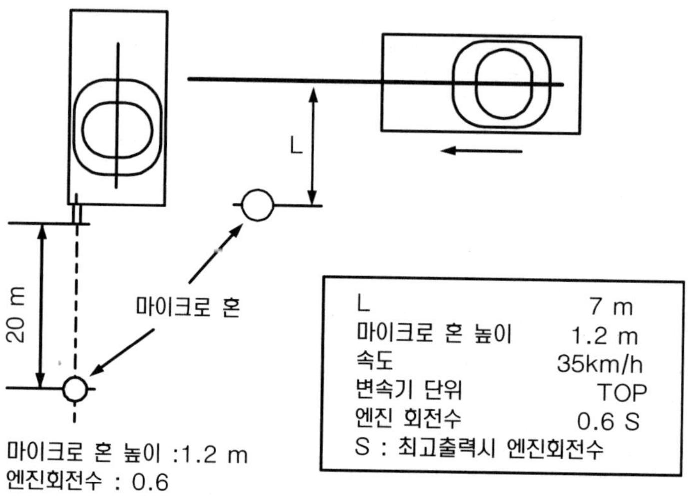

그림 7-29 소음의 측정방법

8 CHAPTER

커먼레일 연료분사장치

8.1 개요

최근의 디젤엔진에서는 저연비 고출력화를 목표로 엔진 성능 개선을 도모하고 있다. 1970년대 까지는 실린더 지름이 160 mm 이하의 소형 디젤엔진은 부실식 연소실이 주류로 이루고 있었으나, 자동차용 디젤 엔진의 직접분사화가 시작되고 1, 2차 오일쇼크를 계기로 산업, 선박용 시장으로 급격한 발전을 보이게 되었다. 종래의 디젤엔진의 최고 연료분사압은 500 bar 정도이나 커먼레일 엔진에서는 1600 bar까지 상승시키고 있다. 이것은 연소실 형식 및 출력 면에서 크게 관계하고 있다. 즉, 고압직접분사 방식 연소실은 부실식보다 미세한 연료분무를 할 필요가 있는데, 연료분사밸브의 분출구 면적이 작으면서도 고출력으로 단시간에 약 3ms에 다량의 연료를 분사시키기 위해서는 연료의 분사압을 상승시키지 않을 수 없다. 이에 커먼레일 디젤분사시스템(common rail direct injection system)은 고압의 연료공급펌프에 의해 가압된 연료를 커먼레일에 축적한 다음, 피스톤 상단부의 연소실로 1300~1600 bar정도의 고압으로 연료를 분사한다.

이 시스템은 기존의 디젤엔진에 적용했던 개념에 비해 연비향상과 출력성능, 배기가스 배출면에서 많은 장점을 가지고 있다. 종전의 디젤연료 분사장치는 캠 구동장치를 사용하여 분사압력을 만들었으나 분사압력의 한계를 나타내었다. 또한 기계식으로 분사시기를 조정함으로 그 조정의 신뢰성이나 범위에서 한계를 나타내게 되었다. 이러한 시스템은 디젤기관에 있어서 제어의 한계성을 가지고 있으므로, 이에 대한 대책으로 마련된 것이 커먼레일 전자제어 분사시스템이다. 노즐홀더 위치에 솔레노이드가 부착된 노즐이 장착되고, 레이디얼 피스톤 펌프(radial piston pump)에 의해서 고압이 생성되는데, 일정한 범위 내에서는 엔진 회전수와는 독립하여 자유롭게 회전속도를 조정할 수 있다. 이렇게 압력 발생과 분사를 분리하기 위해서는 고압을 유지할 수 있는 고압 어큐뮬레이터나 레일(rail)이 필요하게 된다. 이것을 커먼레일이라 하며 분사시기와 분사율을 자유롭게 조정할 수 있기 때문에 배출가스를 적게 배출되도록 제어가 가능하다. 결국 커먼레일 시스템으로 인해 디젤엔진은 획기적으로 배기가스를 저감하고, 연비를 향상시키는 것이 가능하게 되었다.

커먼레일 엔진의 장점은 다음과 같다.

1. 기존 디젤엔진에 비해 출력, 연비 및 배출가스 저감이 우수하다.
2. 파일럿분사(pilot), 후분사(post)가 가능하며 분사량, 분사시기, 분사압력 그리고 분사율을 유연하게 전자제어 할 수 있다.
3. 엔진의 회전수와는 관계없이 분사량, 분사시기 및 분사압력 등을 독립적으로 제어가 가능하여 출력뿐만 아니라 배출가스 면에서 유리하다.

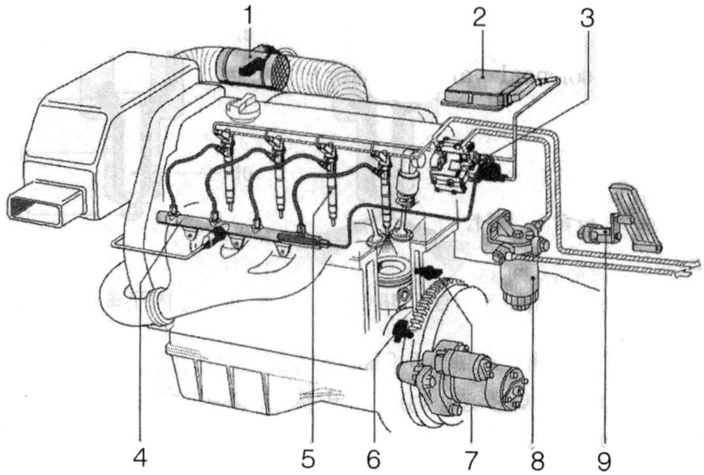

그림 8-1 커먼레일 장착 4실린더 디젤기관

4. 3ms의 단시간에 다량의 연료를 분사시키므로 고출력을 내는데 유리하고, 기관 중량 대 출력 비율이 다른 형식의 기관에 비해 월등히 향상되어 차량 경량화가 가능하다.

5. 연소실구조가 간단하여 냉각면적이 적어 열효율이 높고 연료소비량도 다른 형식에 비해 적다.

단점으로서는

① 분사압력이 높기 때문에 분사펌프, 노즐, 연료파이프 등의 내구성이 요구되고, 고압연료펌프 등의 성능향상이 요구된다.

② 분사노즐의 상태가 변화하면 엔진의 성능이 크게 좌우된다.

③ 디젤노크를 일으키기 쉽고, 사용연료의 변화에 민감하다.

8.2 커먼레일 시스템의 구성

커먼레일 디젤엔진은 고압분사와 다단분사를 이용하여 배기가스의 규제에 만족하고 연비를 향상시킨 엔진이라고 볼 수 있다. 커먼레일 디젤분사장치는 다음과 같은 주요 부분으로 구성되어 있다.

1. 연료를 공급하는 부품들로 구성된 저압부
2. 고압펌프, 커먼레일, 인젝터 및 고압연료 파이프로 구성된 고압부
3. 센서, ECU,액추에이터로 구성된 전자제어 시스템

8.2.1 저압연료라인

저압 연료라인은 연료펌프, 연료필터로 구성되어 있으며, 연료펌프에서 고압펌프까지의 연료라인을 말한다. 이 저압라인은 연료탱크에 있는 연료펌프에서 송출한 압력으로 약 4.5 bar 정도이다.

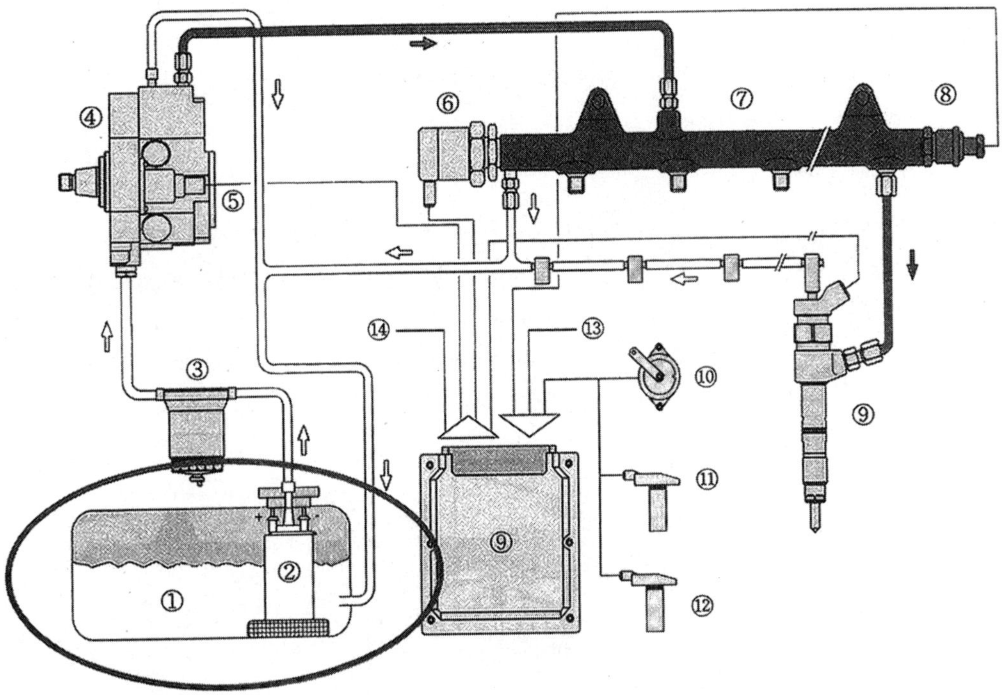

① 연료탱크 ② 연료펌프 ③ 연료필터
④ 고압펌프 ⑤ 고압펌프 솔레노이드밸브 ⑥ 레일압력조절기
⑦ 커먼레일 ⑧ 레일압력 센서 ⑨ 인젝터
⑩ 가속페달 센서 ⑪ 크랭크 포지션 센서 ⑫ 캠샤프트 포지션 센서
⑬ 기타 센서 ⑭ 기타 액츄에이터

그림 8-2 커먼레일 시스템 연료라인

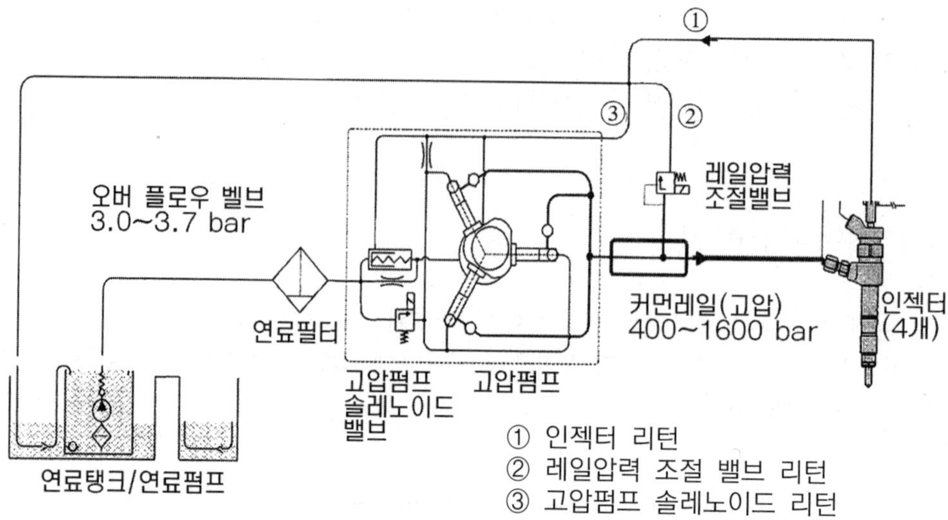

그림 8-3 커먼레일시스템 저압연료 공급 라인

1) 저압연료펌프

저압연료펌프는 전원이 인가되면 엔진으로 연료를 공급하는 역할을 한다. 연료레벨 센서는 저압연료펌프와 일체형으로 구성되어져 있는데 연료탱크내의 연료량을 감지하는 기능을 한다. 저압연료펌프는 전기모터식을 사용하고 있으며, 4.5 bar정도로 연료탱크에 있는 연료를 연료펌프로 송출한다. 송출량은 165~215 l/h 정도이며 연료펌프 릴리프 압력은 6.5~9 bar 정도이다.

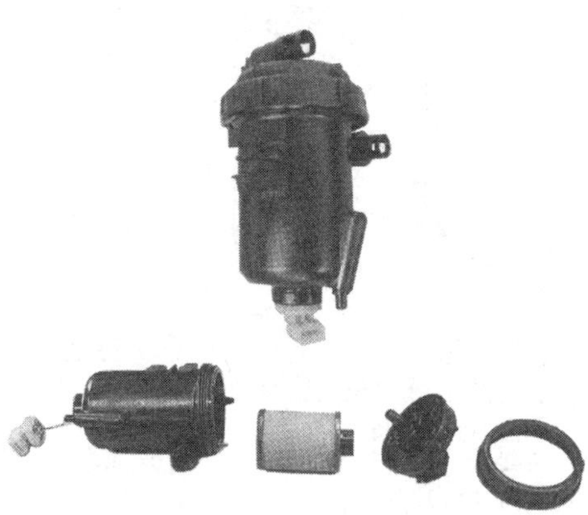

그림 8-4 연료필터

2) 연료필터

연료필터 하우징 내에 장착되어 있으며, 연료필터 히터 및 수분감지센서와 일체형으로 조립되어 있다. 연료필터 히터는 연료온도센서와 일체로 되어 연료가 차가울 때 히터의 작동에 의해서 일정온도로 올려주는 역할을 한다. 연료의 온도가 통상 3℃이하로 떨어지면 연료필터 히터를 작동시켜 연료의 온도를 높여준다. 디젤연료는 파라핀이 포함되어 있으므로 파라핀은 온도가 낮으면 응고되는 특성으로 인해 연료히터가 작동된다.

수분감지센서(WIF : Water In Fuel)는 연료필터가 분리해 낸 물의 양을 감지하며, 연료필터 내의 수분이 일정량이 되면 배출하도록 경고등을 띄우는 역할을 한다. 즉, 연료필터 수분감지 센서 수위를 측정하여 ECM에 신호를 보내고 일정 이상의 수분이 감지되면 ECM은 계기판의 '연료필터 수분감지 지시등'을 점등시킨다.

8.2.2 고압연료라인

고압연료 라인은 고압펌프, 압력조절밸브, 커먼레일(고압축압기), 인젝터 및 고압연료 파이프로 구성되어져 있다. 고압연료라인은 크게 압력형성, 압력저장 및 연료계량의 영역으로 구분할 수 있다.

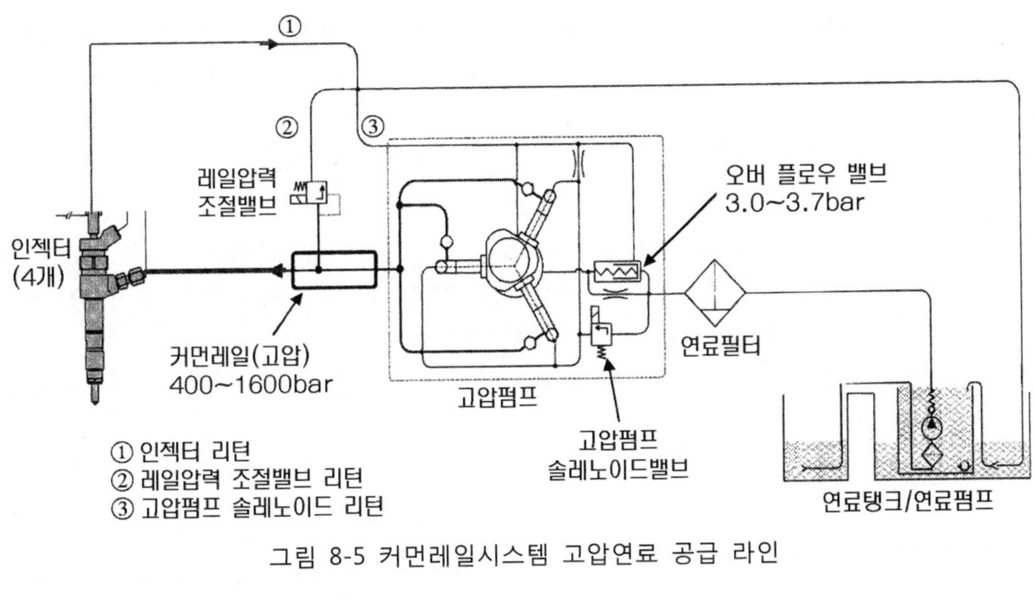

그림 8-5 커먼레일시스템 고압연료 공급 라인

고압펌프는 압력형성을 담당하고, 압력저장은 레일압력센서, 압력조절밸브 및 압력제한밸브가 설치되어 있는 커먼레일에서 이루어진다. 또한 분사량과 분사시기는 인젝터에서 실행된다.

1) 고압펌프

고압펌프는 연료를 최대 1600 bar의 압력으로 가압시키고, 가압된 연료를 고압라인을 통해 관 모양의 고압 어큘레이터인 커먼레일에 공급한다. 고압펌프는 타이밍벨트에 의해 구동되는 기계식 로터리펌프로 내부에는 3개의 압축 실린더를 가지고 있다.

일반적으로 승용자동차에서는 주로 3-실린더 레이디얼 플런저 형식의 연료펌프를 사용하며, 상용자동차에서는 2-플런저 직렬펌프도 사용된다. 고압펌프는 대부분의 기존의 디젤엔진에서 분배형 분사펌프가 설치된 위치에 설치된다.

고압송출압력은 450 bar (500 rpm) ~ 1600 bar (1800 rpm)정도로 고압으로 연료를 송출한다. 고압펌프는 분사와는 상관없이 독립적으로 커먼레일에서의 압력을 계속적으로 생성한다. 그러므로 연료를 기존의 기계식 분사펌프와 비교했을 때 분사진행 중에는 반드시 압축시킬 필요는 없다. 고압펌프는 엔진의 타이밍벨트의 구동되며, 윤활은 승용자동차에서는 대부분 연료에 의해서 이루어진다. 상용자동차의 경우에는 연료 또는 윤활유로 윤활된다. 고압펌프를 구동하기 위해 요구되는 토크는 커먼레일에 설치된 연료압력센서와 연료압력조절밸브에 의해 결정된다.

그림 8-8과 같이 연료는 120°각도로 되어 있는 3개의 펌프 피스톤에 의해서 연료가 압축, 송출된다. 매 회전마다 3번의 압축행정이 일어나기 때문에 펌프 구동장치에 작용하는 응력이 일정하게 유지되고 낮은 토크로 고압펌프의 구동이 가능해진다. 고압펌프를 구동하기 위해 사용되는 토크는 기존 분배형 분사펌프의 약 1/9정도로 작으며 약 16 Nm정도이다.

이것은 커먼레일이 기존의 분사시스템의 경우보다 고압펌프구동에 작은 부하가 걸린다는 것을 의미한다. 따라서 커먼레일 시스템은 기존의 기계식 고압분사장치에 비해 펌프 구동 기준에 요구되는 조건들이 까다롭지 않다.

펌프 구동에 필요한 동력은 조정된 커먼레일 압력에 그리고 펌프의 회전속도(공급량)에 비례해서 상승한다.

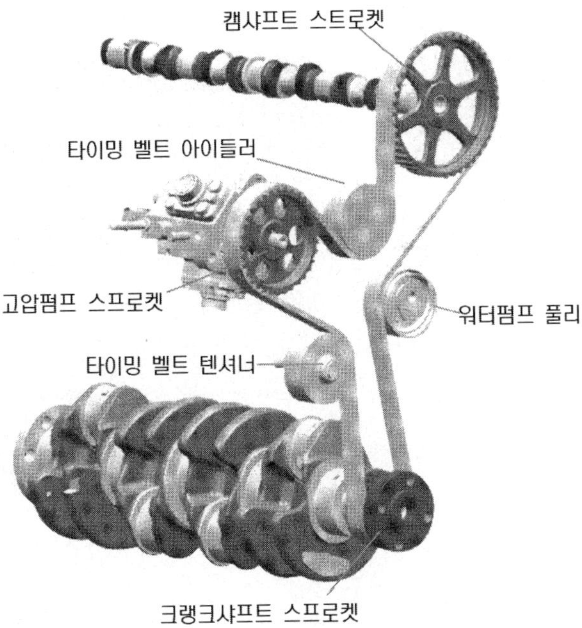

그림 8-6 고압펌프의 구동

1. 연료탱크내의 저압(1차) 연료펌프에 의해 연료 압송되어 펌프 피스톤 실린더로 공급하고
2. 또한 편심 캠 및 구동축에 윤활 및 냉각 연료를 공급한다.

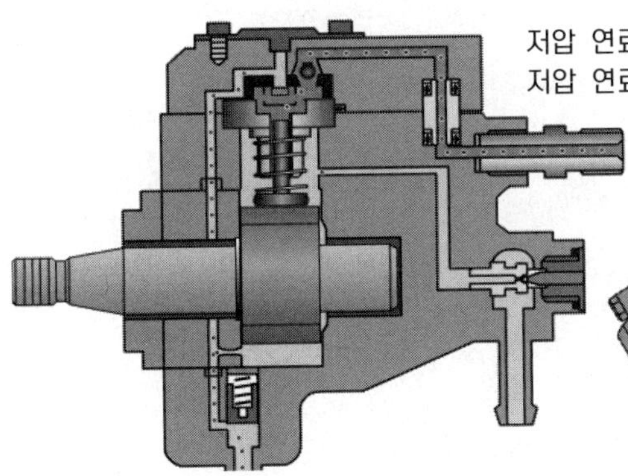

그림 8-7 고압펌프의 작동

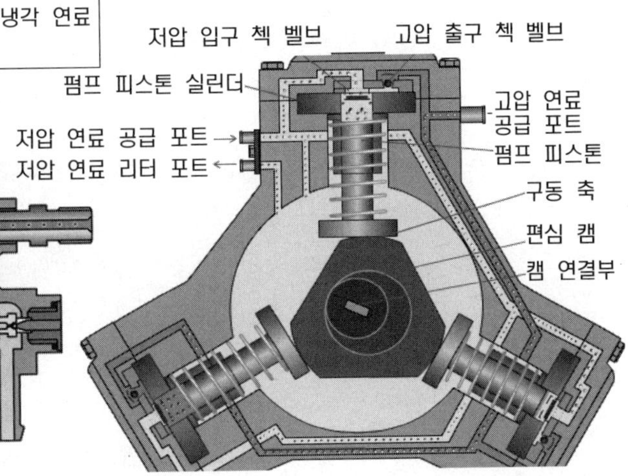

그림 8-8 고압펌프의 단면도

2) 커먼레일(common rail)

커먼레일은 고압축압기의 역할로서 고압펌프로부터 공급받은 연료를 저장하는 곳이다. 또한, 고압연료의 압력을 그대로 유지하는 하면서 연료를 개별 인젝터로 분배하는 기능을 한다. 커먼레일내의 압력은 최대 1600 bar 정도의 고압 상태이다.

고압펌프와 연료분사 사이클 때문에 발생되는 연료압력의 변화는 축압기의 체적을 이용하여 감쇄시킨다. 따라서 인젝터가 레일로부터 연료를 분사하더라도 레일내의 압력은 일정하게 유지되고 분사압력 또한 일정하게 유지된다.

연료압력은 레일내의 레일압력센서에 의해서 측정되고, 레일압력조절밸브에 의해서 원하는 값으로 유지된다.

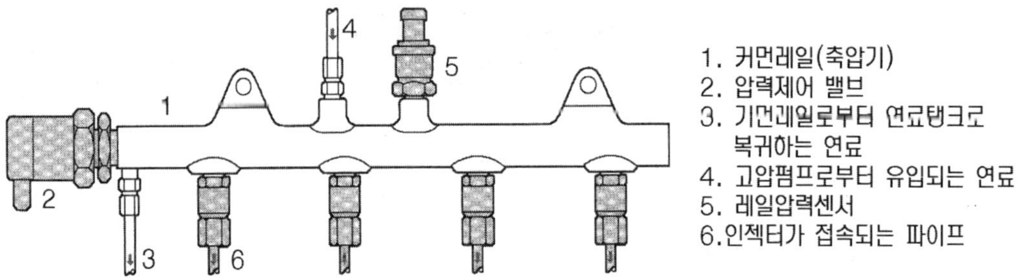

그림 8-9 디젤엔진 커먼레일 어셈블리

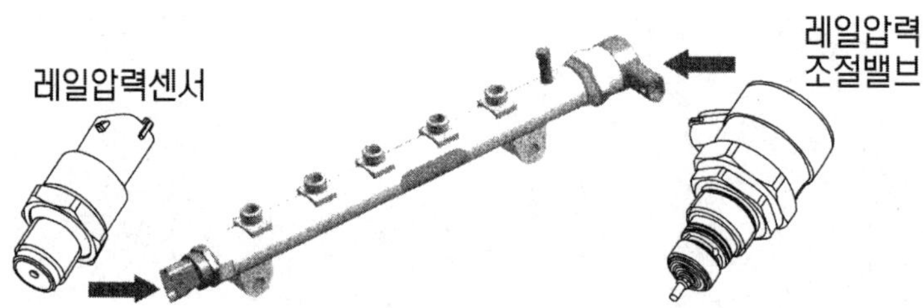

그림 8-10 디젤엔진 커먼레일 모듈

3) 레일 압력조절밸브(rail pressure control valve)

커먼레일 우측에 위치하며, ECM에 의하여 커먼레일 내부의 연료압력을 조절하는 역할을 한다. 레일 압력조절밸브는 기관의 부하에 따라 커먼레일의 압력이 지나치게 높으면 밸브가 열리서 커먼레일의 연료 중 일부가 레일의 리턴포트를 통해 연료탱크로 되돌아간다.

커먼레일의 연료압력이 지나치게 낮아지면 이 밸브는 닫히면서 고압연료는 리턴라인으로 방출되지 않게 되고 고압측은 저압측에 대해 기밀을 유지하게 된다.

레일 압력조절밸브는 솔레노이드 형식으로 저항값은 3.42~3.78 Ω이다. 그림 8-11과 같이 솔레노이드코일에 전류가 공급되지 않으면 전자력이 형성되지 않으므로 고압연료에 의한 힘이 스프링장력보다 크다. 그러므로 압력조절밸브는 열리고, 공급되는 연료량에 따라 크게 또는 적게 열리게 된다. 스프링은 자신의 힘으로 약 100 bar 정도의 압력을 유지하도록 설계되어 있다.

압력조절밸브가 활성화되면, 스프링장력과 자력을 합한 힘이 고압연료에 의한 힘보다 커져 압력조절밸브가 닫히게 된다. 그리고 두 힘이 서로 균형을 이루게 되면 밸브는 약간 열린 상태가 되며 압력은 일정하게 유지되게 된다.

1. 전기단자 2. 밸브스프링 3. 아마추어
4. 밸브하우징 5. 솔레노이드 코일 6. 밸브 볼
7. 서포트 링 8. O-링 9. 필터
10. 고압연료입구 11. 밸브보디 12. 저압회로로의 리턴

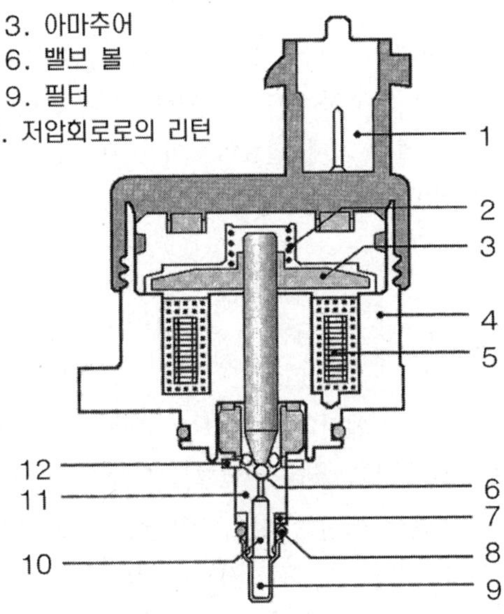

그림 8-11 레일 압력조절밸브

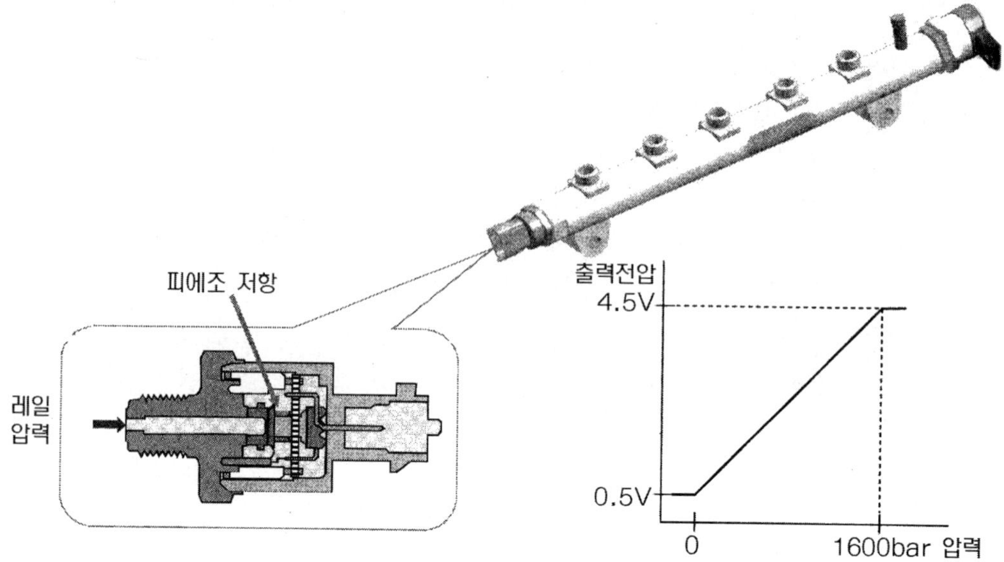

그림 8-12 레일압력센서의 작동

4) 레일압력센서

커먼레일 좌측이나 우측에 위치하며 레일에 형성된 연료의 압력을 측정한다. ECM은 측정된 연료압력을 이용하여 고압펌프의 연료 컨트롤밸브와 커먼레일의 압력컨트롤밸브를 조절하여 연소조건에 맞는 연료압력을 형성한다. 만약, 레일압력센스가 고장일 경우에는 최대 연료압력이 900 bar, 최소 연료압력이 450 bar로 제한하도록 설정되어 있다. 혹은 시동이 되지 않은 방식도 사용하기도 한다. 전압의 출력범위는 0.5~5 V이다

5) 인젝터

커먼레일 엔진의 인젝터는 고압 연료펌프로부터 송출된 연료가 레일을 통해 인젝터까지 공급되고 공급된 연료를 연소실에 직접 분사하는 DI(Direct Injection)방식이다.

인젝터는 엔진의 ECU(ECM)에 의해 제어되며 분사개시와 분사량은 전기적으로 조정된다. 인젝터는 전기적으로 작동하는 솔레노이드, 솔레노이드 밸브, 인젝터 니들 및 인젝터 노즐 등으로 구성되어 있다. 인젝터 노즐은 141 μm 크기의 7개의 노즐 홀을 가지고 있다.

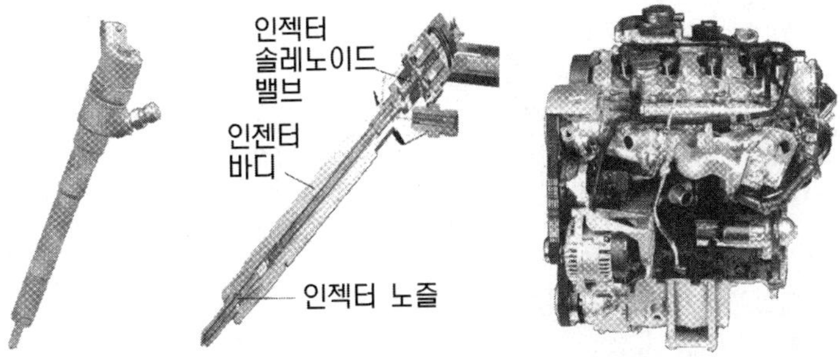

그림 8-13 솔레노이드 밸브 인젝터

표 8-1 인젝터 제원

구분	항목	정비제원	비고
인젝터	형식	솔레노이드 타입	멀티 인젝션
	분사 홀	7개	
	작동온도	-30~115℃	
	솔레노이드 코일저항	0.25~0.29Ω	20℃
	최대 분사압력	1,600bar	
	최소 분사압력	120bar	
	노말 분사압력	250~1,600bar	
	연료 리턴압력	0.3~0.8bar	

인젝터 노즐은 솔레노이드밸브가 작동되면서 블리드 오리피스가 열리고 연료의 유동이 허용되면서 개방되며 연료를 엔진의 연소실로 직접 분사한다. 블리드 오리피스를 통과한 연료는 연료압력 조절밸브와 고압펌프를 윤활하기 위해 사용된 연료와 함께 리턴라인으로 되돌아간다. 표 8-1은 솔레노이드밸브 인젝터의 일반적인 재원을 나타내고 있다.

(1) 인젝터의 작동

인젝터의 작동은 기관의 시동과 동시에 압력을 생성하는 고압펌프와 더불어 4단계의 동작으로 구분할 수 있다.

- 인젝터 닫힘(고압적용)
- 인젝터 열림(분사개시)
- 인젝터 열림정지(분사지속, 완전열림)
- 인젝터 닫힘(분사종료)

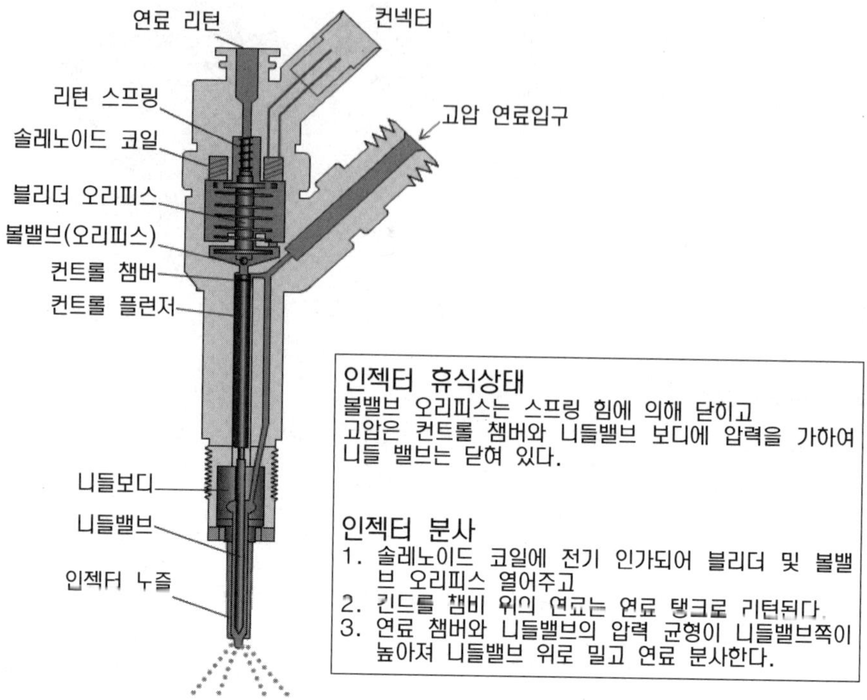

그림 8-14 인젝터의 작동

인젝터의 작동은 다음과 같다. 기관의 작동을 정지시키면 인젝터의 연료는 리턴라인을 통하여 대부분 복귀되고 일부 잔압을 유지하고 있는 상태에서 시동에 의해 엔진이 작동하면 고압펌프에서 형성된 압력이 고압통로를 거쳐 커먼레일에서 인젝터로 공급된다.

공급된 연료는 인젝터 내부의 블리드 오리피스를 통해 제어 챔버에 공급된다. 제어 첌버에는 연료가 외부로 빠져나갈 수 있는 통로가 마련되어 있으며, 이 통로는 인젝터의 솔레노이드 밸브에 의해 개폐되도록 되어 있다.

인젝터의 솔레노이드밸브가 작동되면 블리드 오리피스가 열린다. 이에 따라 제어챔버의 압력이 낮아지며 니들밸브 위부분에 작용하는 연료압력이 저하되고 그 결과 니들밸브 밑 부분에 작용하고 있는 힘에 의해 니들밸브가 위로 이동하게 되어 인젝터의 분사구멍이 열린다. 이때 연료는 연소실에 분사된다. 그리고 위 첌버에서 배출되는 연료는 리턴라인을 통하여 복귀된다.

① 인젝터 닫힘

인젝터 솔레노이드밸브에 전원이 공급되지 않는 상태이며 볼 밸브가 블리드 오리피스 시트로 이동되어 노즐 챔버에 고압이 존재하게 되며, 컨트롤 플런저는 아래방향으로 이동되어 인젝터 노즐이 닫힘 상태를 유지한다.

② 인젝터 열림(분사개시)

인젝터 솔레노이드에 전원이 공급되면 솔레노이드 밸브는 리턴스프링의 힘을 이기고 볼 밸브를 열어준다. 이 때 솔레노이드에 공급된 높은 픽업전류는 낮아지고 지속적으로 솔레노이드를 작동시킨다. 그리고 블리드 오리피스가 열리면 연료는 밸브제어 챔버로 흐르게 되고, 그곳에서 연료리턴라인을 지나 연료탱크로 되돌아간다. 또한 블리드 오리피스가 열림으로써 노즐 챔버의 압력이 떨어지게 되고, 인젝터 니들이 들어 올려지게 되어 인젝터 노즐에서 연료가 분사되기 시작한다.

인젝터 노즐의 전개 속도는 블리드 오리피스를 통한 연료 유동량의 차이에 의해서 결정되며, 블리드 오리피스를 통한 연료 유동량은 인젝터 솔레노이드 작동의 지배를 받는다. 결과적으로 ECM에 의해서 인젝터 노즐 전개속도가 제어된다고 할 수 있다.

③ 인젝터 열림정지(분사지속, 완전열림)

노즐니들이 열리는 속도는 공급스로틀과 리턴 스로틀 사이의 통과유량의 차이에 의해 결정된다. 제어플런저는 자신의 상부 스토퍼에 도달하여, 그 위치를 유지하게 된다. 이제 인젝터 노즐은 완전히 열린다. 연료는 커먼레일의 압력과 거의 비슷한 수준의 압력으로 연소실에 분사된다.

연료분사량은 기관의 회전속도 및 고압펌프의 회전속도와는 무관하며, 압력이 일정할 경우 솔레노이드밸브의 통전시간에 비례하여 연료분사량이 결정된다.

④ 인젝터 닫힘(분사종료)

인젝터 솔레노이드에 더 이상 전류가 흐르지 않게 되면 리턴스프링은 솔레노이드 밸브를 아래방향으로 움직여 볼밸브가 블리드 오리피스를 막게 된다. 블리드 오리피스가 닫힘으로써 노즐 챔버의 압력이 공급 오리피스로부터 고압을 공급받아 상승하게 되고, 상승된 노즐챔버의 압력은 컨트롤 블런저를 아래방향으로 움직이게 하여 인젝터 노즐을 닫힘 위치로 이동시켜 연료분사를 종료시킨다. 즉, 분사니들이 분공의 시트에 다시 밀착하게 되어 분공은 닫히고 분사는 종료된다. 인젝터 노즐의 닫힘 속도는 공급 오리피스를 통한 유량에 의해서 결정된다.

(2) 인젝터의 제어

커먼레일의 연료분사는 기존 디젤엔진 연료분사와 달리 3단계로 분사영역을 구분하여 실시한다.

- 1단계 : 예비분사(pilot injection)
- 2단계 : 주분사(main injection)
- 3단계 : 후분사(post injection)

상기 3단계 연료분사는 연료의 압력과 연료 온도에 따라 연료 분사량과 분사시기를 보정하게 된다.

① 예비분사(pilot injection)

예비분사라는 것은 주 분사가 이루어지기 전 미세한 연료를 연소실에 분사하여 연소가 잘 이루어지게 한다. 이러한 예비분사를 실시하는 이유는 엔진의 소음과 진동을 줄이기 위해서이다. 연소시에 발생하는 급격한 압력상승은 노킹으로 이어지며 이때 연소실내에서는 심한 타음이 발생해 소음과 진동을 동반한 충격파가 전달된다. 이러한 급격한 압력상승을 억제하기 위해서는 연소압력을 완만하게 상승시키는 방법이 좋은데, 커먼레일 엔진에서는 주 분사 전 예비분사를 실시해 이러한 완만한 압력상승곡선의 변화를 가져오게 하였다.

그림 8-15는 예비분사를 한 경우와 그렇지 않은 경우의 실린더내의 연소압력변화를 나타낸 것이다. 예비분사가 없는 경우의 연소압력곡선은 2개의 피크를 이루는데 이것은 전형적인 디젤엔진의 연소형태이다.

이러한 예비분사는 수온과 흡입공기량에 따라 조정되는데 엔진의 운전조건에 따라서 중단되기도 한다.

예비분사를 실시하지 않는 경우는 다음과 같다

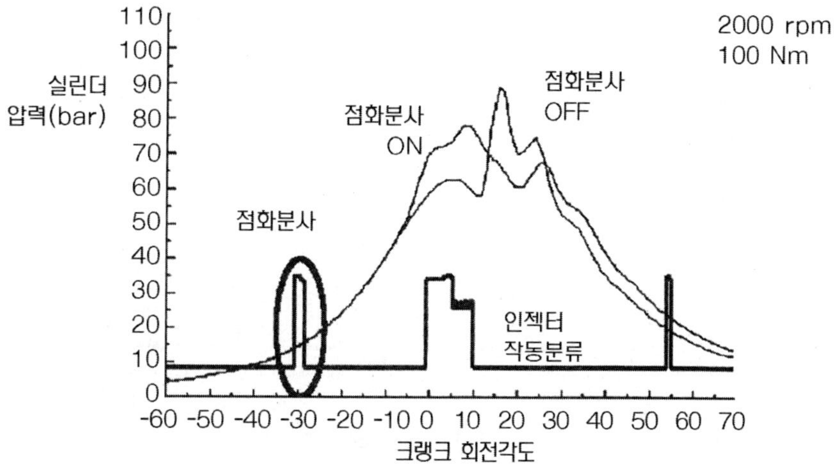

그림 8-15 예비분사ON과 OFF 경우의 실린더 내 연소압력변화

예비분사가 주 분사를 너무 앞지르는 경우

- 엔진회전수 3200RPM이상인 경우
- 분사량이 너무 적은 경우
- 주 분사시 연료량이 충분하지 않은 경우
- 연료압력이 최소값(100bar)이하인 경우

② 주분사(main injection)

엔진의 출력에 직접 관계되는 에너지는 주 분사로부터 나온다. 주 분사는 예비분사가 실행되었는지를 고려하여 연료분사량을 계산한다.

주분사량(분사시간)을 결정짓는 요소들은 다음과 같다.

- 엔진토크 값(가속페달 센서값)
- 엔진회전수
- 냉각수온도
- 흡입 공기량과 흡기온도
- 대기압

그림 8-16은 주 분사에서의 실린더 내 연소압력변화를 나타내고 있다.

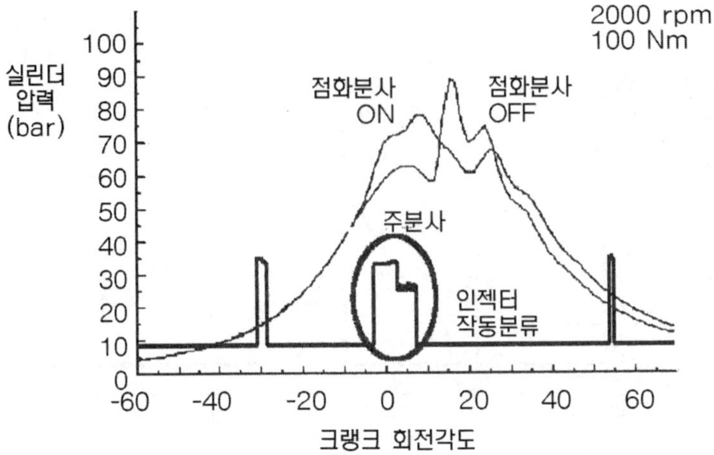

그림 8-16 주분사에서의 실린더 내 연소압력변화

③ 후분사(post injection)

후분사는 촉매변환기에 디셀연료(HC)를 공급해서 후 연소를 유도해 배기가스 온고를 약 600℃까지 상승시켜 DPF에서 포집된 매연입자를 재생(regeneration)이 이루어지도록 한다. 여기서 재생이란 포집된 PM을 가능하면 빠른 시간 내에 태워서 필터가 다시 PM을 포집할 수 있도록 하는 것이다.

후분사는 후분사 1과 후분사 2로 구분한다.

보통 인젝터에서 분사가 실시되는 시간은 예비분사는 0.3~0.5 ms 가량, 주분사 시에는 0.6~1 ms 가량(공회전 기준)인데 이러한 짧은 시간의 분사를 제어할 수 있는 것은 CRDI엔진의 큰 특징 가운데 하나라고 할 수 있다. CPF가 적용되면서 기존에 실시했던 예비분사에서 후분사로 분사영역을 확대해 배기온도를 상승시킬 수 있게 되었다. 포집된 PM의 양이 많아 재생모드에 진입하게 되면 배기온도를 상승시키기 위해서 후분사를 실시한다.

◆ 후분사 2 (post-2, attached post injection)

주 분사에 가까운 post-2 후분사는 ATDC 10~50°에서 실시하게 되는데 이 때 배기가스 온도는 약 300~400℃ 가량 상승하게 된다. post-2 후분사를 실시할 때 분사시기와 분사량은 연료압력, EGR, 부스트압력, 공기량에 따라 달라진다. 하지만 P3.1의 재생에 필요한 목표온도는 600℃ 이상이므로 post-2 후분사에 의해 상승된 배기온도만으로는 필터에 포집된 PM을 연소시키기에 부족하다.

◆ **후분사 1 (post-1, 2nd post injection)**

ATDC 70° 이상 구간에서 실시하는 두 번째 후분사는 촉매(DOC)의 발열온도를 상승시킬 목적으로 실시한다. 엔진의 연소에는 참여하지 않고 피스톤 하강시 분사하는 post-1 후분사는 연소하지 않은 상태의 HC를 그대로 배출하고 이는 촉매(DOC)와 만나서 산화 발열반응으로 약 200~300℃ 가량의 온도상승을 가져온다. 이렇게 두 번의 후분사에 의해 목표온도인 600~650℃를 달성하는 것이 바로 재생기술이다. 일반적으로 촉매반응 개시온도는 250~300℃이며, 촉매는 약 550℃이상으로 가열되어야 정상적으로 반응한다.

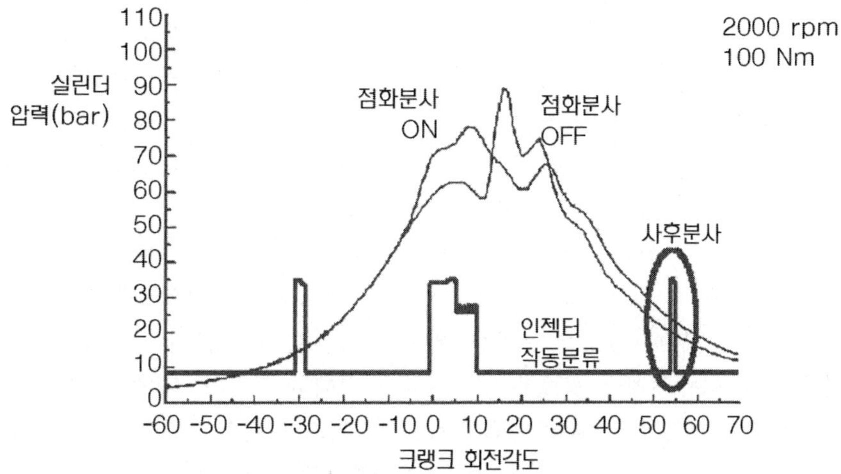

그림 8-17 후분사에서의 실린더 내 연소압력변화

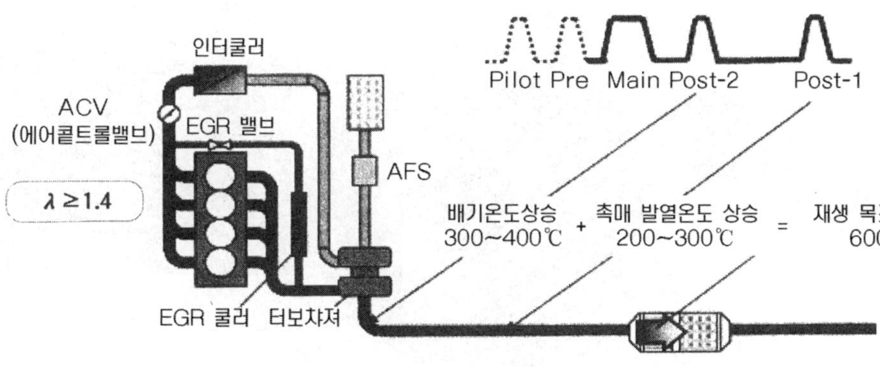

그림 8-18 재생온도에 도달하기 위한 후분사

8.3 인젝터 연료제어 기술

8.3.1 인젝터 연료분사량 편차보정

인젝터는 각각 고유 인젝터 유량 데이터를 가지고 있으며, ECM에 이 데이터가 입력되어 각각 인젝터의 유량편차를 보정한다. 그러므로 인젝터 교환시에는 스캐너를 이용하여 IQA(Injector Quantity Adaptation)를 실시한다. 즉, IQA는 인젝터 간 연료분사량 편차 보정 기능을 담당한다. 인젝터의 편차에 따라 동일한 시간 동안 전류를 인가해도 분사량의 편차가 존재하게 된다. 그래서 인젝터 생산 LOT별로 모든 인젝터의 유량을 주요 관리 포인터인 전부하, 부분부하, 아이들, 파일럿 분사구간에 대해서 측정한다. 또한, LOT별 평균값에 의한 경향도와 각각의 인젝터 유량 정보를 데이터베이스화시킨다. 그리고 인젝터 상단에 특수코팅 인젝터를 엔진에 조립할 때 코딩을 읽어내 그에 따른 데이터베이스의 정보를 엔진 ECM에 저장해 분사마다 각각의 실린더에 장착된 인젝터의 분사시간을 보정해 기통간의 분사량 편차를 줄인다.

그러므로 향후 강화되는 배기 규제 내용이 용이할 수 있고, 실린더 별 분사량의 편차를 줄여 엔진 정숙성 향상, 실린더 별 분사량을 예측하여 최적제어가 가능하다.

엔진 ECM은 CPS(크랭크축 포지션 센서)로부터 엔진 rpm의 입력정보를 받는다. 각 실린더에 분사되는 인젝터 연료분사량 편차에 의해서 각각의 실린더에서 발생하는 동력의 차이가 발생하면 엔진 rpm 부조화가 발생한다. 따라서 엔진 ECM은 CPS로부터 엔진 rpm 입력정보를 받아 각 인젝터의 연료분사시간을 제어하여 각 실린더에 발생하는 동력의 편차를 줄이기 위하여 연료보정량을 제어한다.

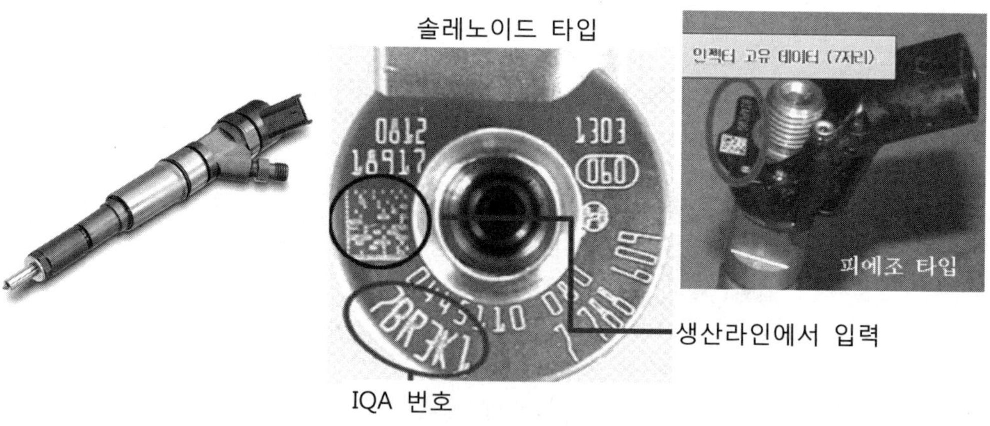

그림 8-19 인젝터 연료분사량 IQA 보정

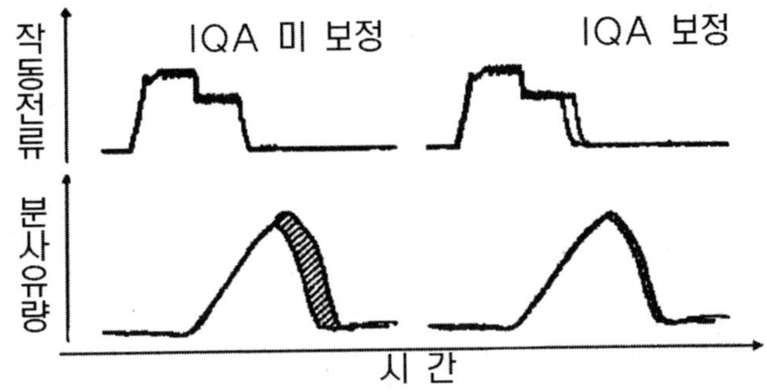

그림 8-20 인젝터 간 IQA 보정 및 미보정 간의 분사유량

8.3.2 최소 연료량 보정 기능(ZFC : Zero Quantity Correction)

커먼레일 엔진에서 분사지연 기간을 감소시키기 위해 파일럿 분사량을 적게 할수록 스모크 및 연비개선 효과가 있다. 따라서 분사량을 최소로 사용하는 것이 이상적이지만, 실제 엔진에서는 신호 → 솔레노이드 → 유압제어 라는 간접적인 방법에 의해 연료분사 행해지므로 분사 가능한 최소연료량은 제한을 받는다. 최소 연료량 보정 방법은 다음과 같다. 먼저 연료분사가 행하여지지 않는 구간(overrun)에서 모든 실린더의 인젝터에 최소시간 동안 전류를 인가하고 엔진 회전수 변동량을 측정한다. 다음에 각 기통별로 순차적, 점진적으로 전류 인가 시간을 증가시켜 나가면서, 특정 실린더에서 연료분사로 인한 엔진회전수 변동량이 발생할 것이므로 그 순간의 전류 인가 시간 인식을 반복 수행하면 각 실린더별 인젝터에 대한 분사 가능한 최소 전류 인가 시간을 계산해 낼 수 있다.

그러므로 최소 시간 데이터를 엔진 ECM에 저장한 뒤에, 파일럿 최소분사량이 요구되는 시점에 사용하면 각 실린더에 장착된 인젝터 별로 최소 유량 분사를 안정적으로 수행할 수 있다. 따라서 연소음 및 PM 저감 등의 효과를 볼 수 있다.

8.3.3 레일압 섭동량 보정기능(PWC : Pressure Wave Correction)

최대 5회(파일럿 2회 - 주분사 - 후분사 2회)를 분사하는 차세대 시스템은 분사 직후 떨어진 레일압을 시스템에서 보상하기 전에 다음 분사가 수행되는 경우가 발생한다. 이와 같은 경우에 시스템이 하고자 하는 분사압력과 실제 분사 압력간의 차이가 발생하여 배기가스 및 아이들 안정성 등에 악영향을 미치게 된다. 이러한 레일압 섭동으로 인해 파일럿 - 주분사간 간격(separation time)을 일정시간 이하로 줄이지 못하게 될 경우 가속영역에서 주분사에 대한 파일럿 분사의 효과를 극대화하지 못함으로써 연소실내의 급격한 연소압 상승으로 연소음 등을 야기 시킬 수 있다. 따라서, 레일압 섭동량 보정 방법은 다음과 같다.

각 행정마다 파일럿 - 주분사 또는 주분사 - 후분사간 간격 및 레일압력, 각각의 분사량과 전류 인가 시간을 연산한다. 다음, 이전 분사에 의한 레일압의 섭동량을 예측하고, 최종 계산된 분사량 및 전류인가시간에 예측된 레일압에 의한 연료량 영향도를 보정하여 레일압 변동에 따른 목표 분사량과 실제 분사량의 편차를 최소화 시킬 수 있게 된다. 그렇게 함으로써 배기가스저감, 아이들 진동저감 및 연소음 개선 등의 효과를 가져온다.

8.4 커먼레일 전자제어 장치

8.4.1 전자제어장치의 개요

커먼레일 엔진의 전자제어는 가솔린엔진의 전자제어와 달리 디젤엔진의 특성에 의해서 전기 점화기능과 공전시의 흡입공기 제어를 하지 않는다. 전자제어의 핵심은 연료분사제어이며 인젝터 제어라 할 수 있다.

그림 8-21에서 보는 바와 같이 차량의 상태와 운전자의 의지를 감지하는 센서로 구성된 입력부와 검출한 상태에 따라 적절한 제어를 하는 ECM으로 구성된 제어부, 그리고 ECM에 의해 제어되는 출력부로 구성된다.

주요 입력요소들은 냉각수온센서, 크랭크 포지션센서, 가속패달센서 등의 각종센서와 블로워, A/C스위치 등이 있다.

ECM(Eengine Control Module)은 전자제어 연료분사장치 엔진의 두뇌부분에 해당된다. 이 장치는 각종 센서 및 스위치로부터 입력정보를 받아 내부 연산 프로그램에 의해 연산한 후 인젝터를 통하여 적절한 량의 연료를 분사하며, 각종 솔레노이드, 액추에이터 등을 제어한다. 이렇게 함으로써 엔진의 상태를 최적으로 유지하며 연비성능을 향상시키고 배기가스 저감 등의 역할을 수행한다.

ECM에 의해 제어되는 출력요소에는 인젝터, 커먼레일 압력 제한밸브, 메인 릴레이, 프리히터 릴레이, EGR 솔레노이드밸브, 예열플러그 릴레이, CAN 통신 등이 있다.

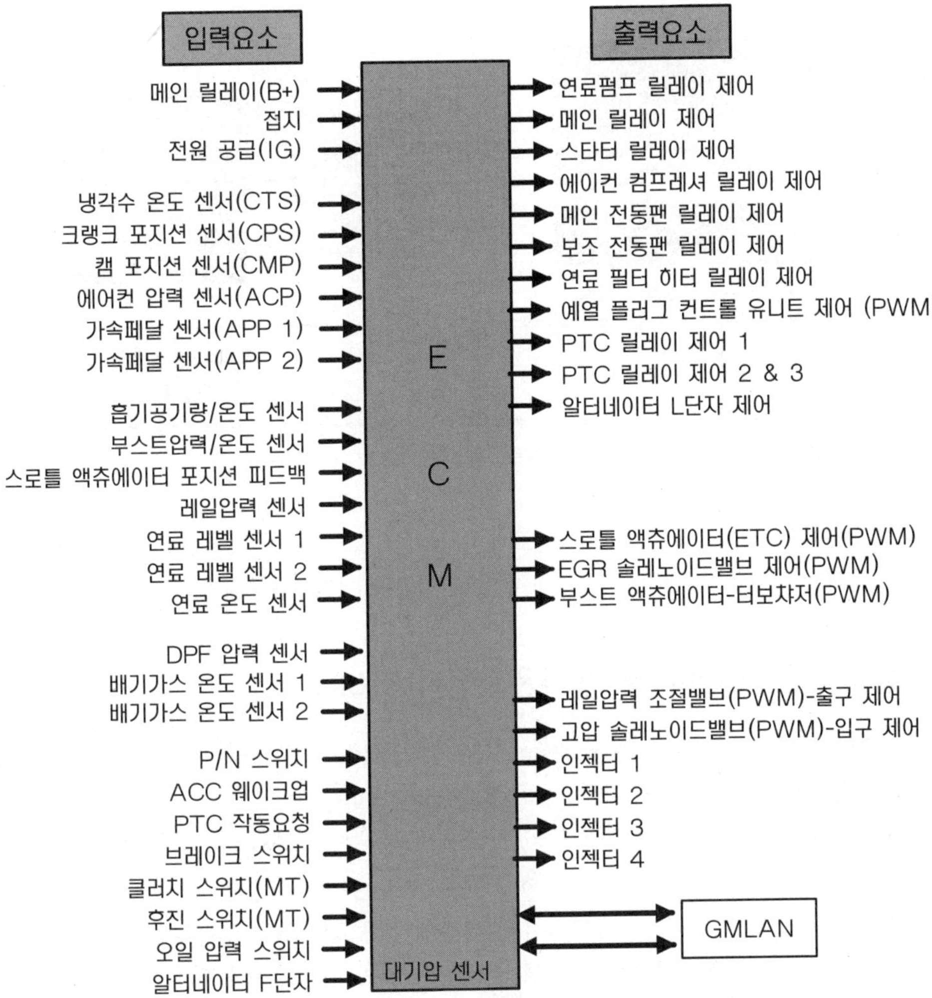

그림 8-21 커먼레일 시스템 전자제어 입·출력요소

8.4.2 커먼레일 시스템 전자제어 입력요소

1) 레일연료압력 센서(RPS: Rail Pressure Senser)

연료압력센서는 커먼레일 내의 연료 압력을 측정하여 엔진 ECU로 보낸다. ECU는 이 신호를 받아 연료량, 분사시기를 조정하는 신호로 사용한다. 장착위치는 커먼레일 좌측이나 중앙부에 설치되며 순간적인 연료압력 변화를 감지해서 전압신호로 바꾸어

엔

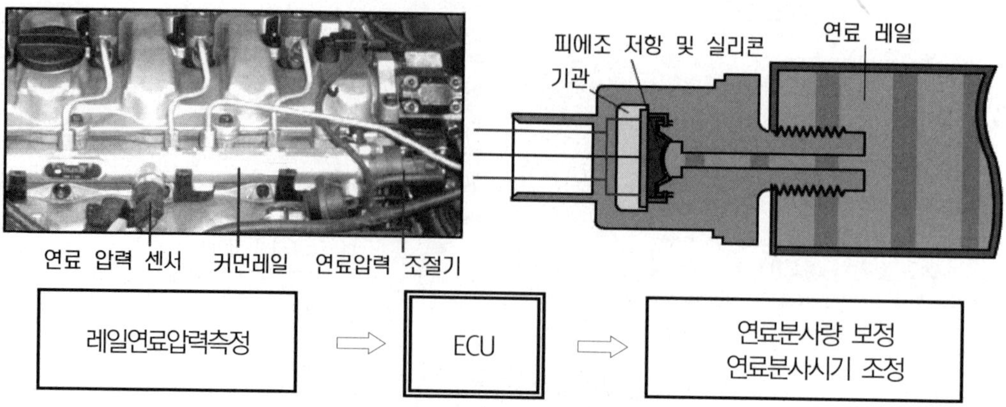

그림 8-22 레일연료압력 센서의 위치와 기능

진 ECU로 보내진다. 그 다음 고압펌프에서 공급된 고압의 연료는 연료압력 조절밸브에서 조절되어 연료압력 센서로부터 그 값이 얻어진다. 전압의 출력범위는 0.5~5V이다

2) 에어플로우센서(AFS) 및 흡기온도센서(ATS)

커먼레일 엔진에 장착된 에어플로우센서는 핫 필림(hot film)방식을 주로 적용하고 있다. 이 방식은 필림 내 두 개의 저항(hot, cold film) 사이의 공기 유입량에 따라 달라지는 온도 차이를 일정한 온도로 유지될 수 있도록 공급되는 전류의 변화량에 따라 유입되는 공기량을 직접 계량하는 방식이다.

AFS의 주 기능은 연료량 보정이며 디젤엔진에서 중요한 EGR 피드백 컨트롤 제어에도 사용된다. 또한 공기량센서와 함께 구성되어 있는 흡기온도센서는 기존에 사용되는 센서와 동일한 부특성 서미스터 방식이 사용되고 있다. 또한 연료량, 분사시기, 시동시 연료량제어 등의 각종 제어의 보정신호로 사용된다.

AFS가 고장이 판정되면 EGR밸브는 작동되지 않으며 연료량이 제한된다.

3) 액설레이터 포지션센서(APS: Accelerator Position Sensor)

APS는 가솔린 엔진의 스로틀포지션 센서의 원리를 이용하여 가속 페달의 밟힌 양을 감지하는 센서로 엑셀레이터와 일체로 구성되어 있다. 엔진 ECU는 이 신호를 기본으로 연료분사량과 및 분사시기를 결정한다. 2개의 센서가 조합된 더블 포텐시오미

터 형식으로 센서-1과 센서-2가 일체로 되어 있어 상호 보완 기능을 가지고 있다.

센서-1은 연료분사량 및 분사시기를 결정하는 주된 역할을 한다. 센서-2는 센서-1의 이상 신호를 감지하여 차량의 급출발을 방지하기 위한 센서이다.

만약, 센서-1, 2 가 고장이 나면 엔진 회전수가 1200 rpm으로 고정된다.

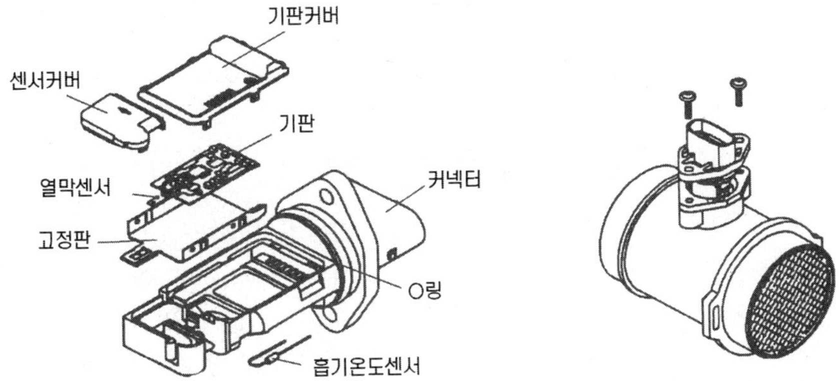

AFS 흡입공기 유량측정
ATS 흡입공기 온도측정
⇨ ECU ⇨ EGR 장치 제어, 연료량보정, 분사시기제어, 시동시 연료량제어

그림 8-23 에어플로우 센서(AFS) 및 흡기온도센서(ATS)의 구조와 기능

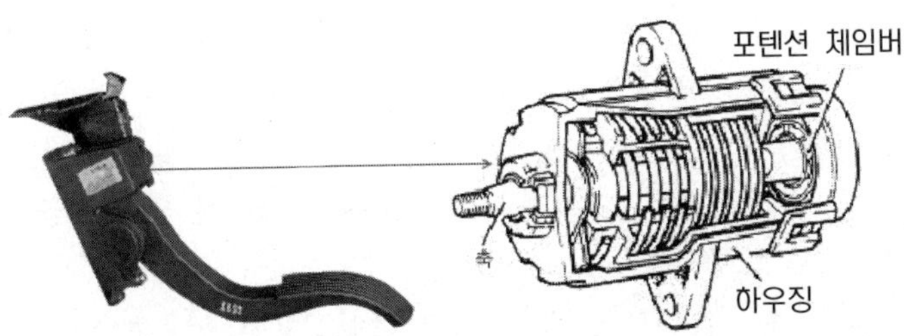

엑셀레이터 밟음정도 측정 (스로틀밸브 열림정도) ⇨ ECU ⇨ 센서-1:연료량 및 연료분사시기결정 센서-2:센서-1을 검사하는 센서

그림 8-24 액설레이터 포지션센서(APS)의 구조와 기능

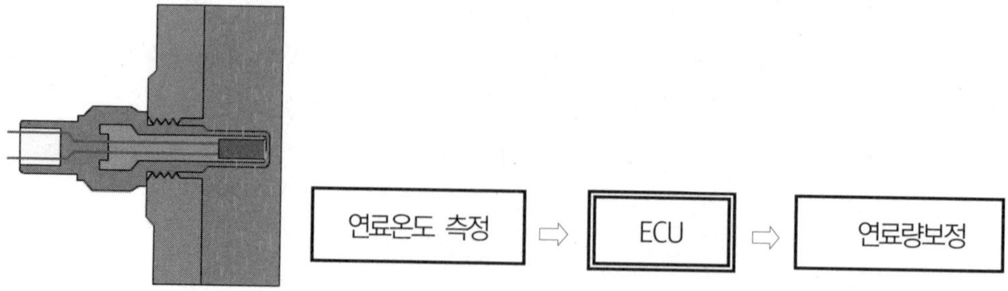

그림 8-25 연료온도센서(FTS) 구조와 기능

4) 연료온도센서(FTS ; Fuel Temperature Sensor)

연료온도센서는 고압펌프 입구의 연료온도를 감지 하여 ECU로 전송한다. 커먼레일 엔진은 리턴 연료의 온도가 많이 상승하는데 경유의 온도가 상승하게 되면 윤활막이 파괴된다. 이 경우 연료를 윤활제로 사용하는 고압펌프가 손상되기 쉽다. 이 같은 이유로 연료의 온도가 규정 이상 상승하게 되면 연료분사량을 제한해 엔진회전수가 3,000 rpm 이상 상승하지 않는다.

연료온도센서는 수온센서와 동일한 부 특성 서미스터를 사용하며 연료온도에 따른 연료량 보정 신호로 사용된다.

5) 냉각수온센서(WTS ; water temperature sensor)

인젝터를 통해 분사된 연료는 온도가 높을 경우 연소가 잘 된다. 하지만, 냉각된 상태에서는 연료를 무화상태로 분사하였다고 하더라도 연료 입자들이 서로 엉켜지는 현상이 발생하여 완전연소를 시키기 어렵고 또한 냉간시동이 불량해지기 쉽다. 이러한 이유로 냉간시동시에는 냉각수온도를 검출하여 냉각수 온도변화를 전압으로 변화시켜 ECU에 보내면 ECU는 이 신호에 따라 연료량을 증감하는 보정신호를 사용한다. 또한 열간상태에서는 냉각팬 제어에 필요한 신호로 사용된다.

6) 크랭크축 포지션 센서(CPS ; crankshaft position sensor)

크랭크축 포지션 센서는 마그네틱 인덕티브 방식으로 엔진 회전수를 감지한다. 이 센서는 실린더블록에 설치되어 있고 센서 휠은 크랭크축과 일체로 되어 있다. 크랭크축이 회전할 때 발생하는 교류전압을 이용하여 엔진 ECU는 엔진회전수를 계산한다.

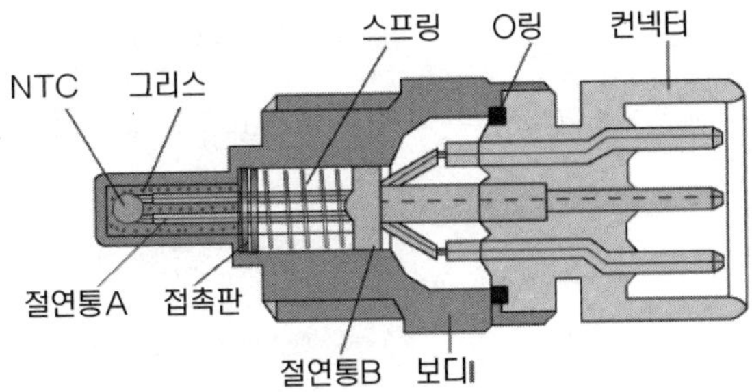

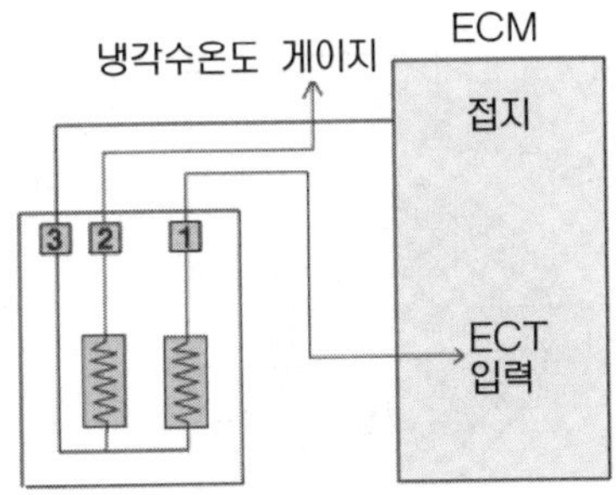

엔진의 냉각수 온도 측정 ⇨ ECU ⇨ 연료량 증감 보정 / 열간상태에서 냉각팬 제어

그림 8-26 냉각수온센서(WTS) 구조와 기능

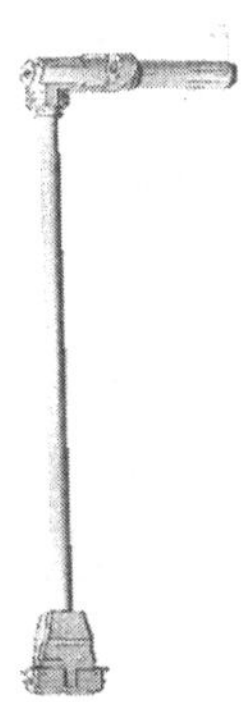

[CPS 센서]

[CPS 센서 휠]

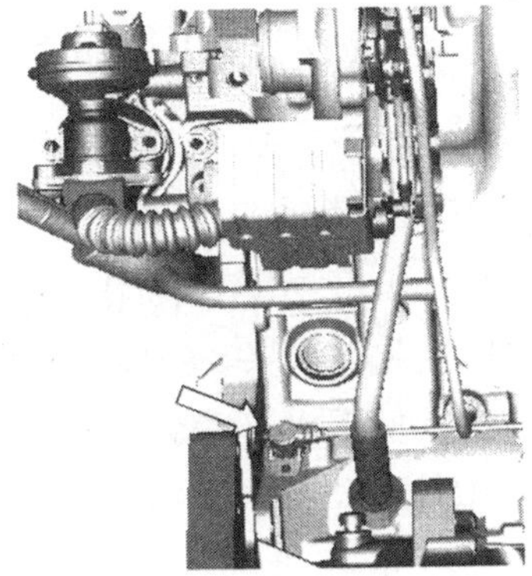

[크랭크샤프트 포지션 센서]

크랭크축의 각도 / 피스톤의 위치 / 엔진 회전수 측정 ⇨ ECU ⇨ 연료 분사시기 결정

그림 8-27 크랭크축 포지션 센서(CPS) 구조와 기능

센서 휠에는 총 60개의 돌기가 있는데 이 60개의 돌기 중 2개가 빠진 부분을 참조점이라고 한다. 이 참조점과 캠축포지션센서(CPM, camshaft position sensor)의 신호를 비교하여 1번 실린더의 압축 상사점을 찾아 분사순서와 분사시기를 결정한다. 크랭크축 포지션 센서는 고장이 발생하면 엔진을 정지시킨다.

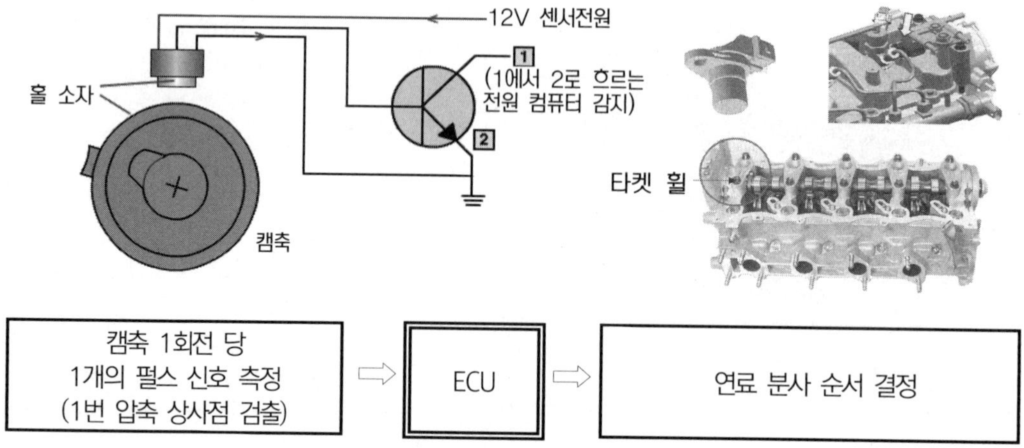

그림 8-28 캠축 포지션 센서

7) 캠축 포지션 센서(CmPS ; camshaft position sensor)

캠축 포지션 센서는 홀센서 방식이며 캠축에 설치되어 캠축의 회전을 감지한다. 캠축은 크랭크축 속도 절반을 회전하며 엔진의 흡기, 배기밸브를 구동한다.

이 센서는 캠축 1회전당(크랭크축 2회전) 1개의 펄스신호를 발생시켜 ECM에 전달하면, ECM은 캠축 포지션 센서의 신호와 크랭크축 포지션 센서 신호를 가지고 1번 실린더 피스톤의 압축상사점을 검출하게 되며 연료의 분사순서를 결정한다. 캠축 포지션 센서는 4번 인젝터 옆에 설치된다.

8.4.3 커먼레일 시스템 전자제어 출력요소

1) 예열장치

예열장치는 냉간시동시 시동이 원활히 이루어지도록 하기 위한 장치이다. 즉, 엔진 시동 전후 공기와 연료가 섞이는 부위의 온도를 빠르게 약 1000℃ 가량 만들어 엔진 시동을 지원하고 엔진 워밍업 시간을 단축하여 유해배출가스 및 엔진소음을 줄이는 역할을 한다. 예열장치는 냉각수 온도와 엔진 rpm 신호에 의해 제어된다.

예열장치의 작동은 다음과 같은 3단계로 작동된다.

① **pre-글로우** : 시동키 ON과 동시에 작동을 시작하며 엔진회전수 45 rpm 초과시 작동을 중지한다. 또한 냉각수온 센서값에 따라 pre-글로우 시간이 변경된다. 만약 수온센서가 고장일 때는-24.9℃로 결정하여 활용한다,

② **start-글로우** : 냉각수 온도가 60℃이하의 경우 매번 실시되며, 엔진회전수가 45 rpm을 초과할 때 실시한다. 동시에 start-글로우 상태와 관련된 타이머가 작동된다. start-글로우는 예열시작 후 15초가 경과하거나 냉각수온 60℃ 이상 상승했을 경우에는 중지된다.

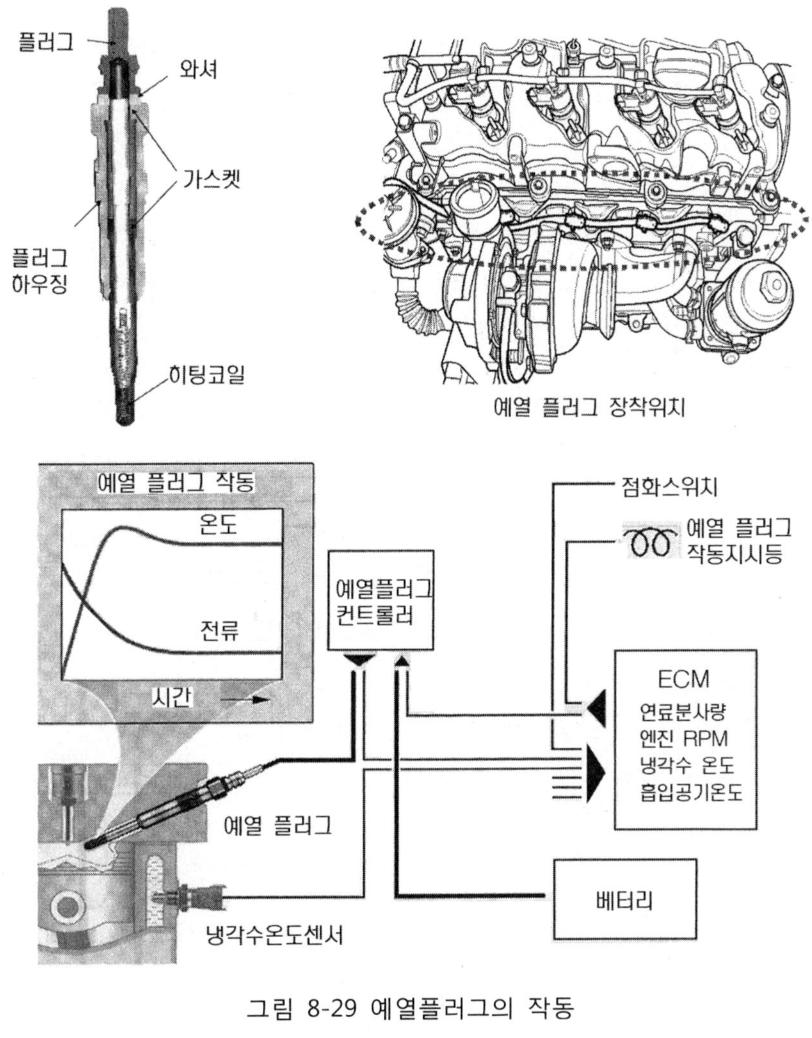

그림 8-29 예열플러그의 작동

③ **post-글로우** : post-글로우 시간 또한 냉각수 온도에 따라 결정되는데, 연료분사량이 75 mm_3 초과하거나 엔진회전수 3,500 rpm 이상이면 종료한다.

그림 8-29는 예열플러그의 작동 방법을 나타낸다.

2) EGR시스템

배기가스 재순환장치(EGR)은 배기가스의 일부를 다시 흡기다기관으로 순환시켜 NO_X을 저감시키는 가장 효과적인 방법 중의 하나이다. 이것은 배기가스 중에 CO_2나 H_2O 등과 같은 불활성가스가 흡입공기의 일부와 치환되어 혼입됨으로써 혼합기의 열용량이 증대되어 실린더내 연소가스 온도 상승을 억제한다. 또한, 공기과잉률을 낮추어 thermal NOx 생성을 억제시킴으로써 전체 NO_X 발생량을 줄이게 되는 것이다. 그리고, 흡기의 일부가 산소농도가 낮은 배기가스로 치환되므로 연소실내 산소가 감소하기 때문에 NO_X 생성이 억제된다.

EGR제어는 배기가스를 흡입다기관에 얼마만큼의 량을 넣어 주는가에 대한 제어를 말한다. EGR 가스량을 계산하기 위해 ECU는 엔진에 유입되는 신선한 공기의 질량을 공기량센서(에어플로센서)를 이용해 계산한다. 이렇게 측정된 값은 엔진에 EGR가스를 얼마나 보낼 것인지 계산하여 EGR 솔레노이드 밸브를 제어하게 된다. 이러한 제어값에 따라 EGR 밸브 작동량이 결정된다. 각종 입력되는 센서의 값과 흡입공기량을 계산하여 실제 EGR 솔레노이드 밸브의 열림량을 출력하도록 되어 있다. EGR을 제어하는 동안 기타 서브 시스템(연료량 제어 등)의 경우 공기량의 실제값이 추가로 계산되도록 되어 있다. 하지만 ECU에서 정확하게 EGR율을 파악할 수 없는 상황이거나 연소에 지장을 줄 수 있는 조건의 경우에는 EGR을 중지한다.

배기가스재순환(EGR) 제어의 중지 조건은 다음과 같다.

- 엔진을 시동할 때
- 공전할 때(단, 1000 rpm이상 가속 직후에는 52초 동안 작동)
- 흡입공기량센서(AFS)가 고장일 때
- 연료압력조절밸브 고장일 때
- 1800 rpm 이하 또는 2800 rpm 이상에서 연료분사량이 20 mcc이상일 경우
- EGR 밸브가 고장일 때
- 냉각수온도가 37℃이하 또는 100℃ 이상일 때

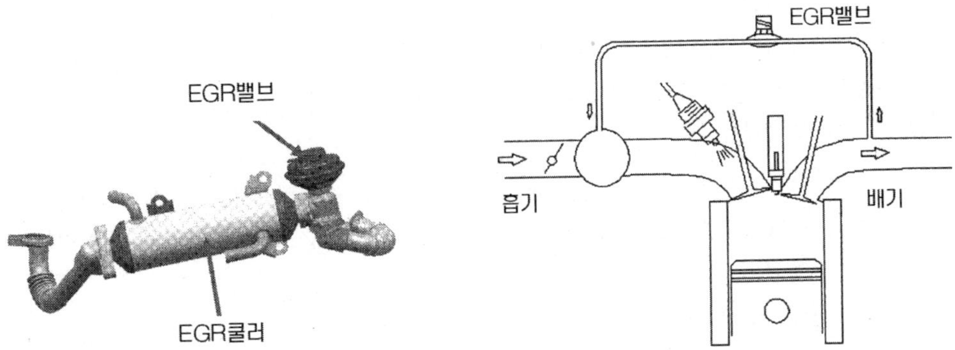

그림 8-30 EGR시스템의 구조와 작동

- 배터리 전압이 9 V이하일 때
- 대기압력이 기준값 이하일 경우

3) 스로틀 플랩

스로틀 플랩은 디젤차량의 고유 특성인 후연소과정에서 발생하는 엔진 진동을 방지하기 위해 시동OFF시 흡기쪽으로 유입되는 공기를 막아주는 장치로 흡기매니폴드 입구에 설치되어 있다.

작동원리는 시동키 OFF 신호와 회전수(250 rpm)만족시 스로틀 플랩 밸브를 작동시켜 연소실의 흡입공기를 차단하여 엔진의 관성력을 감쇄시킨다.

4) 냉각팬제어

냉각팬은 ECU에 의해 2단계로 제어되며 냉각수온센서, 차속센서, 에어컨 중간 압력스위치, 에어컨스위치 신호가 기본이 된다. 그리고 관련 센서가 고장일 경우에는 페일세이프가능이 있다.

5) 스로틀제어밸브 및 전자제어 스로틀바디(ETC)

스로틀 제어밸브는 전자제어 스로틀바디와 동일한 원리로 흡기매니폴드 입구에 설치되어, EGR 작동구간에서 스로틀밸브를 닫아 흡기다기관 내의 압력을 부압으로 낮추어 배기다기관과 흡기다기관의 압력 차이를 크게 발생시킨다. 이로써 보다 많은 EGR 가스가 재순환될 수 있도록 제어하는 EGR보조기구로 사용되고 능동적인 EGR제어가 가능하게 한다. 스로틀제어밸브는 스로틀밸브를 구동하는 DC모터와 모터 위치를 감지하는 피드백센서로 구성된다.

전자제어 스로틀바디(ETC : Electronic Throttle Control)도 스로틀 제어밸브와 마찬가지로 흡기매니폴드로 유입되는 공기량 조절을 통해 EGR되는 량을 제어하는 역할을 한다.

스로틀밸브 바디 내부에 ETC를 제어하는 모듈이 있으며, ECM으로부터 PWM신호로 ETC제어 모듈이 받아서 DC모터를 작동시켜 필요한 EGR량을 스로틀밸브로 조절한다.

스로틀 포지션센서는 DC모터에 의해 작동되는 스로틀밸브 각도를 감지하여 ECM으로 전달하면 ECM은 스로틀 포지션 신호에 의해 스로틀밸브 위치를 원하는 밸브위치로 유지시킨다.

여기서, PWM(Plus Width Modulation) 방식이란 펄스 폭 변조방식으로 전류가 흐를 때 ON/OFF를 반복하여 흐르는 방식으로, 솔레노이드를 제어할 때 정밀한 제어를 위하여 선택한다.

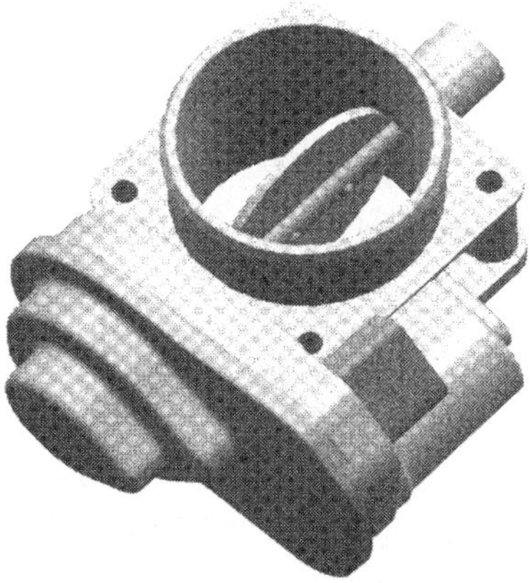

(a) 전자제어 스로틀바디

(b) 스로틀바디 장착위치

그림 8-31 스로틀제어밸브 및 전자제어 스로틀바디(ETC)

8.5 터보차저와 가변용량제어 터보차저(VGT)

8.5.1 터보차저의 개요

일반적으로 터보차저(trubo charger)는 과급기라고도 하는데, 엔진의 배기가스를 이용하여 터빈을 구동하면 동일한 축상에 있는 압축기(임펠러)에 돌려 공기를 압축하여 보다 많은 공기를 엔진 실린더에 공급하는 것이다.

터보장착 엔진은 엔진의 소형화, 저연비, 경량화 및 배기규제를 출력의 손실 없이 대응할 수 있는 장점 때문에 디젤엔진의 신개발에서는 거의 필수적으로 적용되고 있다. 터보 인터쿨러 엔진은 자연 흡기식 엔진에 비하여 약 35~45%의 출력이 향상되기 때문에 열부하와 기계적 부하의 증가에 대한 신뢰성 확보가 요구된다.

터보차저는 인터쿨러(intercooler)와 주로 함께 사용된다. 인터쿨러는 터보차저에 의해서 가압된 흡입공기는 폐쇄된 공간에서 압축되기 때문에 공기의 온도는 상승된다. 상승된 공기온도는 부피를 팽창시켜 실린더에 압축시켜 불어넣을 수 있는 공기의 양을 한 제한시키기 때문에, 인터쿨러는 과급으로 온도가 상승된 압축공기를 냉각시켜 공기의 밀도를 올리는 장치이다.

터보차저의 변천은 일반엔진(NA) → 터보차저(TC) → 터보+인터쿨러(TCI) → 가변용량터보차저(VGT)로 발전하고 있다.

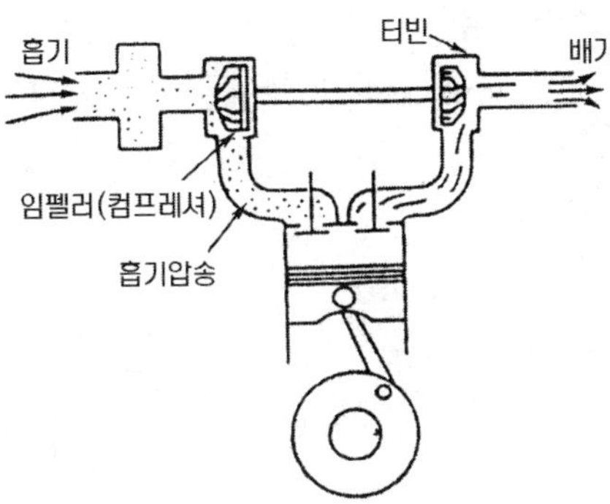

(a) 터보차저 작동원리(1)

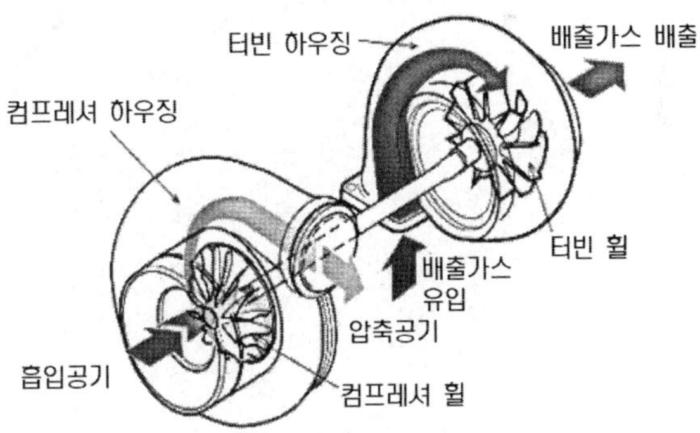

(b) 터보차저 작동원리(2)

그림 8-32 터보차저의 작동

8.5.2 터보차저의 구조

터보차저의 주요 구성품으로서는 압축기, 터빈, 플로팅 베어링, 과급압력 조절장치, 인터쿨러, 노킹 방지장치 등으로 되어 있으며 압축기, 터빈, 플로팅 베어링은 일체 구조로 되어 있다.

(a) 터보차저 형상

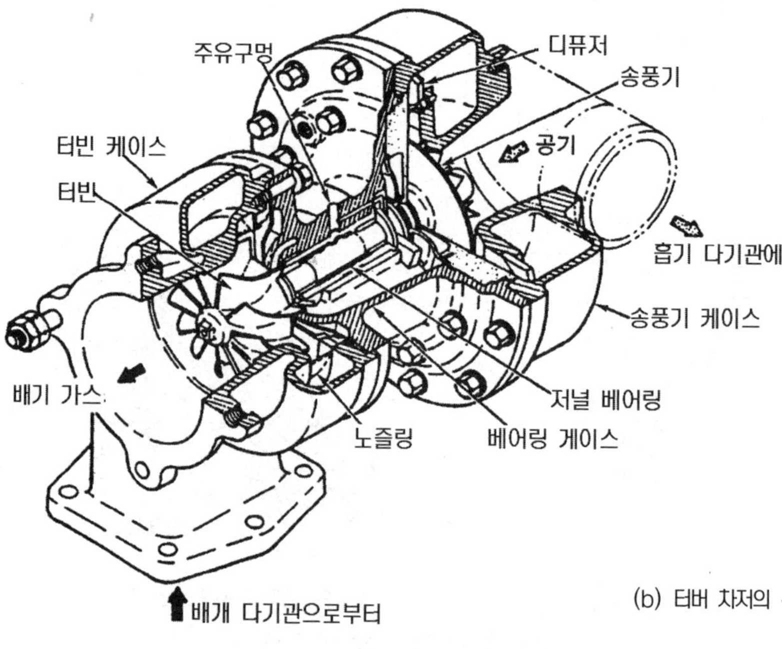

(b) 터버 차저의 구조

그림 8-33 터보차저의 구조와 원리

1) 압축기 (compressor)

원심식을 사용하며 고속으로 회전하여 공기를 가압하는 임펠러(impeller)와 흐름속도가 빠를 때 감속하여 속도 에너지를 압력 에너지로 바꾸는 디퓨저(diffuse)가 있으며, 이 부품을 넣는 하우징으로 구성된다. 임펠러의 모양에 따라 직선으로 형성된 레디얼형은 디젤기관에, 나선형으로 된 백워드형은 가솔린 기관에 적합하다.

2) 터빈(turbine)

터빈은 배기쪽에 설치된 날개로서 배기가스의 압력에 의하여 압축기를 회전시키는 역할을 하며, 배기가스에 노출되고 고속으로 회전하기 때문에 열에 강하고 원심력에 대한 충분한 강도가 있어야 한다.

기관이 작동될 때 각 실린더의 배기 밸브를 통하여 배출되는 배기가스는 터빈의 하우징 안에서 바깥 둘레로부터 터빈의 날개와 접촉되어 회전시키고 배기관을 통하여 배출된다. 이때 흡입쪽에 설치된 임펠러가 동일 축에 설치되어 있기 때문에 회전하게 되어 공기를 과급하게 된다.

3) 플로팅 베어링(floating bearing)

플로딩 베어링은 고속으로 회전하는 터빈축을 지지하는 베어링으로서, 터빈축의 미세한 언발란스(unbalance)을 흡수하고, 또 엔진오일을 순환시켜 윤활 및 냉각작용을 한다. 플로팅 베어링은 기관으로부터 공급되는 오일로 충분히 윤활되므로 하우징과 축 사이에서 자유롭게 회전할 수 있다.

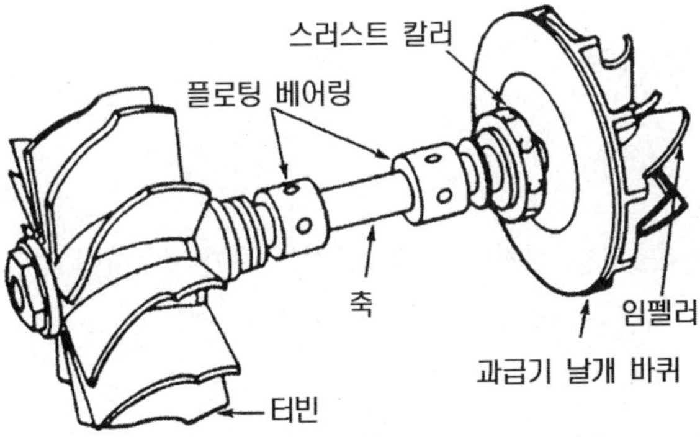

그림 8-34 터빈과 임펠러

4) 과급 압력 조절기

이것은 과급 압력이 규정값 이상으로 상승되는 것을 방지하는 역할을 한다. 과급 압력을 조절하지 않게 되면 허용 압력 이상으로 상승되어 기관이 파손되므로 과급압력을 조절하여야 한다. 압력을 조절하는 방법으로는 배기가스를 바이패스 시키는 방법과 흡입되는 공기를 조절하는 방식이 있다.

5) 인터쿨러(intercooler)

인터쿨러는 임펠러와 흡기 다기관 사이에 설치되어 과급된 공기를 냉각시키는 역할을 한다. 과급된 공기는 온도가 상승하고 공기 밀도의 증대비율이 감소하여 충전효율이 저하되거나 노킹을 일으키기 쉽다. 그래서 과급된 공기의 온도를 낮추려고 한 것이 인터쿨러이다. 인터쿨러는 라디에이터와 비슷한 구조로 설계하여 주행 중 받는 공기로 냉각시키는 공랭식과 냉각수를 이용하여 냉각시키는 수냉식이 있다. 승용차용 터보에서는 공랭식이 주로 사용된다.

6) 노킹 방지장치

노킹 방지장치는 실린더 블록에 노크 센서를 설치하여 노킹 진동이 발생되면 점화시기를 느리게 조절하여 노크가 발생되는 것을 방지하는 장치이다. 노킹은 과급 압력이 높거나 흡기 온도가 높을 경우에 발생되기 쉬우며, 노킹 방지장치는 6~8 Khz의 진동을 감지하는 노크 센서, 노크 조절 장치, 진각 제어부분으로 구성되어있다.

8.5.3 과급기의 장단점

1) 장점

① 엔진을 소형 경량화를 시키면서 엔진출력을 증가(N/A대비 40%증가)시킴

② 고지에서 파워저감을 방지하고 노이즈 절감

③ 연비향상과 운전성 향상

④ 배기가스 저감 및 NO_X의 감소 효과

2) 단점

① 엔진의 강도 저하

② 구동계의 내구성 저하

③ 노킹발생 우려

8.5.4 가변용량 제어 터보차저(VGT)

1) 개요

일반 터보차저의 경우 배기 가스량이 적고 유속이 느린 저속구간에서는 터보차저의 효과가 발휘할 수 없어 터보래그(Turbo lag) 현상이 발생한다. 터보래그 현상이란 액셀 페달을 밟아 가속할 때 실린더에 흡입되는 공기량이 단숨에 증가하지 않고, 터빈 휠이 하나의 저항으로 작용해 엔진의 연소과정이 진행되면서 필요한 양의 공기가 실린더에 들어오기까지 시간이 걸리는 지연현상이다. 특히, 급발진 가속 및 천천히 주행하고 있는 상태에서 가속 시에 나타나는 현상이다.

따라서 터보차저는 이 터보래그를 작게 할 목적으로 터빈 휠에 불어넣는 배기가스 속도를 올리는 것이 고려되었다. 배기가스가 지나가는 통로를 작게 하면 동일 배기량으로 가스는 빠르게 분출되므로 터보래그는 작게 된다. 그러나 엔진회전수에 상관없이 배기 통로를 좁히면 최고출력은 작아지는 문제점이 발생한다.

이러한 문제점을 개선하기 위해 개발된 것이 가변용량터보차저(VGT : Variable Geometry Turbo Charger)이다. VGT는 저속구간에서 배출가스의 통로를 좁힘으로써 배출가스 속도를 증가시켜 터빈을 빠르게 구동할 수 있어 기존의 터보차저 작동구간보다 저속영역에서도 터보차저의 효과를 발휘할 수 있도록 한 것이다. 따라서 흡입되는 공기량을 전 운전영역에서 효과적으로 사용할 수 있다. 따라서 VGT는 터빈입구를 면적을 가변시키는 방식으로 동일조건에서 기존 터보차저보다 약 10% 이상 엔진 출력 향상효과가 있다.

그림 8-36에서 보는 바와 같이 일반 터보차저는 111 PS / 4000 rpm 인데 반해 VGT는 125 PS / 4000 rpm 으로 최대 출력이 12.6% 향상되었음을 볼 수 있다. 토크는 2000 rpm 에서 약 14% 정도 향상되었고, 연비는 일반 주행구간인 1000~3000 rpm 사이에서 약 8% 정도 향상됨을 알 수 있다.

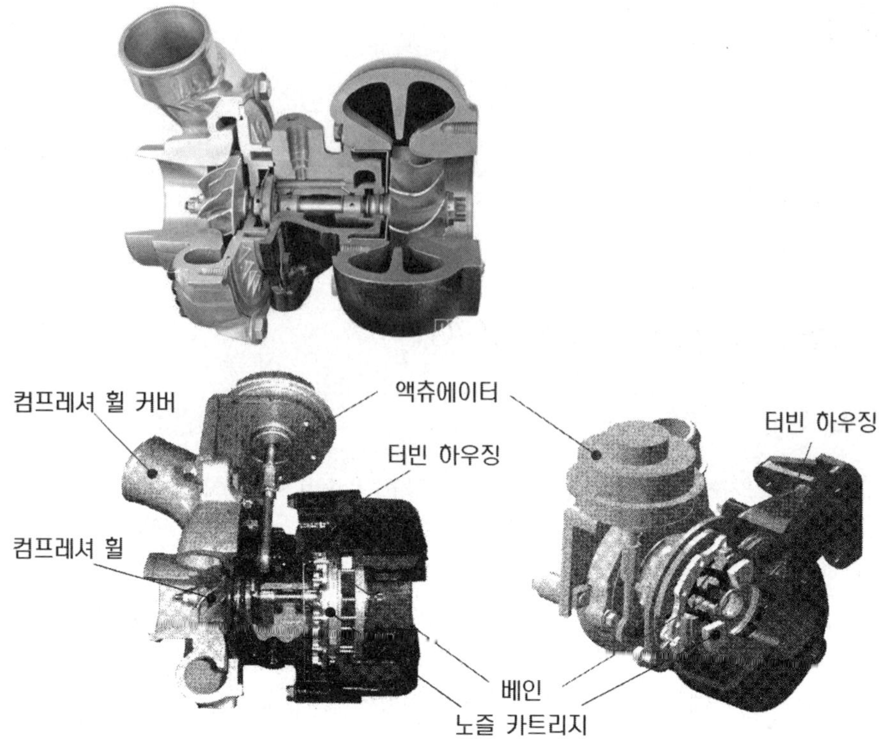

그림 8-35 VGT터보차저의 구성

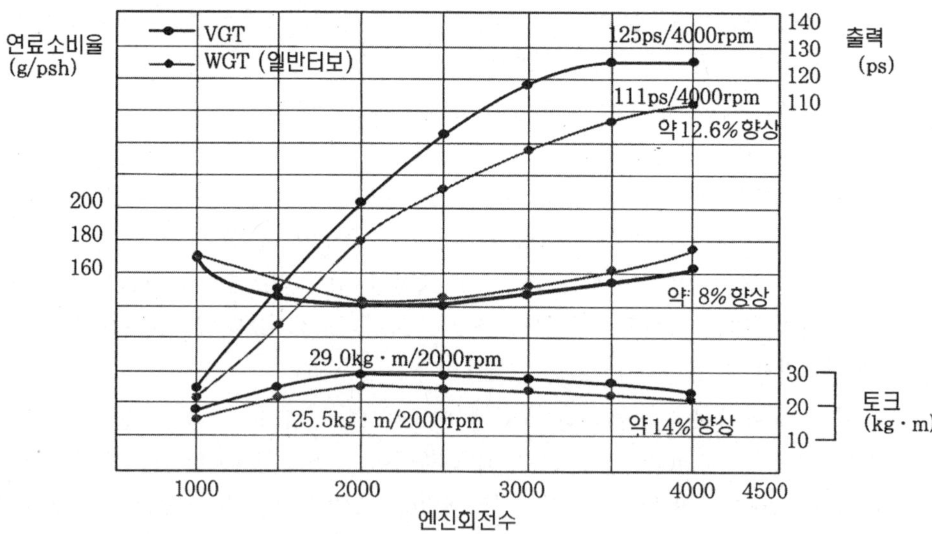

그림 8-36 일반터보엔진과 VGT엔진의 성능곡선

2) VGT 작동원리

VGT의 작동은 베인 컨트롤 엑츄에이터에 의해서 이루어진다. ECU에서 여러 가지 입력요소(엔진회전수, 액셀 페달값, 부스트압력, 냉각수온, 차속 등)에 의해 목표로 하는 부스트 압력이 결정되고, 이 압력을 형성하기 위해 진공 솔레노이드 밸브를 작동시킨다. 진공압력이 형성되면 베인 컨트롤 엑츄에이터가 당겨져 VGT 내부의 베인(날개)이 움직이고 유로가 변경된다.

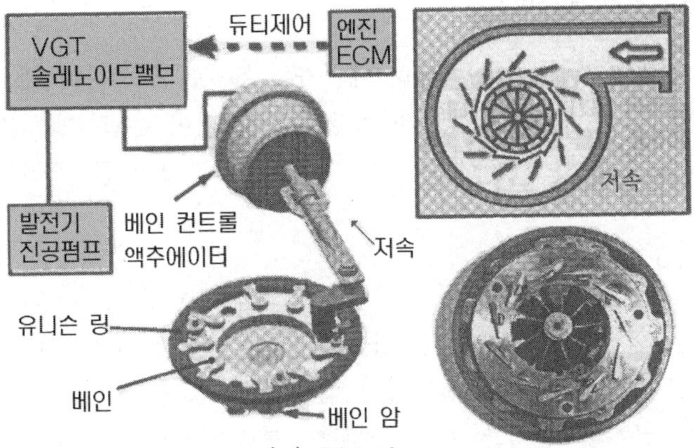

(a) 저속시

(a) 저속시

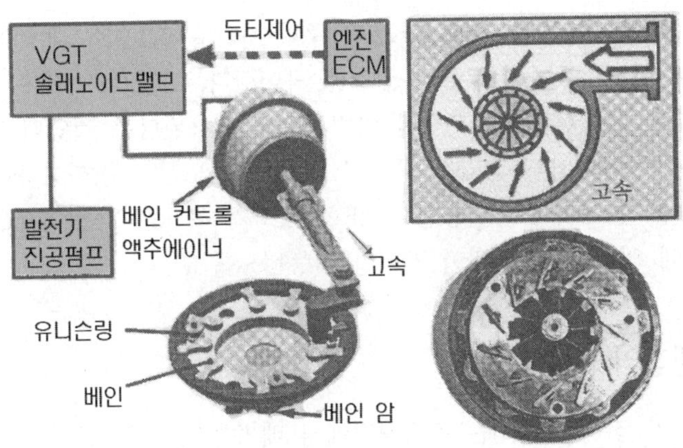

(b) 고속시

그림 8-37 VGT의 작동

(1) 저속에서의 작동원리

저속구간에서는 배출가스의 유입통로를 좁혀서 속도에너지를 최대화시켜 유속을 빠르게(밴튜리관 효과) 한다. 이렇게 함으로써 터빈을 빠르고 힘 있게 구동시킴으로써 저속에서도 일반 터보엔진보다 많은 공기를 흡입할 수 있도록 하여 충분한 터보의 효과를 낼 수 있도록 한다.

(2) 고속에서의 작동원리

고속구간에서는 베인(날개)을 넓혀 배기가스 유로를 확대하여 배기가스가 많은 운동에너지를 전달할 수 있도록 한다. 배기가스 량을 많이 유입하게 되면 터빈은 더욱 커진 에너지로 압축기에 전달하게 되어 공기량이 더욱 많이 공급할 수 있게 된다.

(3) VGT 제어

ECU는 엔진회전수, 액셀 페달값(APS), 대기압센서, 흡기온도센서, 수온센서, 차속센서 등의 값을 참조하여 목표 흡입공기 압축 압력 값을 계산한다. 그리고 터보차저에 의해 압축된 공기의 압력을 부스터센서를 통해서 확인하면서 목표 압력이 되도록 VGT 콘트롤 액츄에이터를 듀티 제어한다. 또한 진공펌프를 통해서 연결된 진공을 VGT 액츄에이터에 적용하여 터보차저의 베인을 조절하여 배기가스의 유로면적을 조절한다.

ECU는 솔레노이드밸브를 300 Hz의 주파수와 듀티값으로 제어함으로써 베인 컨트롤 액추에이터를 구동하여 부스터 압력을 제어한다. 그것으로 인해 엔진의 최대성능을 얻을 수 있다. 특이한 것은 부스터 압력센서가 적용된다는 것인데, 이 센서는 흡입다기관 상부에 장착되어 유입되는 공기의 압력과 온도를 측정하여 ECU에 공기량을 계산하는데 필요한 데이터로 활용한다. 또한 ECU가 목표로 하는 부스트압력을 맞추도록 피드백제어에 의해 보다 정밀한 제어가 가능하도록 한다.

(4) VGT 엔진의 장점

① 배기가스가 적게 배출되는 저속구간에서 배기유로를 축소, 빠른 속도의 배기가스가 터빈의 구동력을 높여 줌으로써 토크가 증대되어 가속성능 향상

② 배기가스가 많이 배출되는 고속구간에서 배기유로를 확대, 많은 양의 배기가스가 터빈의 구동력을 높여 줌으로써 출력향상

③ 배기유로 정밀제어를 통해 저속 및 고속 전구간에서 터빈의 구동력이 증대, 충분한 공기 흡입으로 최적 연소가 이루어지므로 불완전 연소를 감소시켜 매연 및 배기가스가 저감

④ VGT에 의해 최적 제어된 흡입공기에 커먼레일 시스템을 통한 고압연료가 분사되어 최적 연소조건을 실현시킴으로써 대폭적인 연비향상

표 8-2 엔진부하에 따른 VGT 작동

엔진상태	부스트 압력 액츄에이터	베인통로	비고
저속영역	당김	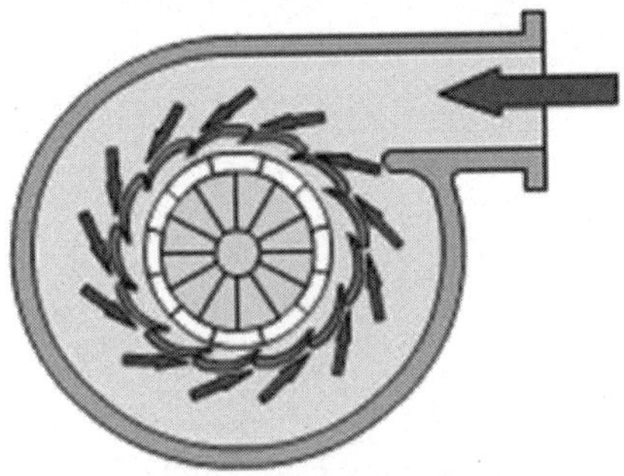	• 배기유로 축소에 의해 속도에너지 최대화 • 최대토크 5~15%향상
고속영역	풀림	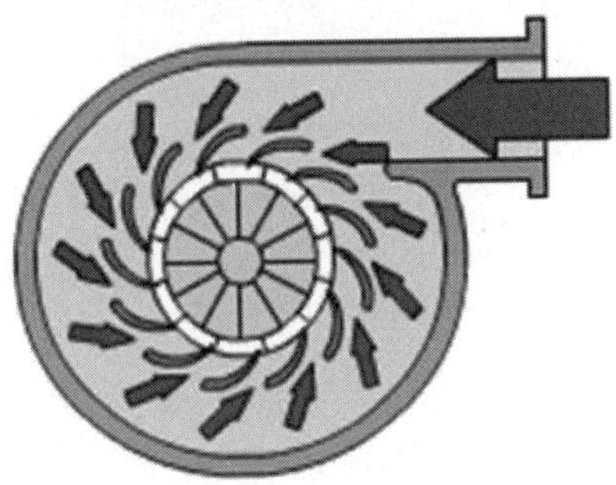	• 배기유로 확대에 의해 배기유량 최대화 • 최고출력 10~15% 향상

9 CHAPTER

대체연료

9.1 개요

현재 사용하고 있는 화석연료인 석유는 개발과 취급이 간편하여 가장 많이 사용되는 에너지원이다. 하지만 개발도상국의 급속한 경제 성장으로 인한 급격한 소비증가와 원유 가격의 상승, 석유자원의 고갈, 지구 온난화의 주범인 온실가스와 대기오염물질인 자동차 배출가스 등의 환경적 문제로 인하여 기존의 화석연료를 대체할 수 있는 새로운 대체연료에 대한 관심이 높아져 가고 있다.

전 세계적으로 수송부문은 현재 화석연료에 의해 96%이상 의존하여 사용되고 있으며, 세계의 전체 온실가스 중 27%를 화석연료가 차지하고 있는 실정이다. 최악의 지구 기후 변화를 대응하기 위해서는 2050년까지 지구의 온실가스를 2005년 대비 적어도 50%까지 감축해야하는 실정에 있다. 또한 현재 화석연료인 석유는 앞으로 100년 이내에 모든 양이 소진될 것으로 예측하고 있다. 이번 장에서는 화석연료를 대체할 자동차 에너지원에 대하여 살펴보고자 한다.

9.2 대체연료의 종류

9.2.1 바이오매스(biomass)연료

바이오매스(biomass)는 식물에서 생성된다. 바이오매스는 식물이나 미생물 등을 에너지원으로 이용하는 생물체 및 그들의 활동에 수반하여 생성되는 유기물을 말한다.

바이오연료는 주로 유럽, 미국, 브라질 등을 중심으로 생산 및 보급이 이루어지고 있으며, 최근에는 상대적으로 보급이 뒤쳐진 아시아 각국들도 자국이 가진 식물 원료를 기반으로 한 바이오연료의 생산 및 보급을 시작하고 있다.

최근까지 바이오연료는 세계 수송용 연료 소비의 대략 1.8%를 차지하고 있으며, 전세계 바이오연료 생산량 중 에탄올이 대략 80%, 바이오디젤은 20%를 차지하고 있다. 바이오매스로부터 생산되는 바이오연료는 타 신·재생에너지의 적용이 불가능한 수송부문에서 직접 적용 가능하여 석유 에너지의 직접 대체 효과가 높다는 장점이 있다. 이러한 석유대체 가능한 바이오연료에는 바이오디젤, 바이오에탄올, 바이오가스 등이 현재 전세계적으로 상용화되어 사용되어지고 있다.

따라서, 국제사회는 온실가스 감축을 위한 수단으로 수송부문에서 규제적 정책인 바이오연료의 혼합 의무 제도를 도입하여 바이오연료 사용을 확대하고 있는 추세에 있다.

바이오매스 에너지화 기술에는 열분해가스화와 같이 연구개발단계에 있는 분야도 있으며, 바이오 디젤, 바이오 알코올 및 바이오가스와 같이 전 세계적으로 이미 상용화 단계에 접어든 분야도 있다. 그러나 기술 수준에 관계없이 바이오매스 에너지화에 대한 연구개발은 앞으로도 전 세계적으로 지속될 것이며, 향후 5~10년을 기점으로 바이오에너지 산업은 급격히 성장할 것으로 전망되고 있다.

바이오매스 에너지는 사용해도 대기 중 이산화탄소량이 증가하지 않는다는 "탄소중립(CO2- neutral)"에너지라고 인식되기에 교토의정서에 의해 CO_2배출량을 감소해야 하는 각국으로부터 주목받고 있다. 이 같은 바이오매스의 지방, 탄화수소(주로 당류)를 물리적, 화학적, 생물학적 처리를 통해 이용이 편리한 형태의 에너지를 만들 수 있는데, 주로 식물성 기름을 사용해 바이오디젤을, 당류의 경우 생물학적발효를 통해 바이오알코올을 만들거나 열분해 가스화를 통해 합성가스를 만들 수 있다. 또한 유기성폐기물은 산소를 공급하지 않은 상태에서 생물학적 혐기발효를 통해 메탄가스를 생산할 수 있다.

식물은 광합성을 통해 태양 에너지를 몸속에 축적한다. 땅 속에도 많은 양의 에너지가 담겨 있다. 이것들로부터 에너지를 뽑아내서 이용하면 화석연료 사용도 줄이고, 지구온난화도 억제 할 수 있다. 실제로 지구온난화가 세계적인 걱정거리가 된 지금, 생물체와 땅 속에 들어 있는 에너지는 온난화를 막을 수 있는 유용한 재생가능 에너지원으로 여겨지고 있다.

생물자원은 흔히 바이오매스라고 부르는데, 19세기까지도 인류는 대부분의 에너지를 생물자원으로부터 얻었다. 생물자원은 나무, 곡물, 풀, 농작물 찌꺼기, 축산분뇨, 음식 쓰레기 등 생물로부터 나온 유기물을 말하는데, 이것들은 모두 직접 또는 가공을 거쳐서 에너지원으로 이용될 수 있다. 지금도 가난한 나라에서는 에너지의 많은 부분을 생물자원으로 충당한다. 바이오연료는 고체로서는 나무, 짚등 마른풀, 동물 배설물, 쌀, 콩, 땅콩, 면화 등 곡물 부산물(겨, 껍질) 등이 있다.

액체로서는 바이오알코올(에탄올), 메탄올, 부탄올, 바이오디젤(VDF 등) 등이 있다. 에탄올은 사탕수수로 생산하며 브라질에서는 자동차 연료로 사용되고 미국에서는 연료 첨가제로 사용된다. 섬유소 에탄올이 실용화되면 짚 등 농업 부산물로 에탄올을 생산할 수 있어 활용가치가 매우 크다. 메탄올은 현재 천연가스로부터 얻는 메탄올을 바이오매스로부터 얻을 수 있다. 현재 경제적이지 못하지만 수소 연료가 대중화되면 활용가치가 커질 것으로 보인다. 부탄올은 A.B.E.발효(Acetone, Butanol Ethanol)로부터 얻을 수 있다.

부탄올은 아무런 변형 없이 자동차 휘발유 엔진에 사용할 수 있는 장점이 있다. 바이오디젤은 동물의 지방이나 식물성 기름을 에스터 교환에 의해 만들고 디젤 엔진에 경우

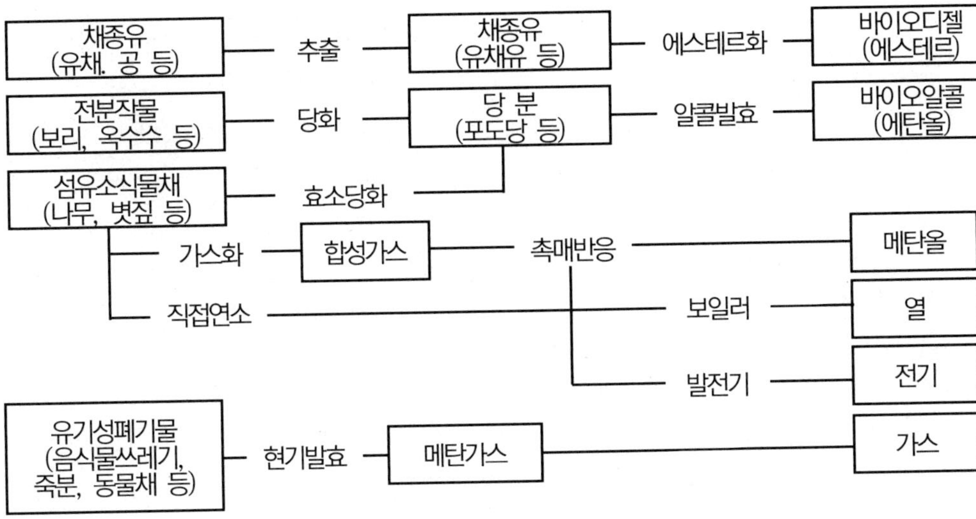

그림 9-1 바이오매스 에너지화 기술의 분류

에 사용될 수 있다. 기체로서는 목탄가스와 메테인을 들 수 있는데 목탄가스는 나무에서 추출해 자동차 연료로 사용할 수 있고, 메테인은 유기물이 썩으면서 발생하며 이것을 포집하여 연료로 사용할 수 있다. 여기서, 바이오매스 에너지 중 바이오디젤과 바이오알코올(에탄올), 바이오가스는 수송용으로 사용 가능하기 때문에 이 세 가지 위주로 기술하고자 한다.

9.2.2 바이오디젤

바이오디젤은 식물성유지, 동물성유지 그리고 폐식용유를 전이 에스테르화 반응을 시켜 만들어진 것으로 경유를 대체할 수 있는 연료이다. 바이오 디젤은 대두유, 폐식용유, 유채유, 면실유, 팜유 등의 다양한 식물성 유지를 통하여 생성할 수 있다. 식물성유지 또는 동물성유지의 발열량은 경유의 약 90% 정도로 높은 편이지만 비점 및 점성이 높아 내연기관용 연료로서 직접 사용하기에는 곤란한 문제점이 있다. 그러나 식물성유지, 동물성유지 및 폐식용유 등의 재생 가능한 원료를 촉매 존재 하에 알코올과 반응시키면 기존의 경유와 물성이 유사한 에스테르 혼합물인 바이오디젤을 제조할 수 있다.

경유에 적당한 비율로 섞으면 디젤엔진에 직접 사용할 수 있다. 바이오디젤은 자원의 고갈에 문제가 없는 바이오연료로서 자동차 등의 연료로 사용될 경우 연소에 의해 생성된 CO_2가 식물의 생장과정에서 광합성 작용에 의해 다시 식물에 흡수되기 때문에 대기 중의 CO_2 농도 증가를 억제할 수 있는 순환형 연료라는 점에서 장점이 있다. 즉, 바이오연료의 사용은 이 연료가 연소할 때 발생하는 CO_2량이 원료식물이 성장하는 동안에 대기로부터 흡수한 CO_2 량과 같다는 점에서 환경 친화적이라 볼 수 있다.

바이오디젤은 이러한 대기·환경적인 측면과 더불어 생분해성도 높기 때문에 토양이나 하천에 유출될 경우에도 환경오염이 적다는 장점도 가지고 있다. 이러한 장점으로 인해 우리나라의 경우에는 자동차용 경유에 대한 바이오디젤의 혼합비율을 2007년 이후 매년 0.5 vol.%씩 상향 조정하여 2014년 현재 전국 주유소를 통하여 바이오디젤 2~3vol.%가 혼합되어 보급되고 있다. 그러나 바이오디젤은 분자구조의 특성상 산화 안정성과 저온에서의 유동 특성 저하 등의 문제점을 수반하고 있기도 하다.

바이오디젤의 예로 튀김기름, 즉 식용유의 폐유를 실제로 수송용 차량 등의 연료로 사용하는 예가 있다. 상품명은 VDF(Vegetable Diesel Fuel)라 하며, 플랜트에서 개질, 경유에 가까운 물질을 만들었다. 이 VDF의 생성은 식물유의 폐유에 메탄올과 촉매를 첨가하여 에스텔(methyl esther)화 시켜서 연료화한 것이다.

VDF는 인화점이 높고 안정성이 뛰어난 것이 특징이며 또한 유황분이 극히 적어서 SOF, 산성비에 관한 원인을 제거할 수 있다. 이 연료는 디젤엔진의 연료로서의 조건을 충분히 만족하고 있어서 종래의 엔진을 아무런 개조하는 일 없이 연료를 바꾸어 넣는 것만으로 사용될 수 있다.

표 9-1은 기존의 경유와 VDF와의 성상 데이터를 비교한 것이다. 연료성상의 밀도와 세탄가, 발열량 면에서 기존 경유와 별 차이 없이 비슷하며, 유황분의 배출은 VDF가 우수함을 볼 수 있다. 현재 다른 연료에 대한 유황분의 저감에 연구가 집중되고 있는 것을 감안하면 대체연료로서 이 VDF가 사용될 경우는 황화합물의 배출에 대해서는 그만큼 앞선 것이라 할 수 있다.

표 9-2은 VDF와 경유의 배기배출물과 연비를 비교한 표이다.

연비와 배출가스를 비교하면 주행성이나 연비, 유해 방출물의 배출량은 경유와 별 차이 없음을 볼 수 있다. SO_X와 스모크는 오히려 VDF가 확연히 줄어드는 것을 볼 수 있다. CO_2의 배출량도 경유의 그것과 비슷하지만 바이오 연료는 CO_2가 식물의 생장과정에서 광합성 작용에 의해 다시 식물에 흡수되기 때문에 연료로 사용되는 동안 CO_2를 방출한다 해도 성장기부터 흡수한 CO_2를 고려하면 CO_2의 방출은 극히 작다고 할 수 있다. 이 VDF는 미국, 브라질에서는 이미 실용화되고 있으며, 경유에 20%의 바이오 연료가 혼합된 것이 판매되고 있다.

표 9-1 VDF와 경유의 성상 데이터

	VDF	경유(문헌값)
밀 도	0.889 g/cm^3	0.835 g/cm^3
인 화 점	184 ℃	96 ℃
동 점 도	6.03 mm^2/s	3.8 mm^2/s
유 동 점	-2 ℃	-15 ℃
세 탄 가	51	57
발 열 량	9600 kcal/kg	10930 kcal/kg
유 황 분	0.01 wt %	0.20 wt % 이하

표 9-2 VDF와 경유의 배기배출물과 연비

에미션 성분 비교		
	VDF	경유
CO	1.60	1.51
HC	0.40	0.47
NO_X	1.37	1.30
CO_2	3.24	336
SO_2	0.0026	0.119
PM(흑연)	7.0	16.5

단위(g/km)

연비 비교		
	VDF	경유
고속도로	9.8	10.4
일반도로	5.9~9.8	6.6~8.4
종합평균	8.4	8.3

단위(km/L)

VDF는 식용유의 폐유를 100 *l* 재생시길 경우 95 *l*까지 재생이 가능하다. 이 VDF는 경유와 비교하여 대체연료로서 여러 가지 장점이 있지만, 현실적인 면에서 공급에는 한계가 있다. VDF를 만드는 폐유에는 총량의 한계가 있고 이를 대체 연료화 할 경우에는 공급부족의 우려가 발생할 수 있다. 하지만 석유자원의 고갈, 지구 온난화의 주범인 온실가스와 자동차 배출가스 등의 환경적 문제로 인한 기존의 화석연료를 대체할 수 있는 영구적인 연료로서 디젤엔진의 연료를 자급할 수 있다는 데 큰 의의를 둘 수 있다.

9.2.3 바이오알코올

알코올 연료는 바이오매스라고 하는 수목 등에서 추출하는 경우와 CNG로부터 추출하는 경우가 있다. 이 알코올 연료는 바이오에탄올(ethyl alcohol), 바이오부탄올, 메탄올(methyl alcohol)이 있으며 디젤엔진보다 가솔린엔진에 적합한 연료이다. 이 연료는 착화성(세탄가)이 낮고, 증발잠열이 높고 발열량이 경유에 비해 현저하게 낮기 때문에 디젤엔진의 연료에는 적합성이 떨어진다.

바이오매스는 나무처럼 가공하지 않은 형태로 태워도 열을 생산할 수 있지만, 이를 가공하면 보다 사용이 편리한 에너지형태인 액체나 가스로 전환(바이오매스 에너지화)되어 자동차 연료나 전기를 생산하는 데에도 이용될 수 있기 때문에 미래 에너지로 주목받고 있다. 바이오매스 에너지 중 바이오디젤과 바이오 알코올은 수송용으로 주로 사용되고 있는데 바이오알코올 중 바이오에탄올은 현재 보급 중인 수송용 바이오연료의 약 80%를 차지하고 있다.

바이오에탄올은 전 세계 여러 나라에서 신재생에너지 연료혼합 의무제도(RFS: Renewable Fuel Standard)하에 휘빌유에 혼합하여 사용되고 있으며 우리나라의 경우도 2015년부터 도입되어 바이오 에탄올시장이 본격적으로 형성될 전망이다. 2015년부터 E3(에탄올 3% 혼합연료)의 전면 보급이 시행된다고 할 때 국내 연료용 에탄올 초기 시장 규모는 30만 kL에 이를 것으로 예상되며, 이 경우 에탄올 자체 시장은 3,600억원, 에탄올 생산 플랜트 구축에 따른 시장은 에탄올 10만 kL 플랜트 건설비가 약 7백억원인 점을 고려하면 2014~2015년에 플랜트 시장 규모는 2천억원으로 산출된다.

바이오알코올은 당질, 전분질, 셀룰로오스 유래 원료를 효소당화(또는 추출)하고 이를 발효시켜 수송용 연료로 사용되는 바이오에탄올, 바이오부탄올 등을 말한다.

바이오에탄올은 가솔린에 비해 부식성 및 친수성 등의 약점 때문에 전 세계적으로 연료의 10%이하로 혼합하여 일반 차량 연료로 사용하고 있다. 또한, 고함량 혼합의 경우 연료계통의 재료 개선, 에탄올 농도에 따른 자동조절이 가능한 가변연료자동차(FFV)의 연료로 상용화되고 있다.

바이오부탄올은 박테리아에 의해 만들어지며 에탄올에 비해 부식성 및 친수성 등의 문제가 없어 일반 차량에도 고함량 혼합사용이 가능하지만 부탄올의 미생물에 대한 독성 문제 때문에 아직 상용화되지 못하고 있다. 따라서 현재 바이오알코올이라 하면 주로 바이오 에탄올을 말하고 있다.

바이오에탄올의 시장현황을 보면 다음과 같다. 바이오에탄올은 전 세계 여러 나라에서 신재생에너지 연료혼합 의무제도(RFS : Renewable Fuel Standard)하에 휘발유에 혼합

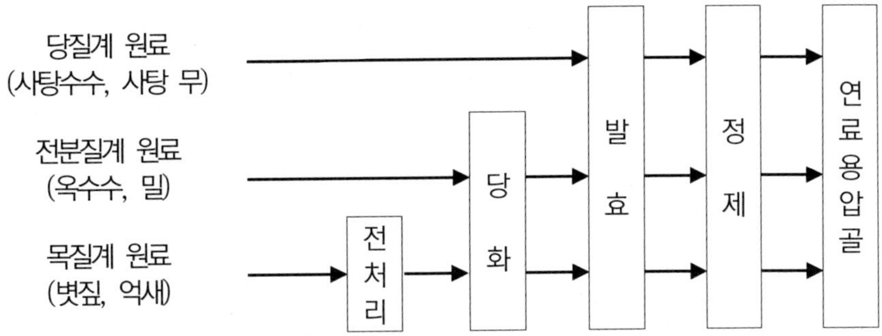

그림 9-2 원료별 바이오 알콜 생산공정

후 사용되고 있다. 미국의 경우 주마다 상이하지만, 최대 E10 수준으로 혼합하도록 하고 있으며. 브라질의 경우 E25수준으로 높은 의무혼합제도를 유지하고 있다. 그 외 중국 E10(9개성), 독일 E2.8, 프랑스 E7, 필리핀 E10 등 여러 나라에서 이미 바이오에탄올을 수송용 연료로 사용하고 있다.

전 세계 바이오에탄올 생산량은 2001년 166억 리터에서 2011년 834억 리터로 급증했는데 미국과 브라질이 최대 생산국으로 2011년의 경우 528억 리터(63%)와 199억 리터(24%)를 생산하여 두 국가의 비율이 전체의 87%를 차지하고 있다.

특히, 브라질은 에너지의 대외의존도를 낮춰 외화유출을 막고 경제발전을 더욱 자극할 목적으로 일찍부터 바이오에탄올 산업 육성에 많은 노력을 기울여 왔으며, 그 결과 미국과 함께 바이오에탄올 양대 주요생산국으로 자리 잡고 있다. 브라질은 자국 내에서 소비되는 차량용 연료의 41.5%가 바이오에탄올에 이를 정도로 에탄올이 대중적으로 소비되고 있다.

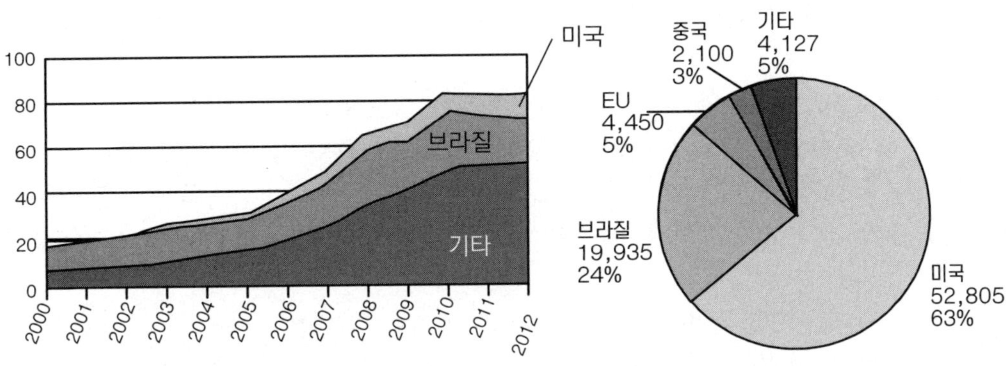

그림 9-3 바이오에탄올 생산량 추이

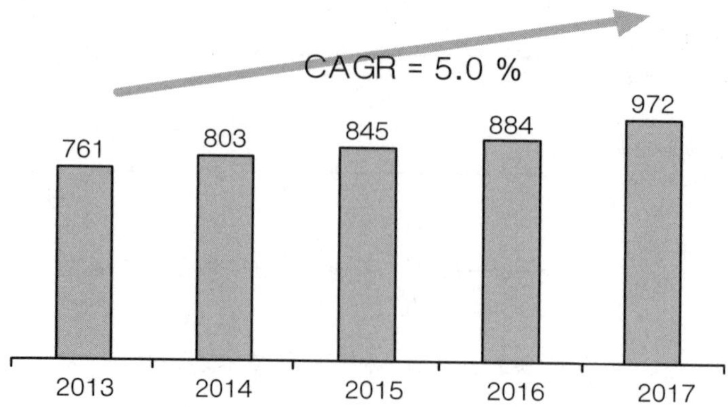

그림 9-4 세계 바이오에탄올 시장규모 예측(단위 : 억 달러)>

세계 바이오에탄올의 생산추이를 보면 2010년 이후 정체되고 있는 것을 알 수 있는데, 브라질의 경우는 글로벌 금융위기에 의한 경기 위축, 설탕가격 상승으로 브라질 바이오에탄올의 원료인 사탕수수가 설탕생산에 많이 투입되어 바이오에탄올 생산량이 감소하였다. 미국의 경우는 제도적 혼합비율인 E10의 수요가 거의 한계에 도달하여 가격이 정체되었고, 생산원료인 옥수수의 가격 상승으로 수익성이 악화되었기 때문이다.

이러한 정체현상으로 세계시장규모는 2000년대와 같은 고성장은 어렵지만, 2013년 761억 달러에서 2017년 972억 달러 수준으로 연평균 5.0%의 성장을 이룰 수 있을 것으로 예측되고 있다.

미국과 브라질 양국의 사례에서 보듯이 바이오에탄올은 대부분 당질(사탕수수) 및 전분질계(옥수수) 원료를 사용하므로 식품을 원료로 사용하는데 기인하는 원료수급 불안, 가격상승의 경제적 문제점뿐만 아니라 식량가격 상승의 원인이라는 도덕적 문제점을 가지고 있다.

국내 에탄올 생산업체로는 10여개의 주정업체가 있으며 이들은 국내 잉여 농산물(현미) 및 수입 타피오카 등을 주원료로 활용하여 음료용 에탄올을 생산하고 있는 상태이고 연료용 에탄올 및 부탄올에 대한 기술 개발은 미미한 실정이다. 특히 에탄올 탈수에 사용되는 막이용 탈수 공정은 국내 기술 기반이 매우 취약하여 이 분야에 대한 기술개발이 요구되고 있는 상태이다

하지만, 2013년 6월 수송용 바이오연료(바이오디젤, 에탄올 등)의 의무 사용 법안(RFS)이 국회 본 회의를 통과하여 2015년 9월부터 RFS가 전면 시행되고 2020년까지 국내 수송 연료의 5%가 바이오연료로 대체될 예정이다. 바이오에탄올의 경우 2014년부터 시범 보급을 거쳐 2017년부터 전국 보급이 시작되는데 2015년부터 E3(에탄올 3%

혼합연료)의 전면 보급 시행시 국내 연료용 에탄올 초기 시장 규모는 30만 kL에 이를 것으로 예상된다.

9.2.4 바이오가스

바이오가스는 신재생에너지원 중에서도 유일하게 가스연료로서 사용이 가능하다는 장점이 있다. 또한 향후 바이오연료 중에서 가장 매력적인 수송용 연료가 될 것으로 전망하고 있다.

수송용 연료로서의 바이오가스의 중요성을 열거하면 다음과 같다.

1. 바이오가스는 바이오매스로부터 나온 연료이므로 '탄소 중립적'이라는 장점이 있다.
2. 가축분뇨, 음식물류폐기물 등 유기성 폐기물의 환경적 처리에 가장 효과적인 대안이자 해결책이다.
3. 바이오가스를 정제하여 96% 이상의 메탄함량을 지닌 바이오메탄을 생산해 자동차 연료로 이용할 경우 NO_X, HC, CO, PM등 대기오염물질의 배출량이 매우 낮아 대기오염방지에 큰 역할을 한다.
4. 차량용 대체연료 중에 가장 경제성이 탁월하다. 음식물쓰레기, 축산분뇨 등 폐기물을 원료로 이용하여 생산하기 때문에 저렴한 원료 공급이 가능하여 경제성을 확보할 수 있다. 이러한 이유로 EU를 중심으로, CNG 차량연료로 바이오메탄의 사용량이 증가되고 있다.

1) 바이오가스 정제 및 고질화 기술

바이오가스는 주성분인 메탄(CH_4), 이산화탄소(CO_2) 외에도 암모니아(NH_3), 수소(H_2), 질소(N_2), 그리고 일산화탄소(CO) 등 미량가스(trace gas)를 포함한다. 이러한 바이오가스를 수송용 연료로 사용하기 위해서는 CO_2, H_2S를 비롯한 기타 불순물을 제거해야 한다. 흔히 원료 바이오가스에 포함되어 기기의 부식 및 마모를 유발하는 수분, 황화수소(H_2S) 및 실록산을 제거하는 것을 전처리 혹은 정제(Cleaning)공정이라 하고, 천연가스 수준의 열량을 확보하기 위해 CO_2를 분리하여 메탄농도를 96±1%까지 함량을 높이는 것을 고질화(Upgrading)라고 한다. 경우에 따라 두 공정을 합쳐 정제공정이라 통칭하기도 하며, 최종 생산물인 순수한 메탄은 바이오메탄이라 한다.

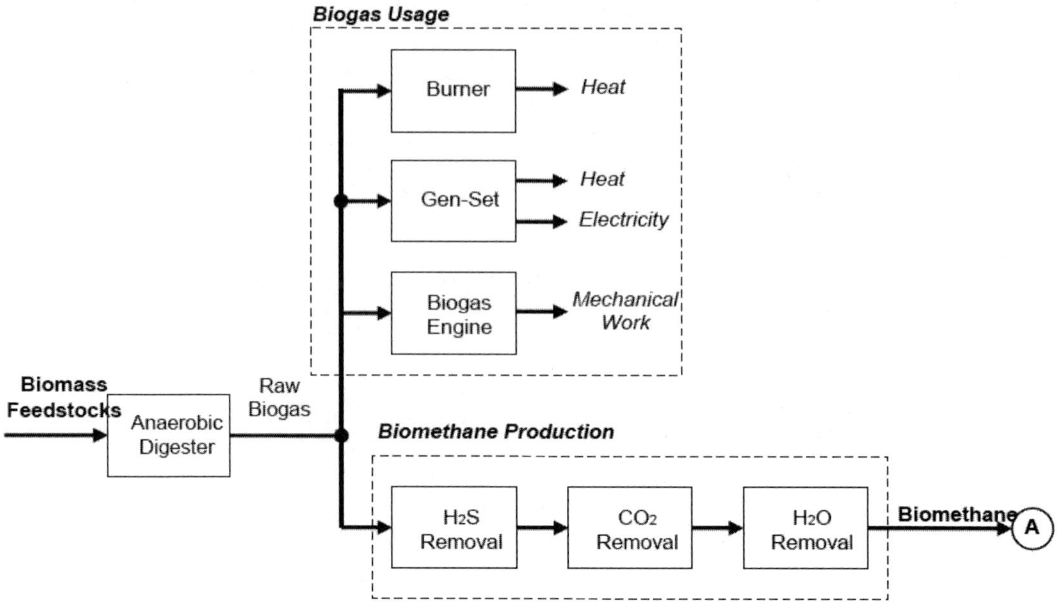

그림 9-5 바이오가스의 활용 및 바이오메탄의 생산 과정

바이오가스를 수송용 연료로 활용하기 위해서는 필수적으로 정제공정과 고질화 공정(CH4 함량96% 이상)이 요구되는데 바이오메탄 생산을 위한 정제공정과 고질화 공정은 다음과 같다.

2) 바이오가스 정제 공정

정제공정에서는 주로 H_2S와 실록산을 제거하는데, H_2S 제거 방법은 크게 건식탈황과 습식탈황으로 구분할 수 있다.

건식탈황은 흡착제의 흡착 특성을 이용하여 황성분을 제거하는 방식이다. 흡착법은 습식탈황과는 달리 배수나 배액을 처리할 필요가 없으며, 설비비가 저렴하고 유지관리가 쉬우며 광범위한 악취가스 제거에 효과적이라는 장점이 있다. 반면, 흡착제의 주기적인 교체가 필수적이라는 단점이 있다.

습식탈황에는 water scrubbing과 액상 철킬레이트 방식이 있다. water scrubbing 방식은 바이오가스를 세정하는 방법으로써 다량의 세정수가 발생하며 액상 철킬레이트 방식은 철킬레이트 용액과 바이오 가스를 접촉시켜 고체황을 만들어 제거하는 방식으로, 용액은 순환사용 가능하며 일부 유실분 만큼만 새로 투입하면 된다.

표 9-3 바이오가스 탈황기술

구분	건식탈황	습식탈황
원리	• 탈황제(산화철)에 의한 흡착제거	• 세정수에 의한 흡수세정
방법	• 펠릿형태의 산화철을 흡착탑에 충진	• 20℃ 1기압에서 $1m^3$의 물이 $2.8m^3$의 H_2S 용해 원리이용
장점	• 비교적 소규모 설치 용이 • 초기투자비 적음	• H_2S 외에 CO_2 일부 제거 가능
단점	• 주기적인 탈황제 교체 필요 • 폐탈황제 처리시 처리비용 추가	• 초기 투자비 높음 • 폐수 재생시 H_2S 발생가능
설비구성	• 흡착탑(필요시 Lead-lag type)	• 흡수탑/순환펌프/약품펌프 등

표 9-4 바이오가스 실록산 제거기술

구분	흡착법	흡수법	심냉법
원리	• 활성탄 흡착제거	• 메탄올 등 세정액 사용	• 저온 응축 제거
특징	• 흡착효율 향상을 위해 가스 내 수분제거 필수	• 휘발성 높은 실록산의 완전제거 불가	• 효율을 좋으나 초기투자비가 높음
제거율	• 99%	• 60%	• -25 ℃ : 26% • -70 ℃ : 99.3%

실록산은 매립지, 하수처리장 바이오가스에 존재하며 연료로 사용했을 경우 실린더, 밸브 등의 마모를 유발한다. 국내 하수처리장의 경우, 실록산 농도는 10~30 ppm이며 해외 하수처리장은 20~60 ppm으로 조사되었다. 국내 바이오가스 수송용 연료 품질기준에서는 별도의 실록산 농도규제를 두고 있지 않으나 2012년 2월에 제정된 도시가스 품질기준에는 10 mg/m^3으로 규정하고 있어 반드시 제거해야 한다.

실록산 제거기술은 크게 흡착법, 흡수법, 심냉법으로 구분되며 표 9-4에 기술별 특징을 기술하였다. 실록산 제거율은 저온일수록 제거율이 높기 때문에 효율적인 실록산 제거를 위해 흡착법과 심냉법을 조합하여 2단으로 구성된 기술을 사용하기도 한다.

3) 바이오가스 고질화(upgrading) 기술

불순물을 제거한 바이오가스는 CO_2 제거(고질화)를 통해서 CH_4함량을 증가시켜 수송용 연료로 사용이 가능하다. 상용화된 CO_2 분리 기술에는 흡수법(물, 흡수제),

흡착법, 분리법이 있으며 법적기준, 처리용량, 주변 환경을 고려하여 선정하게 된다. Water Scrubber는 CH_4에 비해 CO_2의 용해도가 높은 원리를 이용하여 분리하는 공정으로 일반적으로 CO_2를 일정 압력조건 하에서 흡수하는 흡수탑과 물에 용해된 CO_2를 감압하여 탈기하는 탈기공정으로 구성되며 이때 H2S도 동시에 제거된다. 흡수액으로 사용하는 물의 온도가 높을수록 CO_2의 흡수효율이 낮아지므로 흡수압력을 높이거나, 흡수액의 온도를 낮추기 위한 냉각시스템이 필요하다. 비교적 연평균 기온이 낮은 스웨덴, 스위스, 독일, 오스트리아에 주로 적용되고 있다.

4) 바이오가스 수송용 연료화 해외 사례

전 세계 바이오가스 정제플랜트 수는 약 220개이며 EU에만 180여 개가 설치 운용중이다. 이중 대부분은 도시가스에 배관망에 연계하거나 수송용 연료로 활용되고 있다. 바이오가스 수송용 연료화가 활발하게 진행되고 있는 EU의 국가별 바이오가스 정제플랜트 설치 현황을 보면 독일, 스웨덴, 오스트리아에서 가장 많은 고질화 플랜트가 설치되어 운영 중에 있다. EU 바이오가스 생산량 중 약 2% (1.5~3 TWh)정도가 수송용 연료로 사용되고 있지만 점차적으로 증가하는 추세에 있으며 이중 스웨덴(730 GWh)과 독일(180 GWh)에서 수송용 연료로 가장 많이 활용되고 있다. 바이오가스 정제를 통해 수송용 연료로 활용되고 있는 대표적인 사례를 살펴보면 다음과 같다.

① 스웨덴

스웨덴은 바이오가스 생산 및 사용을 성공적으로 보급한 국가 중 하나로써, 바이오가스 플랜트 중 약 60%가 하수 슬러지를 원료로 하고 있으며, 이 밖에 매립지가스, 가축분뇨, 농업부산물도 이용되고 있다. 1995년 Trollhättan 지역에 바이오가스 차량 연료화를 위한 200 Nm^3/hr급 정제시설을 도입한 이후 현재까지(2009년 기준) 약 47여 기의 바이오가스 정제시설을 운용하고 있다. 이 중 약 80%는 바이오가스를 차량연료로 사용하기 위한 목적으로 운전되고 있으며, 나머지 약 20%는 도시가스 배관망 주입을 목적으로 하고 있다. 2009년 통계에 따르면 스웨덴에는 약 11000대 이상의 가스 충전 차량이 운행 중이며 연간 약 100만 Nm^3의 바이오가스가 차량연료로 소비되는 것으로 알려져 있다. 또한, 이들 차량을 위한 바이오가스 충전소는 공공 충전소 82개소와 민간 충전소 27개소가 설치되어 있다. Stockholm과 Gothenburg를 연결하는 Biogas Highway에는 2009년에 7개의 충전소가 추가로 설치되어 바이오가스 차량보급을 장려하고 있으며 Stockholm에 직장을 가지고 있는

Mälardalen 시민들을 위해 두 도시 간에 충전소를 추가적으로 구축할 계획이다.

가스 차량은 일반 차량보다 일반적으로 3300~5000 € 비싸지만 정부에서 가스 차량 구매 시 약1100 €의 보조금을 지급해주고 있다. 차량 구매 보조금뿐만 아니라 스웨덴 정부는 다양한 정책으로 바이오가스 차량연료화를 장려하고 있다. 바이오가스 차량 구매자에게 면세혜택을 주고 있으며, 시내 혼잡 통행료 면제, 시내 공용 주차장 무료 혜택도 제공하고 있다. 차량 연료 자체에 대해서도 바이오가스 연료에 면세를 적용하고 있다. 이와 같은 장려정책을 통해 스웨덴 정부는 2020년까지 모든 차량에 화석연료 사용을 전면금지하도록 규정하고 있다.

② 독일

독일은 총 5000여 개의 바이오가스 플랜트를 보유하고 있으며, 바이오가스 플랜트의 수는 매년 증가하는 추세에 있다. 대부분의 바이오가스 플랜트는 에너지 공급 회사에 의해 운영되고 있으며, 바이오가스 판매 회사에 의해 소비자에게 운송되고 판매된다.

표 9-5 차령 연료별 세금 부과율(SEK: Swedish Krona, 1SEK ≒ 170 KRW)

연료종류	세금부과율
휘발유	0.552 SEK/kWh
경유	0.368 SEK/kWh
천연가스	0.112 SEK/kWh
바이오메탄	0 SEK/kWh

그림 9-6 바이오가스 차량 충전소

그림 9-7 Volkswagen社의 천연가스 자동차

그림 9-8 SunGas 충전소.

2012년 기준으로 바이오가스 정제플랜트는 127개소이고, PSA, PWS, Amine Scrubber, Genosorb, Membrane 등 다양한 바이오가스 고질화 기술을 사용하고 있다. 자동차 메이커인 Volkswagens社도 바이오가스 차량 연료화 사업에 참여하고 있다. 현재 바이오가스 충천 차량 보급뿐만 아니라 Raiffeisen WarengenossenschafteG社와 함께 바이오가스 차량연료 충전소를 운영하고 있으며, 바이오가스에 대한 자체브랜드인 SunGas®를 만들어 판매하고 있다.

독일은 그동안 높은 발전차액 보상으로 인하여 대부분의 정제된 바이오메탄이 가스관망을 통해 열병합 발전소에서 소비되었지만 최근에는 수송용 연료로의 활용에도 많은 노력을 기울이고 있다.

바이오가스를 차량연료로 사용하는 경우, 2015년까지 면세가 가능하며 바이오가스 20%에 천연가스 80%를 혼합하여 사용해도 세금을 면제 해주고 있다.

독일 정부는 2020년까지 60억 Nm^3 2030년까지 100억 Nm^3의 천연가스를 바이오가스로 대체하겠다는 목표를 세우고 있으며, 이를 위해 향후 100억€를 투자하여 약 1000개의 바이오정제 플랜트를 새로 도입할 계획을 수립하고 있다.

③ 오스트리아

오스트리아의 바이오가스 플랜트는 총 600개이며 바이오가스는 매년 2억 6천만~4억 1천만 Nm^3를 생산하고 있다. 바이오가스의 생산원료로 바이오폐기물, 하수, 퇴비, 에너지 작물을 사용하고 있으며, PSA, Amine Scrubber, Membrane 기술 등을 활용하여 5개소의 정제플랜트를 운용하고 있다. 천연 가스 배관망으로 공급하는 바이오메탄은 매년 80만 Nm^3에 달하며, 수송용 연료로는 매년 30만 Nm^3을 사용하고 있다. 향후 바이오메탄의 수송연료 사용 비중을 지속적으로 증가시킬 계획이다.

④ 스위스

스위스는 2009년 기준으로 총 130여기의 바이오가스 플랜트가 가동 중에 있으며, 연간 생산량은 약 630만 Nm^3로 추산되고 있다. 이 중 총 17개소에서 바이오메탄 생산 시설이 운영되고 있고, 최대 규모는 300 Nm^3/hr급으로써 모두 중소형 규모 위주로 적용이 이루어졌다. 바이오메탄 생산시설의 85%는 차량연료 생산하고 있으며 나머지 15%는 천연가스 배관망 공급용으로 사용되고 있다. 고질화 기술로는 PSA방식 약 70%를 차지하고 있고, Genosorb Scrubber가 약 25%, Chemical Scrubber가 나머지 5%를 차지하고 있다. Zurich에만 모두 5기의 플랜트가 있으며, 1200대의 차량을 운용할 수 있는 바이오메탄을 생산하고 있다.

⑤ 미국

미국의 경우, 2009년까지 정제시설이 적용된 곳은 총 10개소이며, 이 중 9개소가 매립지 가스를 대상으로 하고 있고 대부분 대용량의 고질화 시설이 설치되었다. 최대 규모의 시설은 Staten Island(NY)에 설치된 13000 Nm^3/hr급 시설이다. 정제시설 10개소 중 9개소는 차량연료를 생산하고 있으며, 1개소만 도시가스 배관망 주입을 하고 있다. PSA법, Membrane법, Selexol법, Krysol법 등 다양한 정제법이 적용 및 운전되고 있는 것이 특징이다. 최근에는 Altamont Landfill, 그리고 SWACO Landfill에서 각각 LNG, CNG 연료를 생산하여 차량연료로 사용하는 실증 프로젝트가 진행 중이며 경제성 확보가 가능한 소규모 바이오가스 정제 및 고질화 시스템에 대한 연구도 병행하고 있다.

5) 바이오가스 수송용 연료화 국내 사례

국내에서도 4~5년 전부터 해외기술을 도입하여, 서남하수처리장 차량연료화 사업(2010), 수도권매립지 차량연료화 사업(2011) 등 바이오가스정제플랜트 사업을 추진하고 있다. 바이오가스 정제사업은 2009년 대체천연가스에 바이오가스를 포함시키는 법령을 제정하고 2011년 차량연료로서의 바이오가스 품질기준을 마련하는 등 법적인 기반이 마련되고 있으며 한국가스공사, 현대건설이 국내 기술로 상용급 바이오가스 정제 플랜트 개발 및 수송용 연료 생산에 대한 실증을 진행하고 있다.

표 9-6 국내 바이오가스 수송용 연료 프로젝트 현황

시공사	최종 생산물	생산물 바이오가스 사용량 (Nm3/hr)	설치지역	CO_2/CH_4 분리공정	기술공급선	수요처
한라산업개발	CNG	600	수도권 매립지	Rapid pressure swing adsorption	Xebec	CNG버스/천연가스 배관 연결
에코에너지 홀딩스	CNG	210	서울 서남하수 처리장	Water scrubbing	Flotech	CNG버스
현대건설/한국가스공사	CNG	250	원주하수 처리장	VPSA	자체	CNG차량

그림 9-9 수도권매립지 차량연료화 시설.

9.2.5 DME(Di-methyl-Ether, 디메틸 에테르)

최근에는 디젤엔진용 연료로 DME(Di-Methyl-Ether;$(CH_3)_2O$)에 관심을 가지게 되었다. DME은 한 개의 산소분자와 2개의 메탄기가 결합된 에테르화합물의 일종으로, 저온상태에서 메탄올을 황산으로 탈수하면 얻을 수 있다. DME는 세탄가가 높아 압축착화엔진의 대체연료로 사용 가능하며 연료에 산소 함유율이 높기 때문에 입자상 물질을 거의 배출하지 않는 장점을 가지고 있다.

DME는 현재 고압 하에서 액체 캔에 봉입되어 사용되는 온실가스인 불화염화탄소(FCK)의 대체물질로서 더 많이 사용되고 있다. DME는 LPG와 물성이 유사하여 기존

LPG 수송 인프라의 활용이 가능한 장점이 있기 때문에 1990년대부터 디젤연료의 대체 연료로 주목을 받기 시작하였다.

DME의 특징을 들면 다음과 같다.

1. 세탄가가 높다.
2. 비등점이 -25℃로 낮고 상온에서는 무색의 기체이다.
3. 착화온도가 250℃로 경유보다 낮다.
4. 저발열량은 경유의 70%이다.
5. 보존이나 이송은 저압에서 액화되므로 용이하다.
6. 산소를 분자 중에 약 34.8%정도 함유하고 있어서 연소에 유효하다.

현재까지 많은 연구자들에 의해 DME를 디젤연료로 사용하기 위한 적용가능성, 연소 성능 최적화, 그리고 차량 적용을 위한 연구가 진행되고 있다. 특히, DME는 100~200 MPa의 디젤연료분사시스템에 비해 40~50 MPa의 낮은 분사압력, 연료자체의 낮은 발열량에 따른 출력저하, 점도가 낮아 연료가 누설되기 쉽고 윤활성이 좋지 않는 결점을 가지고 있다. 하지만 디젤연료인 경유의 특성은 다분히 가지고 있기 때문에 연료분사시스템의 개선 및 제어에 대한 발전적인 연구가 이루어진다면 향후 대체연료로서 손색이 없다고 할 수 있다.

9.2.6 천연가스(NG : Natural Gas)

천연가스는 해저, 유전지대 등의 지하에서 채취하는 저급 탄화수소의 혼합물로 메탄(CH_4)이 주성분인 가연성 가스를 총칭한다. 이 천연가스는 수송 및 저장을 위하여 -162℃로 냉각하면 부피가 1/600로 축소되어 무색투명한 액화천연가스(LNG), 기화과정을 거쳐 압축하면 압축천연가스(CNG) 형태로 배관망을 통해 공급되어 수송용, 발전용, 산업용, 가정용, 등으로 널리 사용되고 있다.

천연가스는 전 세계 매장량이 약 150조 m^3의 풍부한 량과 액화과정에서 미세먼지나 황 등 불순물이 제거되고, 연소 시 대기오염 물질을 거의 발생하지 않은 장점 때문에 산업용뿐만 아니라 자동차용으로 주목을 받기 시작하였다.

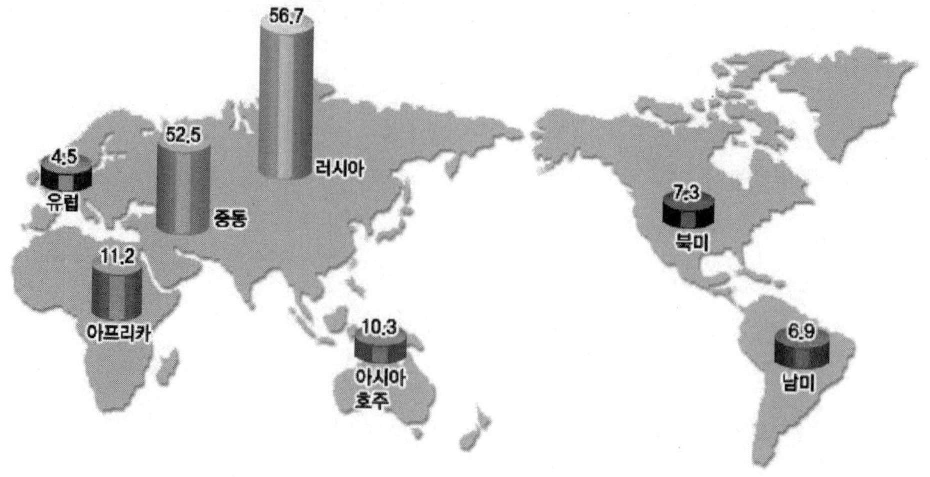

그림 9-10 전 세계 천연가스 매장 분포 (천연가스 매장량 약 150조 m^3)

천연가스 자동차(NGV: Natural Gas Vehicle)는 1930년대부터 이탈리아에서 사용되기 시작한 후, 1970년대 두 차례 석유파동에 따른 석유 내체연료의 필요성과 1990년대 디젤자동차의 배출가스에 의한 대도시 대기환경 문제의 대책으로서 각광을 받기 시작하였다. 우리나라에서는 디젤 자동차에 의한 대기환경오염을 막기 위한 대책으로 2000년 6월 월드컵 개최도시를 중심으로 천연가스 버스를 보급하기 시작하였다. 천연가스 자동차는 2006년 12월31일 기준 총 12,094대가 15개 시도에서 운행 중에 있다.

천연가스 자동차는 연료의 저장 상태에 따라 다음과 분류할 수 있다.

기체상태의 천연가스를 200~300 bar 정도로 고압, 압축하여 사용하는 압축천연자동차 (CNG자동차 : Compressed Natural Gas vehicle)와 -162℃로 냉각 액화한 천연가스(LNG)를 극저온 단열용기에 충전하여 사용하는 액화천연자동차 (LNG 자동차 : Liquefied Natural Gas vehicle), 활성탄 등 흡착제에 천연가스를 30~60 kg/cm^2가압 저장하여 연료로 사용하는 흡착천연가스자동차(ANG자동차 : Absorption Natural Gas vehicle)로 나눌 수 있다.

1) 천연가스 성분

천연가스의 주성분은 메탄(CH_4)이다. 천연가스는 옥탄가가 120정도로 높고, 단위 중량당 발열량도 높으며, 발열당량 CO_2의 배출량이 석유나 석탄에 비하여 적다.

표 9-7 천연가스와 가솔린, 경유의 물성치 비교

	경유	천연가스(CNG)	가솔린
조성	C_{14}~C_{19}	C_4~C_{12}	85~90% CH_4
비점(℃)	188~340	27~210	-162
밀도(kg/l)	0.81~0.88	0.73~0.75	0.19
연료 증기밀도	4~6	2~4	0.6
증기의 열량(kJ/kg)	225~280	275~365	509
자발화 온도(℃)	225	220	540
이론 공연비	0.6~5.5	14.7	17.2
가연 하한계(%)	15.0	1.4~7.6	5~15
화염온도(℃)	2,054	1,977	17,90
저발열량(kJ/kg, kJ/l)	42,800(36,400)	43,800(32,400)	43,520(8,910)

표 9-8 천연가스와 LPG의 물성치 비교

	천연가스	LPG	
		프로판	부탄
주성분	CH_4(메탄)	C_3H_8	C_4H_{10}
비점(℃)	-162	-42	-0.5
발열량kcal/kg(m_3)	13,000(9,500)	12,000(23,700)	11,800(30,700)
생산	유전, 가스전	석유정제부산물 천연가스처리	

또한, NO_X 스모그, PM의 발생이 적어 대도시 환경 문제 및 지구온난화 문제에 대응할 수 있는 자동차용 연료로서 각광을 받고 있다. 그러나 밀도가 낮아 이론 혼합기당 발열량이 가솔린의 90%정도이고 상온에서 기체이므로 고압의 연료탱크가 필요한 단점도 있다.

천연가스는 옥탄가가 높아 가솔린엔진에 보다 적합하다고 볼 수 있다. 디젤엔진은 착화성이 나빠서 엔진의 개조 없이 바로 사용하기에는 어려움이 있다.

표 9-7과 표 9-8는 천연가스와 다른 자동차용 연료의 특성을 비교한 것이다.

2) 천연가스자동차(NGV)의 특징

천연가스자동차(NGV)는 기존의 내연기관의 구조를 크게 변경시키지 않고서도 사용이 가능하며, 옥탄가가 120 정도로 높기 때문에 가솔린엔진에 비하여 압축비를 높이고도 노킹이 없이 운전이 가능하다. 또한 열효율과 출력의 향상을 도모할 수 있을 뿐 아니라 연소 한계범위가 넓어 희박연소의 실현이 용이하고 저연비화, 저 NO_X화가 가능하다. 또한 엔진의 내구성이 향상된다.

압축천연가스는 통상 200기압 이상의 고압용기에 충전, 차량에 탑재하여 사용하므로 고압용기의 경량화가 중요한 문제로 연구되고 있다. 또한 경제성 있는 연료충전시스템의 개발과 천연가스 배관망의 전국적 보급 등이 선행되어야 한다.

표 9-9은 가스연료별 차량 특징을 비교한 것이고, 표 9-10 천연가스버스와 경유버스를 비교한 표이다.

표 9-9 가스연료별 차량 특징 비교

	장 점	단 점
LPG차량	• 충전인프라가 많음 • 차량보급 대수가 많아 고장수리 용이	• 연료가격이 천연가스 대비 상대적으로 비싸다
CNG차량	• 연료가격 저렴 • 디젤성능의 파워	• 충전 인프라 부족 • 1회 충전 주행거리 짧음(150~ 200km) • 개조비용 약 350~420만원 • 200~300bar 고압으로 폭발 시 위험
LNG차량	• 연료가격이 저렴 • 1회 충전 주행거리 길다(CNG 약3배) 고속버스 및 화물차에 적용가능 • 수입상태(LNG)그대로 사용 가능	• 충전 인프라 부족 • 용기(LNG단열용기) 가격이 비쌈 • 증발가스 방지 장치 필요 • LNG용기 및 엔진개발이 미진한 상태

주) 기준차량: 2,000cc급 4실린더 엔진 기준

표 9-10 천연가스버스와 경유버스 비교

구분	천연가스버스	경유버스	비고
충전시간	5분	2분	- 08.7.3주가격기준
출력	290 마력	225~280 마력	- 연평균주행거리 95000km로 산출
연비	2.0 km/㎥	2.2 km/ℓ	
연료가격	700.31원/㎥	1944.6원/ℓ	
연간연료비	약3,300만원	약8,400만원	

자료) 한국가스공사 천연가스차량협회

9.3 압축천연가스(CNG)자동차

압축천연가스(CNG, Compressed Natural Gas)자동차는 고압용기에 천연가스를 압축(200 bar 이상)시켜 놓고, 압축된 천연가스를 사용하는 방식으로서, 현재 우리나라 천연가스 버스(NGV)는 대부분 이 방식을 채용하고 있다. 하지만 CNG자동차는 에너지밀도가 높지 않아 장거리 주행에는 아직 적합하지 않다.

이 형식의 천연가스 엔진은 가솔린엔진이나 디젤엔진 어느 것이나 사용이 가능하다. 승용차나 소형트럭에는 소형 디젤엔진이나 가솔린엔진을 겸용방식이나 전용방식으로, 버스나 트럭에는 디젤엔진을 그대로 혼소방식으로 사용하거나 혹은 불꽃점화 시스템으로 개조하여 사용하고 있다.

9.3.1 CNG자동차의 분류

CNG자동차는 연료 공급방법에 따라 겸용방식, 혼소방식 및 전용방식으로 나누고 있다.

1) 겸용방식(Bi-Fuel system)

바이퓨얼(가솔린/CNG)시스템은 가솔린과 천연가스 두 종류의 연료와 연료공급장치를 각각 별도로 설치하여 놓고, 주행 시에는 그 중 한가지만을 연료로 사용하는 방식이다. 이 시스템은 불꽃점화 엔진을 겸용으로 개조하여 많이 사용하고 있으며, 천연가스 충전환경이 좋지 않은 곳에서 사용하기에 적합하다.

가솔린/CNG 겸용 자동차는 이탈리아에서 널리 보급되어 있으며 그림 9-11에 나타내었다. 이 시스템은 연료용기, 전자제어 압력조절기, 솔레노이드 밸브, 가솔린 차단 밸브, 연료 선택 모듈, 연료게이지, 믹서, 고압·저압 연료 배관으로 구성되어 있다. CNG는 알루미늄 실린더를 글라스 파이버로 감싼 경량 압력용기에 200 kgf/cm^2상태로 저장되고 압력조절기로서 대기압까지 감압시켜 가스믹스에 의해 공기와 혼합하여 실린더 내로 공급하고 있다. 미국이나 일본과 같이 배출가스 규제가 엄격한 나라에는 배출가스 규제를 맞추기 위하여 산소센서, 3원촉매를 장착하고 있다.

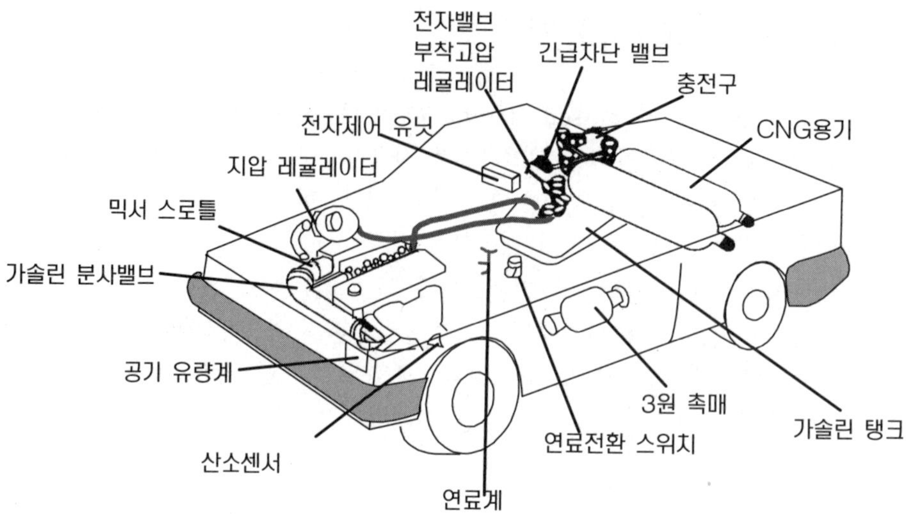

그림 9-11 가솔린/CNG겸용 자동차

2) 혼소방식(dual fuel system)

듀얼 퓨얼(경유/CNG)시스템은 경유와 천연가스 두 종류의 연료와 연료공급장치를 각각 별도로 설치하여 놓고 2종 연료와 함께 공급하여 연소시키는 방식이다.

천연가스는 압축착화가 곤란하기 때문에 디젤엔진을 개조한 천연가스 엔진은 점화원이 필요하다. 이 때문에 경유/CNG 혼소방식은 경유를 소량 분사하여 점화원으로 활용하고 천연가스는 별도로 흡기관을 통해 연소실 내로 공급하여 연소시키고 있다.

천연가스 공급방식에는 흡기관에 설치된 가스 믹스에서 공기와 예혼합시켜 공급하는 방법과 흡기밸브 상류 측에서 분사기로 공급하는 방법이 있다. 가스 믹스로 사용하는 방식은 천연가스와 경유의 공급량을 적절히 제어하기 어렵지만, 분사방식은 가스 믹스보다 훨씬 제어하기 쉽다. 이 시스템은 디젤엔진과 마찬가지로 교축 없이 운전이 가능하기 때문에 가연혼합기 범위가 넓은 천연가스 특성을 살린 희박혼합기로서 운전이 가능하여 고효율을 기대할 수 있다. 그러나 두 종류의 연료를 동시에 공급해야 하므로 연료공급제어가 복잡하여 많이 보급되지 않고 있다.

3) 전용방식(dedicated system)

천연가스만을 연료로 사용하는 방식이다. 따라서 이 시스템은 천연가스 장점을 살린 엔진설계가 가능하므로 출력성능과 배출가스 저감 능력이 우수하여 전 세계적으로 가장 많이 보급되고 있는 방식이다. 그러나 천연가스는 압축착화가 곤란하기 때문에 점화원이 필요하다, 따라서 가솔린엔진을 개조하여 많이 사용하고 있으며, 디젤엔진을 개조할 경우에는 점화플러그를 설치하고 있다.

CNG 전용방식은 전자제어 믹서, 3원촉매에 의한 배출가스 정화장치가 탑재되어 있으며, 연료공급 계통의 일례는 그림 9-12에 나타내었다. 최근 이 시스템은 전자제어 믹스 외에 공연비 제어를 정밀하게 행할 수 있는 연료 분사방식도 개발되고 있다. 이것들은 모두 불꽃점화방식이다. 천연가스는 옥탄가가 120 이상이기 때문에 디젤엔진을 개조하여 사용하면 높은 압축비를 얻을 수 있어 별도의 불꽃점화장치를 설치하여 CNG 전용 엔진으로 제작하는 예가 대형트럭에 많이 채용되고 있다.

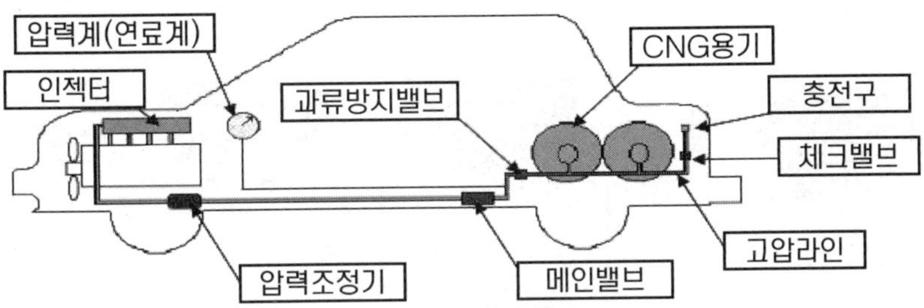

(a) CNG 자동차의 구조

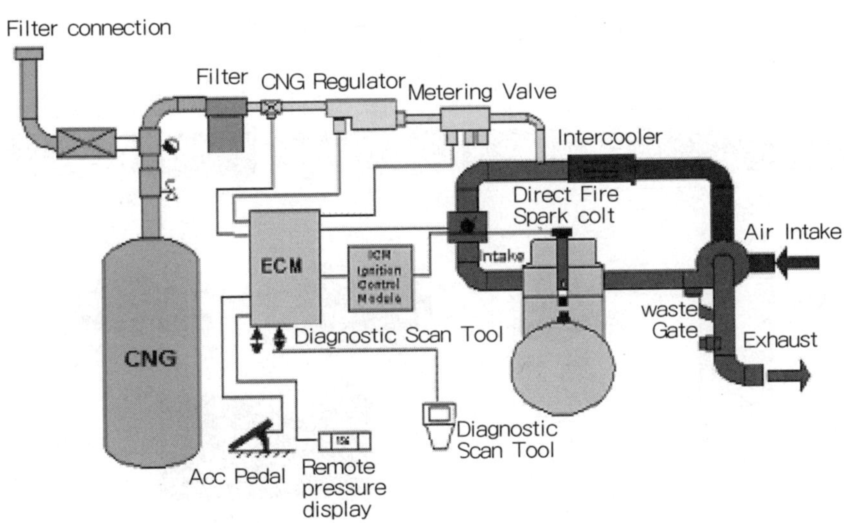

그림 9-12 CNG 전용 시스템의 연료계통도

9.3.2 CNG자동차의 충전시스템

차량에 압축천연가스를 충전하는 방식에는 고정식과 이동식, 소형충전식으로 나눌 수 있다. 고정식 충전소는 중압(80 bar)의 천연가스를 고압(245 bar)으로 압축한 후 충전한다. 구성장치는 압축기(compressor), 저장용기, 충전기, 제어시스템 및 안정장치로 구성된다.

이동식은 고정식 충전소(Mother Station)에서 튜브트레일러에 충전하여 차고지 충전소(daughter)로 이동한 후 충전하는 방식이다.

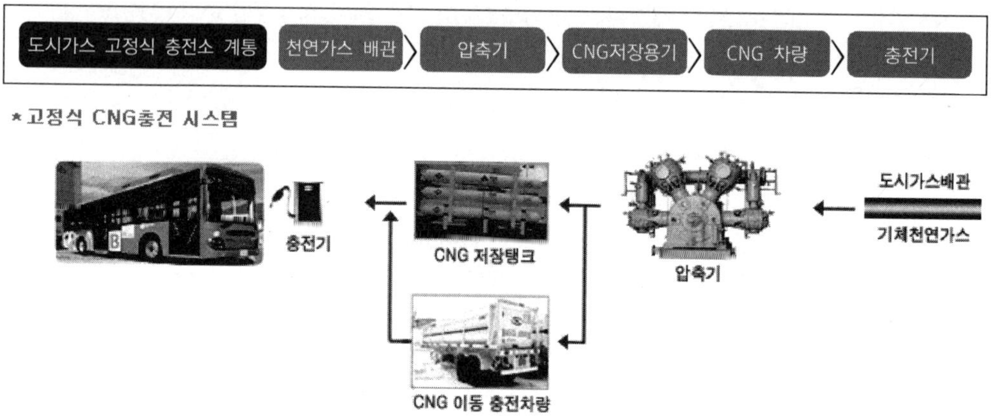

그림 9-13 고정식 CNG 충전시스템

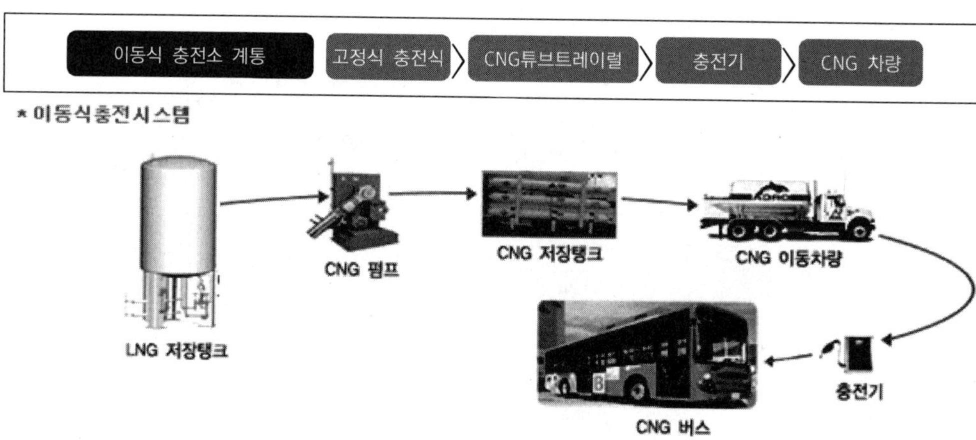

그림 9-14 이동식 CNG 충전시스템

소형충전기(VRA)는 중소형 자동차 전용 충전기로 손쉽게 설치 가능하며, 저장용기를 별도로 설치하지 않고 시간당 최대 3.6Nm^3를 공급할 수 있는 소형충전기이다.

9.3.3 CNG자동차의 성능

1) 출력 성능

천연가스 엔진의 출력은 일반적으로 동일한 압축비에서 가솔린 엔진보다 최대 20%까지 저하한다고 알려져 있다. 이것은 CNG가 기체이므로 충전효율이 저하하고, CNG의 연소속도가 늦으며, 연소 후 연소생성물의 몰(mole)수가 증가하지 않아 연소가스의 체적증가에 의한 압력 상승이 없기 때문이다.

2) 배출가스 성능

CNG 자동차의 배출가스 성능은 표 9-11에 경유버스, LPGi버스의 배출가스 특성과 비교하였다. HC와 CO는 경유차량와 LPG차량과 비교할 때 훨씬 적게 배출되는 것을 볼 수 있다. NO_x는 LPG보다 약간 많이 배출되지만 경유차보다 훨씬 적게 배출된다.

표 9-11 CNG 자동차와 경유버스, LPG 버스의 배출가스 특성비교

구분	경유	LPG	CNG	규제기준(2002)		규제기준(2006)	
				경유	가스	경유	가스
NOx	4.452	2.60	2.87	5.0	3.5	3.5	3.5
HC(NMHC)	0.125	0.29	0.11	0.66	0.2	0.46	0.2
CO	0.151	0.06	0.00	2.1	0.4	1.5	0.4
PM	0.087[2)]	-	-	0.1	-	0.02	-
CO_2[1)]	180kg/GJ	220kg/GJ	180kg/GJ	-	-	-	-
비고	인증자료	KIMM	인증자료				

비고 1) : 엔진 효율 및 발열량을 고려한 CO_2 배출량

2) : 경유에서 배출되는 스모그는 0.384 g/kWh임.

또한, 디젤엔진에서 문제가 되는 입자상물질인 PM은 CNG차량에서는 거의 배출이 되지 않음을 볼 수 있다. 지구온난화의 원인이 되는 CO_2의 배출량은 경유차량과는 비슷하며 LPG차량 보다는 20% 정도 적게 배출됨을 알 수 있다.

9.4 액화천연가스(LNG)자동차

미국 등에서는 1990년대 초반부터 CNG에 비하여 에너지밀도가 높을 뿐 아니라 고압이 요구되지 않는 액화천연가스(LNG, Liquified Natural gas)를 연료로 사용하는 자동차에 대한 연구 및 시범 보급을 추진해 오고 있다. 우리나라에서도 2004년에 대전에서 LNG자동차 충전소를 설치하여 시범 운행한 바 있으며 최근 정부에서도 대형 경유차량에 대한 LNG 전환사업을 추진하고 있다.

LNG는 초저온 액체로서 차량용 저장탱크와 충전소의 저장탱크는 2중 구조의 단열탱크로 제작, 설치되어 있다. LNG는 가연성이고 초저온의 액체이므로 설비로부터 누출하는 경우에는 화재, 폭발, 동상에 의한 위험을 일으킬 수 있다.

LNG는 비점이 -162℃로 초저온액체이고 LNG증기는 상온에서는 공기보다 가볍지만 일정한 온도 이하에서는 공기보다 밀도가 커진다. 온도에 따른 LNG증기의 밀도와 공기의 밀도를 비교하면 그림 9-15과 같이 나타낼 수 있다.

그림 9-15에서 보는 바와 같이 -100℃ 이하의 LNG증기가 대기 중으로 방출 시에는 공기보다 무거워지며, 급격한 방출 시에는 지면으로 확산되어 질식 또는 점화원 생성시 폭발을 일으킬 우려가 있다.

LNG자동차는 연료를 차량에 공급하는 방식은 LNG를 베이퍼라이저(vaporizer)에서 기화시켜 믹서로 공급하는 방식과 LNG를 액상 그대로 실린더내로 직접 분사하는 방식이 있다.

LNG자동차는 연료인 LNG가 액상이므로 CNG에 비하여 에너지 밀도가 높아 CNG자동차의 최대 결점인 1회 충전 당 주행거리를 3배 이상 늘릴 수 있고, 연료탱크의 소형화로 차량의 대폭적인 중량 증가를 꾀할 수 있다. 특히 우리나라와 같이 천연가스를 LNG상태로 수입하는 경우는 이를 직접 사용할 수 있어 CNG에 비해 사용이 편리한 장점이 있다.

그러나, LNG 단열용기의 가격이 고가이고, 액상의 LNG가 증발하면 상온에서 체적이 약 580배나 증가되기 때문에 온도제어 기술에 어려움이 있다. 더욱이 LNG 단열용기에 전달되는 외부열원에 의해 LNG는 비점이 낮은 메탄 성분이 먼저 증발되어 증발가스(BOG, boiled off gas)를 발생하게 된다. LNG는 외부로부터 열이 가해지게 되면 그 시스템내의 BOG는 필연적으로 발생하게 된다.

이 증발가스(BOG)에 의한 압력상승을 방지하기 위하여 증발가스를 엔진에 우선적으로 공급하거나 대기 중으로 방출해야 하며, 또한 시간이 경과할수록 용기 내에는 메탄 성분이 감소하고 고비점의 연료성분이 농축되는 weathering현상이 발생한다. 이것은 엔진으로 정밀한 연료공급에 어려운 기술적 장애요인으로 작용하기 때문에 LNG자동차는 CNG 자동차에 비해 실용화가 늦어지고 있다.

LNG를 차량용 연료로 확대시키기 위해서는 차량 보급뿐만 아니라 연료공급 인프라인 충전소의 설치 보급이 필요하므로 향후 충전시설의 설치가 확대될 것으로 예상된다.

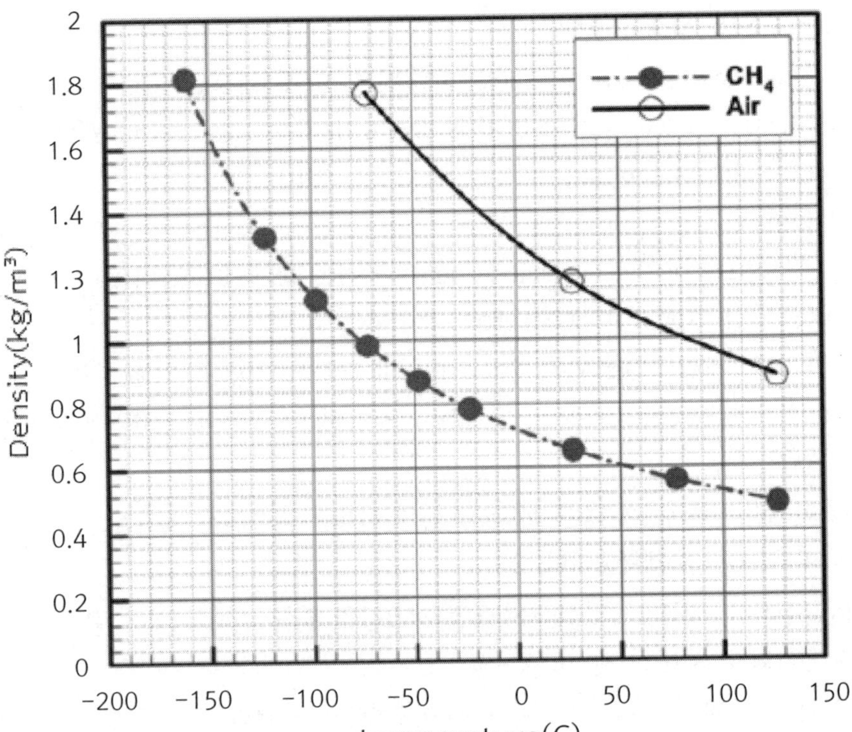

그림 9-15 온도에 따른 LNG증기의 밀도

참고문헌

[1] J. K. Kim, E. S. Yim and C-. S. Jung, "Study on Comparison of Global Biofuels Mandates Policy in Transport Sector, New & Renewable Energy", 7, 18, 2011.

[2] S. K. Hoekman, A. Broch, C. Robbins, E.Ceniceros and M. Natarajan, "Review of Biodiesel Composition, Properties, and Specifications, Renew. Sustain. Energy Rev", 16, 143, 2012.

[3] K. F. Hansen, F.Bak, E.M. Anderson, "The influence of an oxidation catalytic converter on the chemical and biological characteristics of diesel exhaust emission", SAE940241, 1994

[4] S. P. Singh and D. Singh, "Biodiesel Production through the Use of Different Sources and Characterization of Oils and their Esters as the Substitute of Diesel: a Review", Renew. Sustain. Energy Rev., 14, 2010.

[5] J. K. Kim, C. H. Jeon, E. S. Yim, C. S.Jung, S. B. Lee, Y. J. Lee and M. J. Kang, "A Study on Fuel Quality Characteristics of F-T Diesel for Production of BTL Diesel", J. Kor. Oil Chem. Soc., 29, 450, 2012.

[6] IEA. "World Energy Outlook", International Energy Agency. OECD/Paris.,8. Hart's Global Biofuel Center, 2010, "Global Biofuels Outlook 2010-2020", Houston, USA, 2009.

[7] 채재우외 6인, "플라즈마/촉매 복합시스템을 이용한 디젤엔진 배기가스 저감",한국자동차공학회 2000년 추계학술대회, 2000.

[8] 이기수, 신석신, 박종호, "DME커먼레일 시스템을 위한 인젝터 분사 유량 개선", 한국액체미립학회지, 제18권 제1호, 2013.

[9] 오광석외4인, "천연가스 대체 수송용 바이오가스의 연료화 개발 동향:정제기술", 한국공업화학회, 공업화학전망 16권2호, pp.49-61, 2013.

[10] 김재곤외 6인, "다양한 식물성유지에서 유래된 바이오디젤의 연료 특성", 한국유화학회지 30권1호, pp.35-48, 2013.

[11] 김민남외 7인 공역, Introduction to Thermodynamic & Heat transfer - Yunus A. Cengel, 인터비젼, 2002.

[12] 조진호 편저, 기초와 실제 자동차용 디젤엔진, 학연사, 2004.

[13] 김재휘 저, 자동차디젤엔진, 골든벨, 2009.

[14] 정구섭외3인 공저, 최신 자동차 가솔린기관, 한진출판사, 2001.

[15] http://blog.naver.com/kt9411?Redirect=Log&logNo=150155799503

[16] http://www.fueleconomy.gov/feg/atv.shtml

[17] 채재우외 7인, "플라즈마를 이용한 승용 디젤자동차에서의 입자상 물질 제거",한국자동차공학회 2000년 춘계학술대회, 2000.

[18] 김형섭, 윤천한 편저, 자동차디젤엔진, 일진사, 1996.

[19] 은정표 편역, 디젤엔진의 구조, 동신출판사, 1992.

[20] 박병일 외 4인공저, 전자제어 디젤엔진 이론과 실무, 기한재, 2010.

[21] Y. J. Hyun, "Conversion of Mixed Fat into Biodiesel in Plug Flow Reactor Using Alkali and Mixed Catalysts", J. Kor. Oil Chem. Soc., 27, 123, 2010.

[22] Y. J. Hyun and H. S. Kim, Conversion of Rapeseed Oil Containing Palmitic Acid into Biodiesel by Acid/Alkali Catalysts, J. Kor. Oil Chem. Soc., 23, 300, 2006.

[23] M. K. Kim, S. H Yoon, B. W. Ryu and C. S. Lee, "Combustion and emission characteristics of DME as an alternative fuel for compression ignition engines with a high pressure injection system", Fuel, Vol.87.pp.2779~2786. 2008.

[24] 현대기아차, "자동차 환경과 미래-현대기아차 친환경 자동차개발전략", 2009.

[25] 현대/기아자동차 정비연수원, 전자제어 디젤엔진, 2007.

[26] 대외경제정책연구원, "일본의 주요 대체에너지 산업 정책과 현황 - 차세대 자동차 시장 및 개발 동향", 2010.

[27] 전국경제인연합회, "자동차산업의 미래:그린카 현황 및 전망" 전략산업리포트, 2010.

[28] 환경부 홈페이지 자동차공해분야 (http://www.moenv.go.kr)

찾아보기

(ㅎ)

자동차용 디젤엔진의 구조

2014년 8월 20일 초판 인쇄

2014년 8월 30일 인쇄 발행

저　　자 정구섭 · 정용욱

발 행 인 송기수

발 행 처 도서출판 GS인터비전

편 집 처 도서출판 GS인터비전

인 쇄 처 대일문예사

등록번호 제 313-2011-120 호

I S B N 979-11-5576-038-3(93550)

주　　소 서울 마포구 토종로 222 한국출판협동조합 B동207호

전　　화 02-976-7898, 02-3272-7898.

팩　　스 02-6468-7898

홈페이지 gsintervision.co.kr

E-Mail gsinter7@gmail.com

정 가 22,000원